高等院校精品课程系列教材

虚拟现实与增强现实理论与实践

单美贤　主编

U0217758

电子工业出版社·
Publishing House of Electronics Industry
北京·BEIJING

内 容 简 介

本书围绕虚拟现实技术领域的人才需求和岗位要求进行内容设计，首先介绍虚拟现实与增强现实的基础理论和关键技术，分析虚拟现实与增强现实在相关专业领域中的应用状况及人才需求；然后重点介绍 Unity（VR 引擎工具）的基本操作与开发基础、Unity 脚本编程、基于 Unity 进行用户界面的开发及交互逻辑和物理引擎的应用、HTC VIVE 平台的 VR 开发基础、AR 应用的开发基础等内容。本书以虚拟现实与增强现实项目开发流程中涉及的基础知识和关键技术为主线，辅以相关的应用开发案例，紧扣虚拟现实与增强现实行业的人才培养要求。

本书结构完整、内容系统全面、案例丰富，既适合 Unity 3D 开发的初学者学习，也适合对游戏开发、工业设计、建筑设计等虚拟现实与增强现实应用开发感兴趣的设计者学习，还可以作为相关高校及培训机构虚拟现实与增强现实相关专业的教材或参考书。

图书在版编目（CIP）数据

虚拟现实与增强现实理论与实践 / 单美贤主编.
北京 ：电子工业出版社, 2024. 8. -- ISBN 978-7-121
-48596-1
　Ⅰ. TP391.98
中国国家版本馆 CIP 数据核字第 2024BU8551 号

责任编辑：刘　芳
印　　刷：北京天宇星印刷厂
装　　订：北京天宇星印刷厂
出版发行：电子工业出版社
　　　　　北京市海淀区万寿路 173 信箱　　　　邮编：100036
开　　本：787×1092　　1/16　　印张：20.75　　字数：455 千字
版　　次：2024 年 8 月第 1 版
印　　次：2024 年 8 月第 1 次印刷
定　　价：69.90 元

凡所购买电子工业出版社图书有缺损问题，请向购买书店调换。若书店售缺，请与本社发行部联系，联系及邮购电话：(010) 88254888，88258888。

质量投诉请发邮件至 zlts@phei.com.cn，盗版侵权举报请发邮件至 dbqq@phei.com.cn。

本书咨询联系方式：(010) 88254507，liufang@phei.com.cn。

前言

在《中华人民共和国国民经济和社会发展第十四个五年规划和 2035 年远景目标纲要》中，"虚拟现实和增强现实"被列入数字经济重点产业。随着虚拟现实和增强现实技术的快速发展，相关专业领域对人才的需求也日益增加。本书按照"理论与实践相结合"的思路组织内容，按照 VR 及 AR 项目的开发流程由浅入深展开，首先通过虚拟现实与增强现实技术的应用介绍软硬件设备的基础知识及原理，然后通过具体案例介绍虚拟现实引擎的关键技术，最后通过综合项目开发案例实现 VR 及 AR 项目开发的全流程，帮助读者掌握完整的 VR 及 AR 项目开发流程，为未来从事虚拟现实和增强现实相关工作打下坚实的基础。

本书共 12 章，各章的内容如下。

第 1 章介绍 VR 与 AR 的概念、发展历史、系统的组成及技术的应用，以及数字孪生和元宇宙的概念及其与 VR 的区别。

第 2 章介绍 VR 系统的关键技术，包括 VR 中的计算机图形学基础、VR 建模方法、VR 内核引擎与开发平台。

第 3～6 章为 Unity 的基础篇。其中，第 3 章介绍 Unity 的开发环境；第 4 章介绍 Unity 中的地形，包括 Unity 地形编辑工具中可用的各种内置选项及制作地形的常用插件；第 5 章介绍材质基础，包括材质、纹理、着色器的基本概念及三者的关系，并重点介绍 Unity 中的材质和标准着色器；第 6 章介绍 Unity 中的光照，包括介绍 Unity 场景中灯光系统的使用方法，并重点从概念、参数和实际制作等方面介绍光照贴图技术。

第 7 章介绍 Unity 脚本编程，从零开始介绍如何使用 C#语言进行编程，以及 Unity 中的物理系统及物理效果的实现方法。

第 8 章介绍 Unity 的 UI 系统，这是程序设计中很重要的一部分，并通过游戏界面设计及场景的管理来详细介绍 UGUI。

第 9 章介绍 Unity 数据的读取，包括如何使用 Unity 对数据进行读取，以及如何读取不同格式（如 JSON、XML）文件中的数据。

第 10 章详细介绍《小鸟吃金币》游戏的开发教程，是第 3～9 章知识的综合应用。

第 11 章介绍 HTC VIVE 平台的 VR 开发基础。

第 12 章介绍 AR 应用的开发基础。

本书由单美贤担任主编，单俊豪、丁文郁、张瑞阳参与编写。第 3 章、第 4 章和第 7 章由单俊豪编写，第 10 章由丁文郁编写，5.3 节、6.3 节由张瑞阳编写，其余章节由单美贤编写。

本书最大的特色是图文并茂、案例丰富，是集虚拟现实与增强现实专业理论知识、Unity 开发制作、交互设计、实践案例为一体的专业教材，也是虚拟现实与增强现实领域设计者的参考书。

感谢出版社编辑对图书反复、细致的审校，是他们的辛勤工作保证了本书的顺利出版。

由于编者水平有限，书中难免存在不足之处，敬请读者批评指正。

编　者

目录

第**1**章

绪　论

在《中华人民共和国国民经济和社会发展第十四个五年规划和 2035 年远景目标纲要》（简称"十四五"规划）中，"虚拟现实和增强现实"被列入数字经济重点产业。在"元宇宙"概念的热潮下，虚拟现实产业链逐渐成熟，虚拟现实技术赋能 VR 游戏、VR 社交、VR 教育、VR 医疗、VR 影视等领域。作为新一代信息技术的重要前沿方向，虚拟现实、增强现实、混合现实将深刻改变人类的生产和生活方式。为了更好地理解虚拟现实与增强现实，本章将简要介绍虚拟现实与增强现实的概念、发展历史、系统组成、技术应用。

1.1　VR 与 AR 的概念

1.1.1　VR 的定义

虚拟现实（Virtual Reality，VR）又称灵境技术，是一种能够利用计算机或其他智能计算设备模拟生成一个三维空间的虚拟世界，并为用户提供多种逼真的感官体验（包括视觉、听觉、触觉等）的模拟技术。虚拟现实作为仿真技术的一个重要分支，综合了多种现代科学技术，包括计算机图形学、互联网技术、人机接口技术、传感技术、多媒体技术等，是一门具有挑战性的交叉前沿学科。虚拟现实是一种通过特殊设备创造出一种全新的虚拟环境，使用户沉浸在虚拟世界中的技术。用户借助头戴式设备、触觉手套等，可以与虚拟环境进行实时交互，动态改变虚拟环境，并实时接收虚拟环境提供的多种类型的反馈，从而进一步增强在虚拟环境中的体验。

VR 所构建的信息空间不是单纯的数字信息空间，而是一个包含多种信息的多维信息空间，人类的感性认识和理性认识能力都能在这个信息空间中得到充分的发挥，其工作原理如图 1-1 所示。

图 1-1　VR 的工作原理

1.1.2　VR 的特点

VR 具有 3 个特点，即沉浸感、交互性和构想性，也称虚拟现实的 3I 特征。

1）沉浸感

沉浸感（Immersion）是指在 VR 系统创造的虚拟环境中，用户有"看得见、听得到、摸得着、闻得出"的真实感受。更加深入的虚拟环境具有高度的沉浸感，让用户无法区分虚拟环境与现实环境，全身心地进行操作。

2）交互性

交互性（Interaction）是指用户用日常生活中的方式与虚拟环境中的人或物进行各种交流，产生真实的互动体验。交互性涉及虚拟环境中的对象在现实环境中物理现象的模拟，因此用户对物体的操作必须符合现实世界的物理规律，否则会为理解周围环境造成困扰。除此之外，实时性是衡量交互性好坏的主要指标之一。实时性越高，用户在与虚拟环境进行交互时的延迟越小，用户体验就越好。

3）构想性

构想性（Imagination）是指用户能在虚拟环境中获取新的知识和经验，形成感性或理性的认识，从而产生新的思想和行动，有效提高思考和行动能力。VR 除了对现实环境的模拟，还允许用户在虚拟环境中进行想象，构造一些现实环境中不存在的场景，能够让用户从想象的环境中获取现实环境中无法获取的知识，从而提高用户对现实环境的认知。

各大平台都有 VR 游戏。例如，Steam 平台上的免费 VR 游戏 *The Body VR: Journey Inside a Cell* 是一个寓教于乐的趣味性游戏，玩家代表身体里千千万万个细胞中的一个小小的细胞，通过任意在体内游走来了解细胞如何在体内运作并将氧气带至全身，还可以了解细胞团结一致打败病毒的全过程。这样的视角类似于人看大自然的视角，那种从无到有的了解实在令人震撼。

1.1.3 AR 的定义

增强现实（Augmented Reality，AR）是一种在现实世界中叠加虚拟信息的技术，用户通过智能手机、平板电脑等显示设备观察现实环境，系统识别现实环境并将虚拟信息叠加在现实环境上。AR 实现了现实世界信息和虚拟世界信息的"无缝"集成。AR 通过计算机科学等技术，将虚拟信息应用到现实世界中，被用户感知，从而达到超越现实的感官体验。AR 意味着使科技更"贴近"人们在现实世界中的生活，是对现实的增强，是虚拟图像和实景图像的融合。

AR 的工作原理是先通过摄像头和传感器对现实环境进行数据采集，将数据传入处理器，对其进行分析和重构；再通过 AR 头戴式设备或智能移动设备上的摄像头、陀螺仪、传感器等配件实时更新用户在现实环境中空间位置的变化数据，从而得出虚拟环境和现实环境的相对位置，实现坐标系的对齐并进行虚拟环境与现实环境的整合计算；最后将其合成影像呈现给用户。用户可通过 AR 头戴式设备或智能移动设备上的交互配件（如话筒、眼动追踪器、红外感应器、摄像头、传感器等设备）采集控制信号，并进行相应的人机交互及信息更新，实现增强现实的交互操作。三维注册是 AR 技术的核心，即以现实环境中的二维或三维物体为标志物，将虚拟信息与现实环境进行对位匹配。其中，虚拟物体的位置、大小、运动路径等与现实环境必须匹配，从而实现虚实融合。基于计算机显示器的 AR 的工作原理如图 1-2 所示。

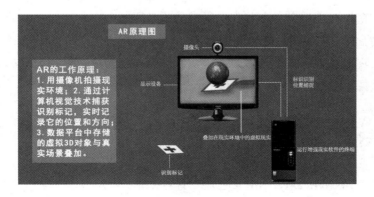

图 1-2　基于计算机显示器的 AR 的工作原理

1.1.4　AR 的特点

AR 具有 3 个特点：虚实融合、实时交互、三维注册。

1）虚实融合

虚实融合是指通过虚拟物体和现实环境的叠加来增强现实环境。这个特点是最容易理解的，也是比较容易实现的。早期的智能手机 AR 应用可以利用屏幕来显示增强的图像，现在流行的 AR 头戴式设备或眼镜也比较容易做到这一点。

2）实时交互

实时意味着精确的时间点，要将现实和虚拟的信息在精确的时间点上完成对准，否则用户体验会非常差。这一点比较难实现，尤其是对用户周围的现实环境与用户眼球和肢体动作的跟踪识别。交互意味着控制，即用户要控制设备。虽然在电影中也能看到 AR 的画面，但电影缺少交互性。如果在现实中使用，则用户走动了一下，后面的 AR 系统就要做好准备，判断用户是不是要控制 AR 显示新的内容。

3）三维注册

注册是指把虚拟的场景定位到现实环境中的过程。具体实现起来既有简单的方法也有困难的方法。简单的方法为提前准备二维码，在扫描二维码后把相应的虚拟场景显示出来。这种方法可以在特定场合使用，但比较低级。现在常用的方法是扫描一个标志物，例如微软 HoloLens 眼镜可以利用摄像头识别一张桌子的平面，并把虚拟沙盘投放到这张桌面上。

AR 产品有虚拟天文馆 Stellarium，既可以根据观测者所处的时间和地点，计算太阳、月球及其他行星和恒星的位置，并将其显示出来，也可以绘制星座、虚拟天文现象（如流星雨、日食和月食等），还可以作为天文爱好者观测星空的辅助工具。AR Ruler 是一款实用的测量工具，可以让 iPhone 变成一把随身携带的尺子，随时随地测量物体的尺寸。

VR 和 AR 的区别归根结底是对现实的增强还是完全的虚拟化。VR 能够阻断真实世界，让人们完全投入虚拟世界，其视觉呈现方式是阻断人眼与现实世界的连接，通过设备实时渲染的画面，创造出一个全新的世界。AR 通过叠加虚拟的影像，让虚拟的事物和现实接轨，其视觉呈现方式是在人眼与现实世界连接的情况下叠加全息影像，以加强其视觉呈现的效果。

1.1.5　MR 和 XR 的定义

混合现实（Mixed Reality，MR）是虚拟现实的进一步发展，该技术可以在虚拟世界、现实世界和用户之间搭起一个交互反馈的信息回路，以增强用户体验的真实感，如图 1-3 所示。MR 的主要特点是其合成的内容会与真实内容进行实时交互，同时提供实时数字信息。MR 创造了数字和实体并存的局面，最为关键的是，使用 MR 技术，可以使数字信息与物理环境进行交互。

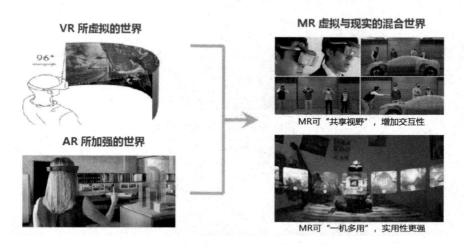

图 1-3　MR 的示意图

扩展现实（Extended Reality，XR）是将 AR、VR、MR 技术相结合的一种技术。XR 技术让用户可以在虚拟环境中与现实世界进行交互，通过 AR 技术将虚拟元素叠加在现实环境中，同时使用 VR 技术创造出全新的虚拟场景。XR 技术通过数字化来增强用户的感官，以此来融合世界，如《头号玩家》（*Ready Player One*，2018）中的 OASIS。

VR 可以让用户沉浸在一个完全虚拟的环境中；AR 为用户创建了虚拟内容的覆盖层，但是它无法与现实环境交互；MR 是物理世界与虚拟世界的混合，它创建的虚拟对象可以与现实环境产生交互。XR 将以上 3 种技术囊括在了一个概念中。

AR、VR 和 XR 三者的区别如下。

1）技术应用方向不同

AR 主要应用于商业、医疗、娱乐等领域，用于给现实增加虚拟信息；VR 主要应用于游戏、虚拟演出、培训、建筑设计等领域，用于创造一个虚拟的环境；XR 结合了 AR 和 VR 的优势，可以应用于游戏、教育、设计、医疗等领域。

2）技术的实现方式不同

AR 技术需要用到相机、传感器、识别算法等技术；VR 技术需要用到 VR 头戴式设备、控制手柄、定位器等硬件设备；XR 技术兼顾 AR 和 VR 技术的实现方式，需要用到相应的软硬件设备。

3）技术的交互方式不同

AR 技术通常通过智能手机、平板电脑等显示设备进行交互；VR 技术通常通过虚拟现实头盔、手柄等设备进行交互；XR 技术在交互方式上更加灵活，可以通过智能手机、平板电脑、VR 头戴式设备、控制手柄等多种方式进行交互。

1.2　VR 的发展历史

VR 技术与大多数技术一样不是突然出现的，在经过军事、企业及学术实验室的长时间研制开发后才进入民用领域。VR 技术的发展大致分为 4 个阶段[1]。

1.2.1　探索阶段

VR 这个词最早出现在 1935 年 Stanley G. Weinbaum 的科幻小说 *Pygmalion's Spectacles* 中，该小说被认为是探索虚拟现实的第一部科幻作品。Stanley G. Weinbaum 在小说中描写了一副可以让人看到、听到、闻到各种东西的神奇眼镜，类似于我们所熟知的 VR 眼镜。受这部小说的启发，麦科勒姆（McCollum）于 1945 年为第一款立体电视眼镜申请了专利，不过目前还没有发现关于该设备实际制造的记录。

20 世纪 50 年代，莫顿·海利格（Morton Heilig）设计了如图 1-4 所示的头戴式显示器（Head Mounted Display，HMD）并注册了专利。莫顿·海利格声称头戴式显示器的透镜能够实现 140º 的水平和垂直视场，并具有立体声效果，但该设备无法进行交互，且缺少运动追踪功能。

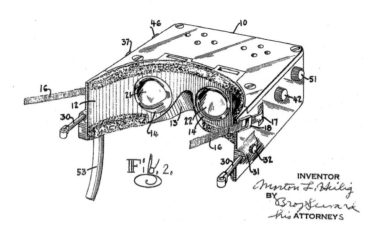

图 1-4　莫顿·海利格的头戴式显示器设计图

1960—1962 年，莫顿·海利格创建了一个多感官模拟器——Sensorama，如图 1-5 所示。Sensorama 是为沉浸式电影而设计的，提供了宽视场、立体声、座椅倾斜、振动、气味和风的立体彩色视图。这是一套只供一人观看、具有多种感官刺激的立体显示装置。它可以模拟驾驶汽车沿曼哈顿街区行驶的场景，生成立体的图像、立体的声音效果，并产生不同的气味，座位也能根据场景的变化摇摆或振动，还能制造出有风在吹动的效果。当时这套设备非常先进，但观众只能观看而不能改变所看到的和所感受到的世界，即无交互操作功能。这是创建 VR 系统的一种方法，但不是交互式的。

1961 年，Philco 公司的工程师开发了首个具有头部跟踪功能的 HMD-Headsight，如图 1-6 所示。该设备为两只眼睛分别提供了单独的显示器和运动追踪系统，允许用户通过转动头部来观察周围环境。当用户转动头部时，另一个房间里的摄像头也会移动，这样用户就可以看到自己处于另一个地方了。这是世界上第一个远程 VR 系统。

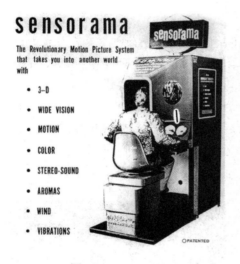

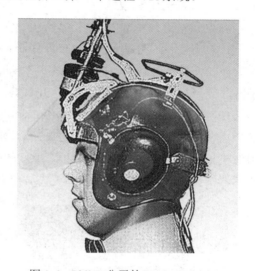

图 1-5　Sensorama　　　　　　　图 1-6　Philco 公司的 HMD-Headsight

1962 年，IBM 公司获得了第一个手套输入设备的专利。这款手套被设计成一个舒适的键盘输入替代品，每个手指上的传感器都可以识别 4 个位置。这样就有 1 048 575 种可能的输入组合。手套输入设备虽然有着与其他输入设备非常不同的实现方式，但在 20 世纪 90 年代成了一种常见的 VR 输入设备。

1965 年，计算机图形学的奠基者——美国科学家伊万·萨瑟兰（Ivan Sutherland）博士在国际信息处理联合会上发表了一篇名为 *The Ultimate Display* 的论文，文中提出了感觉真实、交互真实的人机协作新理论，这是一种全新的、富有挑战性的图形显示技术，不通过计算机屏幕来显示计算机生成的虚拟世界，而使观察者直接沉浸在计算机生成的虚拟世界中，就像生活在客观世界中一样。随着观察者随意地转动头部与身体（改变视点），他看到的场景（由计算机生成的虚拟世界）会随之发生变化。同时，观察者还可以用手、脚等部位，以自然的方式与虚拟世界进行交互，虚拟世界会产生相应的反应，从而使观察者有一种身临其境的感觉。这一理论后来被公认为对 VR 技术有着里程碑的作用，所以伊万·萨瑟兰既被称为"计算机图形学之父"，也被称为"虚拟现实技术之父"。1968 年，伊万·萨瑟兰开发了世界上第一台计算机图形驱动的 VR 头戴式设备。该设备的头部位置追踪系统被称为"达摩克利斯之剑"（The Sword of Damocles），如图 1-7 所示。

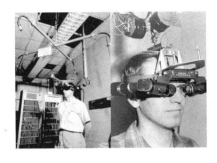

图 1-7　伊万·萨瑟兰的"达摩克利斯之剑"

1.2.2　萌芽阶段

1971 年，弗雷德里克·P·布鲁克斯（Frederick P. Brooks）研制了一款具有力反馈功能的原型系统——Grope-III，如图 1-8 所示。用户可以借助一个外部操作器对虚拟环境中的对象进行移动、抓取等操作，并且通过传感器感受到被操作物体的重量。

1974 年，迈伦·克鲁格（Myron Kruger）建立了 Videoplace 实验室，旨在让参与者在不借助任何外部设备的情况下与虚拟环境进行交互。使参与者面对投影屏幕，先通过摄像机拍摄参与者的轮廓，与计算机生成的图形进行融合；再将其投影到屏幕上，通过传感器捕捉、识别参与者的身体姿态，如图 1-9 所示。

图 1-8　具有力反馈功能的 Grope-III

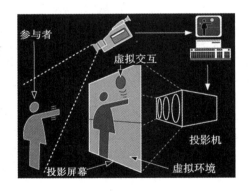

图 1-9　Videoplace 虚拟交互场景

1982 年，由计算机科学家 Alan Kay 领导的雅达利研究公司（Atari Research）成立，研究团队中包括 Scott Fisher、Jaron Lanier、Thomas Zimmerman、Scott Foster 和 Beth Wenzel。他们集思广益，想出了与计算机交互的新方法，并设计了对 VR 系统商业化至关重要的技术。

1985 年，斯科特·费舍尔（Scott Fisher）和美国国家航空航天局研究人员一起开发了第一个商业上可行的、具有宽视场的立体头部追踪 HMD——虚拟视觉环境显示器（Virtual Visual Environment Display，VIVED）。1986 年，斯科特·费舍尔研发了第一套基于头盔和数据手套的 VR 系统虚拟交互环境工作站（Virtual Interface Environment Workstation，VIEW）。这是第一款相对完整的 VR 系统，不仅能够使用户通过头戴式设备进行沉浸式的体验，还能够通过外部设备进行场景交互，被应用于科学数据可视化、空间技术等领域。

1987 年，James D. Foley 教授在具有影响力的 *Scientific American* 上发表了 *Interfaces for Advanced Computing*[2]一文，另外还有一篇报道数据手套的文章，这篇文章及之后在各种报刊上发表的 VR 技术的文章引起了读者的极大兴趣。

1989 年，美国可视化编程实验室（Visual Programming Lab，VPL）的创始人贾瑞恩·拉尼尔（Jaron Lanier）正式提出了"Virtual Reality"一词。至此，VR 成为计算机领域主要的研究方向之一。VPL 研发了多种 VR 产品，包含数据手套、数据衣等，成了第一家销售 VR 设备的公司。

1.2.3　发展阶段

20 世纪 90 年代后，迅速发展的计算机硬件技术与不断改进的计算机软件系统极大地推动了 VR 技术的发展，使得基于大型数据集合的声音和图像的实时动画制作成为可能，人机交互系统的设计不断创新，很多新颖、实用的输入/输出设备不断地出现在市场上，而这些都为 VR 系统的发展打下了良好的基础。世嘉（SEGA）、迪士尼、通用等公司，以及众多大学和军事研究实验室开始广泛地试验 VR 技术。

1991 年，世嘉公司发行了世嘉虚拟现实（SEGA VR）耳机街机游戏和世嘉驱动器（Mega Drive），配备液晶显示屏、立体耳机和惯性传感器，能够追踪用户的头部运动；同时推出了虚拟游戏，成为全球最大的多人虚拟现实游戏平台。然而由于技术的限制，世嘉公司宣布该设备将永久处于原型阶段。现在看来，这无疑是世嘉公司的重大决策失误。

1992 年，Cruz-Neira 开发了大型 VR 系统——洞穴式自动虚拟系统（Cave Automatic Virtual Environment，CAVE）。这是一种基于投影的 VR 系统，在国际图形学会议上受到了广泛关注。CAVE 系统一般由 4 个投影屏幕组成，这 4 个投影屏幕构成一个立方体结构，观察者的正前方、左侧和右侧采用背投投影方式，底面采用正投投影方式，如图 1-10 所示。该系统通过高性能工作站向投影屏幕交替显示计算机生成的立体图像，观察者佩戴立体眼镜和一种六自由度（6DOF，Degree of Freedom）的头部跟踪设备，该设备可以将观察者的视点实时地反馈到工作站中，进而动态地调整投影屏幕的位置，提升观察者的真实感体验。

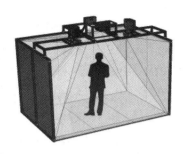

图 1-10　CAVE 系统的示意图

1992 年，美国 Sense8 公司开发了 WTK 开发包，为 VR 技术提供了更高层次的应用。1993 年 11 月，宇航员利用 VR 系统成功完成了从航天飞机的运输舱内取出新的望远镜面板的工作。波音公司在一个由数百台工作站组成的虚拟世界中，用 VR 技术设计出了由 300 万个零件组成的波音 777 飞机。

1996 年 10 月 31 日，世界上第一场虚拟现实技术博览会在伦敦开幕。全世界的人们都可以通过 Internet 坐在家中参观这场没有场地、没有工作人员、没有真实展品的博览会。该博览会由英国虚拟现实技术公司和英国《每日电讯》电子版联合举办。人们在 Internet 上输入博览会的网址，即可进入会场进行浏览。展厅内有大量的展台，人们可以从不同的角度和距离观看展品。

1996 年 12 月，世界上第一个虚拟现实环球网在英国投入运行。Internet 用户可以在一个立体的、由虚拟现实世界组成的网络中遨游，身临其境般地欣赏各地风光、参观博览会和到大学课堂听讲座等。输入英国超景公司的网址之后，显示器上将出现"超级城市"的立体图像。用户可以从"市中心"出发参观虚拟超级市场、游艺室、图书馆和大学等场所。该公司总裁在新闻发布会上说："虚拟现实技术的问世，是 Internet 继纯文字信息时代后的又一次飞跃，其应用前景不可估量。"随着 Internet 传输速度的提高，VR 技术也趋于成熟。

在软件方面，以计算机图形学为基础的现代计算机绘制技术（包括光线追踪、光线投射、抗锯齿、环境遮罩等）极大地提升了用户在虚拟环境中的真实感体验。英伟达公司在 1999 年 8 月发布了 NVIDIA GeForce256 这款现代意义上的显卡，以图形处理单元为基础的绘制技术使得虚拟场景在具有真实感的绘制上有了进一步的提升。

1.2.4　成熟阶段

21 世纪的第一个十年被称为"虚拟现实的冬天"。尽管从 2000 年到 2012 年，主流媒体很少关注虚拟现实，但世界各地的企业、政府、学术机构和军事研究实验室仍在深入研究虚拟现实。随着计算机性能的提升，以及图形处理技术、动作捕捉技术的进步，直到 2012 年，VR 才真正享受到计算机技术的红利。

20 世纪 90 年代，视野是消费级 HMD 的主要缺陷。没有宽阔的视野，用户就无法获得"神奇"的临场感。2006 年，南加州大学 MxR 实验室的马克·博拉斯（Mark Bolas）和 Fakespace 实验室的伊恩·麦克道尔（Ian McDowall）创造了一款名为 Wide5 的 150°视场头戴式显示器，后来用它来研究视场对用户体验和行为的影响。该显示器是当今大多数消费级 HMD 的先驱。MxR 实验室的一位名叫 Palmer Luckey 的成员开始在 Meant to be Seen 网站上分享其原型，并第一次见到了 John Carmack（Oculus VR 首席技术官），之后他们共同组建了 Oculus VR。不久之后，Palmer Luckey 离开了实验室，推出了 Oculus Rift Kickstarter，在 2013 年推出了开发者版本，并发布了 20 余款 VR 游戏。2014 年，Facebook 以 20 亿美元收购了 Oculus VR 并在 2016 年推出了 Oculus Rift CV1 消费者版本，这是一款真正的 PC 专用 VR 头戴式设备，价格为 599 美元。扎克伯格称 2016 年是消费级 VR 设备元年。

2014 年，谷歌公司推出纸板眼镜——Cardboard，售价仅 15 美元，用户也可以下载谷歌公司提供的图纸自己制作一个 Cardboard。Cardboard 能适配市面上大多数智能手机，得到了麦当劳、可口可乐等商业巨头的支持，并间接推动了三星 Gear VR 的发展。Cardboard 的便携性和低价格，让更多人体验到 VR 的魅力，为 VR 应用的普及打下了非常广泛的群众基础。

2016 年，谷歌公司发布了 Daydream 虚拟现实平台及对应的解决方案，其包含头戴式设备和遥控器的设计方案、手机硬件认证和应用商店开发等。兼容 Daydream 规范的手机标识为"Daydream-ready"。Daydream 平台是在开源手机操作系统——安卓的基础上建立起来的，为 VR 应用的开发提供了一套标准，并为 VR 的规范化提供了一个参考。

大部分新技术从概念出现到应用普及都会经历一个起伏的阶段，VR 技术成熟度曲线如图 1-11 所示。了解技术成熟度曲线，可以帮助我们在新技术的应用过程中更清晰地把握时机，做出正确的判断。

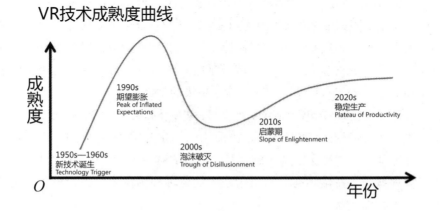

图 1-11　VR 技术成熟度曲线[3]

1.3 AR 的发展历史

虽然 AR 起步较晚，但与 VR 的一些技术是重叠的，推动 VR 发展的技术也为 AR 的发展提供了动力[4]。

1966 年，伊万·萨瑟兰领导研发了 The Sword of Damocles 系统，其被普遍认为是 HMD 及增强现实的雏形。

从 1990 年开始，每隔几年 AR 就会有重大的发展。1992 年，波音公司的研究员 Tom Caudell 和 David Mizzel 提出了"增强现实"这一术语[5]。他们认为，相较于虚拟现实，增强现实不需要对整个场景进行渲染，因此在算力和资源消耗上更具有优势，而为了使虚实融合的精度更高、效果更逼真，对实时三维注册技术的要求也更高。

1992 年，路易斯·罗森伯格（Louis Rosenberg）向功能性 AR 系统迈出了步伐，在美国空军研究实验室开发了 Virtual Fixtures。该设备可以实现对机器的远程操作。随后路易斯·罗森伯格将研究方向转向了 AR 技术，进行了包括将虚拟图像叠加至现实世界的画面中的各项研究，这也是当代 AR 技术的讨论热点。

1994 年，史蒂夫·曼（Steve Mann）被公认为"可穿戴计算之父"，他发明了数字眼镜和增强现实，也被称为"增强现实之父"。

1996 年，Jun Rekimoto 发明了用于 AR 对象的 2D 矩阵标记，也称 CyberCode。这是一项允许 AR 系统识别真实世界中的物体并估计其在坐标系中位置的技术。该技术使用条形码来识别大量物体，在接下来的十年里，这项技术不断成熟。

1997 年，Ronald Azuma 发布了第一个关于 AR 的报告，提出了一个现在已经被广泛接受的 AR 定义。这个定义包含 3 个特征：虚实融合、实时交互和三维注册。

1999 年，加藤弘一（Hirokazu Kato）在 Hitlab 上开发了第一个 AR 开源框架——ARToolKit，其主要功能是计算跟踪。ARToolKit 的出现使得 AR 技术不再局限在专业的研究机构中，普通的程序员也可以利用 ARToolKit 开发自己的 AR 应用。早期的 ARToolKit 可以识别和追踪一个黑白的标志物，并在标志物上显示 3D 图像。直到今天，ARToolKit 依然是最流行的 AR 开源框架之一，支持几乎所有的主流平台，并且已经实现了自然特征追踪（Nature Feature Tracking，NFT）等更高级的功能。

第一款 AR 游戏由 Bruce H.Thomas 创建，名为 ARQuake。ARQuake 是一个基于 6DOF 追踪系统的第一人称应用。6DOF 追踪系统使用了 GPS、数字罗盘和基于标志物的视觉追踪系统。用户背着一个可穿戴式电脑背包、一台 HMD 和一个只有两个按钮的输入器。这款游戏在室内或室外都能运行，一般游戏中的鼠标和键盘操作由用户在现实环境中的活动和简单输入界面代替。

2012 年，谷歌眼镜发布，AR 技术开始受到关注。

2016 年，现象级 AR 手游 *Pokémon GO* 发布。在这款 AR 宠物养成对战游戏中，玩家可以捕捉现实世界中出现的宠物小精灵，进行培养、交换及战斗。同年，微软公司发布了 AR 头戴式显示器——Hololens，被誉为目前已发布的体验感最好的 AR 设备之一。

1.4 VR 系统与 AR 系统的组成

1.4.1 VR 系统的组成

从应用的角度讲，VR 是指利用计算机图形生成技术，从空间和位置上以交互的方式模拟出三维场景（视觉）、声音（听觉）、触觉甚至嗅觉，从而达到身临其境的效果。从技术的角度讲，VR 是由高性能计算机系统、显示输出设备、跟踪采集设备、软件引擎系统等模块组成的系统，如图 1-12 所示。

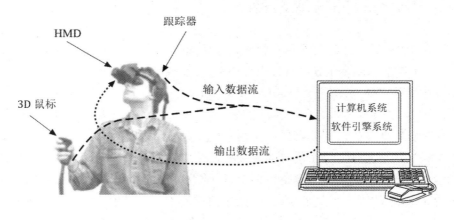

图 1-12　VR 系统的组成

1）计算机系统

在 VR 系统中，计算机系统起着至关重要的作用，是虚拟世界的"心脏"，负责实时渲染、用户和虚拟世界的实时交互计算等。由于计算机生成的虚拟世界具有高度复杂性，尤其在大规模复杂场景中，渲染虚拟世界所需的计算机量级巨大，因此 VR 系统对计算机配置的要求非常高。

2）输入/输出设备

VR 系统要求用户采用自然的方式与虚拟世界进行交互，传统的鼠标和键盘是无法实现这个目标的。这就需要用到特殊的交互设备，从而识别用户各种形式的输入，并实时生成相对应的反馈信息。目前，常用的交互设备有用于手势输入的数据手套、用于语音交互的三维声音系统、用于立体视觉输出的头盔显示等。

3）软件引擎系统

在实现 VR 系统时需要很多辅助软件的支持。这些辅助软件一般用于准备构建虚拟世界所需的素材。例如，在前期采集数据和整理图片时，需要使用 AutoCAD 和 Photoshop 等二维软件和建筑制图软件；在建模贴图时，需要使用 3D Max、MAYA 等主流三维软件；在准备音视频素材时，需要使用 Audition、Premiere 等软件。

为了将各种媒体素材组织在一起，形成完整的、具有交互功能的虚拟世界，还需要专业的 VR 软件引擎系统。它主要负责完成 VR 系统中的模型组装、热点控制、运动模式设立、声音生成等工作，以及为虚拟世界和后台数据库、虚拟世界和交互硬件建立必要的接口。成熟的 VR 软件引擎系统还会提供插件接口，允许用户针对不同的功能需求自主研发插件。

1.4.2　VR 系统的生成设备

VR 系统的生成设备主要是用于创建虚拟环境的计算机，计算机的性能决定了 VR 系统的性能。VR 系统需要计算机具备高速的中央处理器（Central Processing Unit，CPU）和图形处理单元（Graphics Processing Unit，GPU）。CPU 对于计算机运算能力的提升有着直接的影响。GPU 主要用于图形的绘制，决定了绘制效果的好坏。由于立体成像需要图形工作站实时同步生成两幅图像，一幅左眼图像，一幅右眼图像，因此计算量比常规图形显示高一倍。另外，图形场景的复杂度、精度和分辨率，以及帧率、实时成像、实时显示造成生成图形所需的计算量巨大，对计算机几何顶点计算与图形生成速度、整机系统延迟要求极高。VR 视景生成系统通常采用高性能图形工作站（单机）或多机分布式集群系统。下面根据计算机性能的优劣对 VR 系统的生成设备进行介绍。

1）高性能个人计算机

随着计算机技术的飞速发展，高性能个人计算机的出现能够在一定程度上满足 VR 系统的开发需求。由于 VR 需要处理大量的图形和计算任务，因此如果没有足够的计算能力，则可能导致延迟和图像卡顿。为了满足这一需求，VR 设备需要配备高速的 CPU 和强大的显卡。推荐的 CPU 型号包括 Intel Core i7 和 AMD Ryzen 7 等，它们都拥有出色的多线程处理能力。对于显卡，NVIDIA GeForce GTX 1080 和 AMD Radeon RX 5700 XT 是最佳选择，它们能够提供流畅的图像渲染功能和高质量的视觉效果。

高性能个人计算机往往配备多个图形加速卡。这是一种专门进行图形运算的图像适配卡，用于图形图像的绘制和处理，能够极大地减轻图形管理为 CPU 带来的压力。目前市场上主流的图形加速卡有 NVIDIA GRID 系列、NVIDIA Tesla 系列及 Radeon 系列。高性能个人计算机主要应用于家庭娱乐，能够使个人用户足不出户地利用 VR 技术体验沉浸式的游戏和观看全景视频，满足个人用户对 VR 技术的好奇和探索。

2）高性能图形工作站

高性能图形工作站是一种专门用于图形图像处理的高档专用计算机，是决定 VR 系统性能的关键因素。与普通计算机相比，高性能图形工作站具有更强的计算能力、更大的磁盘空间、更快的数据交换速率。高性能图形工作站在大型 VR 系统开发方面具有一定的优势。真实场景的 VR 体验所需的图形处理性能比传统 3D 游戏和图形应用的高得多，要支持两幅图像（一个眼睛观察一幅）以 90 帧每秒的帧速率进行传输，并且要画面流畅、延迟极低，在视觉上才能感觉不错。

VR 高性能图形工作站的计算有以下特点。

- 显示器刷新频率在 140Hz 以上，左右眼至少为 70Hz。
- 图形生成的画面，每秒帧数在 90 帧以上。

VR 高性能图形工作站的硬件配置如下。

- CPU：承担图形的几何顶点计算（单核 CPU 计算模式）、物理模拟计算（多核 CPU 计算模式）、数据库资料解码计算等工作。CPU 的频率越高越好，并且核数要足够多，对实时性的要求极高，否则会出现画面卡顿。
- GPU：承担几何三角形生成、图形着色、纹理贴图及部分物理模拟计算工作，对实时性的要求高。
- 内存：保证实时图形场景数据有足够的空间。
- 硬盘：存储大量数据库资料，供引擎实时调入内存使用，要求低延迟、高带宽。

VR 系统对硬件实时计算有两点核心要求：一是场景实时生成，主要体现为图形生成计算（单核 CPU 计算模式与 GPU 的着色渲染计算模式）和物理特效模拟计算（多核 CPU 计算模式或部分 GPU）；二是 VR 系统每个环节的超低延迟要求，除了计算实时响应，调用图形和图像数据也需要提供极低的延迟和极高的读/写带宽。第一点要求图形工作站具有极高的频率和足够的核数；第二点要求硬件的每个环节和操作系统都具有低延迟。VR 系统除了对计算机 CPU 和显卡的要求高，对系统延迟的要求也非常高，否则会导致帧数不够，造成卡顿，引发晕动症。表 1-1 概括了 VR 交互图形生成阶段对系统延迟的技术要求[6]。

表 1-1 VR 交互图形生成阶段对系统延迟的技术要求

阶段	主要操作	相关硬件设备	延迟要求
1	传感器（手势跟踪、力反馈等）采集用户移动的相应数据	输入设备	<1 毫秒
2	对采集到的数据进行过滤并传输到计算机内存中	线缆、接口及内存	1～2 毫秒

续表

阶段	主要操作	相关硬件设备	延迟要求
3	VR 引擎根据获取的输入数据，重新计算新的场景数据和渲染数据	CPU、硬盘	<8 毫秒
4	提交到驱动 API（OpenGL 或 Direct X）中并由驱动发送到显卡中进行渲染	GPU	<10 毫秒
5	把渲染的结果提交给屏幕，对像素进行颜色的切换	穿戴式、投影式显示器	<22 毫秒
6	用户在屏幕上看到相应的画面	/	/

高性能图形工作站主要应用于专业产品的设计和开发，能够在产品的早期设计阶段通过 VR 技术为后续产品的开发提供专业的指导意见，帮助开发者降低产品的研发成本。

3）DVR 系统

分布式虚拟现实（Distributed Virtual Reality，DVR）[7]系统是 VR 系统的一种类型，是基于网络的虚拟环境。在这个环境中，位于不同物理位置的多个用户或虚拟环境通过网络相连接，多个用户可以同时进入一个虚拟环境，对其进行观察和操作，并通过计算机与其他用户进行交互，以达到协同工作的目的。简单地说，DVR 系统是一个支持多人实时通过网络进行交互的软件系统，多个用户在同一个虚拟环境中，通过计算机与其他用户进行交互并共享信息。

DVR 系统有 4 个基本部件：图形显示器、通信和控制设备、处理系统、数据网络。DVR 系统是分布式系统和 VR 系统的有机结合。DVR 系统的研发工作可以追溯到 20 世纪 80 年代初，如 1983 年美国国防部（DOD）制订了 SIMENT 研究计划，1985 年 SGI 公司成功开发了网络 VR 游戏 *DogFlight*。到了 90 年代，一些著名大学和研究所的研究人员也开展了对 DVR 系统的研究工作，并陆续推出了多个实验性 DVR 系统和开发环境，如 NPS 的 NPSNET（1990）、美国斯坦福大学的 PARADISE/Inverse 系统（1992）、瑞典计算机科学研究所的 DIVE（1993）、新加坡国立大学的 BrickNet（1994）、加拿大 Albert 大学的 MR 工具库（1993）和英国 Nottingham 大学的 AVIARY（1994）。

根据 DVR 系统环境下运行的共享应用系统的个数，可以把 DVR 系统分为集中式结构和复制式结构。

集中式结构是指只在中心服务器上运行一个共享的应用系统，该系统可以是会议代理或对话管理进程。中心服务器的作用是对多个用户的输入/输出操作进行管理，允许多个用户共享信息。集中式结构的特点是结构简单、容易实现，但对网络通信带宽有较高的要求，并且高度依赖于中心服务器。

复制式结构是指在每个用户所在的机器上复制中心服务器，使每个用户进程都有一个共享的应用系统。服务器接收来自其他工作站的输入信息，并把信息传送到本地机器的应用系统中，由应用系统进行所需的计算并产生必要的输出。复制式结构的优点是所需网络带宽较小。另外，由于每个用户只与应用系统的局部备份进行交互，所以复制式结构还有交互式响应效果好的优点。但它比集中式结构复杂，在维护共享应用系统中多个备份的信息或状态一致性的方面表现不佳。

1.4.3 VR 系统的输入设备

VR 系统的输入设备指的是用来输入用户发出的动作，使得用户能够操作虚拟场景的设备。大多数输入设备具有传感器，可以采集用户行为，并将其转换为计算机信号来驱动场景中的模型，从而实现人与 VR 系统的交互。

1. 跟踪设备

跟踪设备允许 VR 系统监测用户特定身体部位的位置和方向。例如，在 HMD 系统中测量的头部的位置和方向信息，定义了用户在虚拟世界中的视角，并决定了哪部分应该被呈现在视觉显示器上；附在手套上的跟踪装置可以测量手的位置和方向，基于这些信息，手可以在虚拟世界中以用户的相对位置呈现出来，为灵巧的操作提供必要的反馈。

跟踪设备是 VR 系统中较为常用的输入设备，能够及时、准确地获取用户的动作、位置等信息，将获得的信息转换为计算机可以接收的信号并传递到 VR 系统中。跟踪设备也称六自由度设备，即通过采用 6 个自由度来描述对象在三维空间中的位置和方向。6DOF 是指物体除了具备在 X、Y、Z 三轴上移动的能力，还具备在 X、Y、Z 三轴上旋转的能力，如图 1-13 所示。就硬件而言，一般需要以下 3 个部件：产生信号的信号源、接收信号的传感器、处理信号并与计算机通信的控制盒。根据所使用的技术，信号源或传感器被固定在用户的身体上，控制盒则被放置在环境中的一个固定位置上作为参考点。

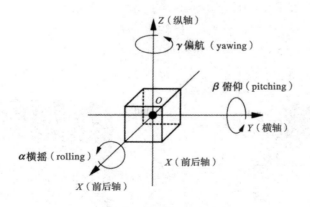

图 1-13　三维空间六自由度

追踪设备在虚拟环境中的作用在很大程度上取决于计算机是否能足够快地跟踪用户

的动作，以保持虚拟世界与用户的动作同步。这种能力是由信号的滞后（或延迟）及传感器的更新速率决定的。信号滞后是指跟踪目标的位置和方向变化与向计算机报告该变化之间的延迟，超过 50 毫秒的滞后对用户来说是可以察觉的，并且会影响用户的表现。更新速率是指将测量结果报告给计算机的速度，典型的更新速率是每秒 30～60 次。

在虚拟世界中执行动作的精度取决于所使用的跟踪设备的分辨率和精度。虽然给定设备的分辨率是固定的，但精度通常随着传感器与源距离的增加而降低。跟踪设备的范围是传感器和源之间的最大距离，在此范围内可以以规定的精度测量位置和方向。

目前常用的跟踪设备包括机械式跟踪设备、电磁式跟踪设备、超声波跟踪设备、光学式跟踪设备、惯性跟踪设备。下面将介绍并讨论这些跟踪设备的优点和缺点。

1）机械式跟踪设备

机械式跟踪设备采用机械装置来跟踪和测量运动轨迹，一般由多个关节组成串行或并行的运动结构，每个关节都有一个高精度传感器。该设备的测量原理是通过传感器测得每个关节角度的变化，并根据关节之间的连接关系计算末端点的位置和运动轨迹，进而得到跟踪目标的位置。

机械式跟踪设备是一种绝对位置传感器，通常由体积较小的机械臂构成。机械臂的一端固定在一个参考机座上，另一端固定在待测对象上。机械式跟踪设备采用电位计或光学编码器测量关节处的旋转角，并根据所测得的相对旋转角及连接两个传感器的机械臂的臂长进行动力学计算，从而获得 6 个自由度输出。该设备的优点是性能可靠、潜在干扰源较少、延迟时间短，其缺点是测量精度会受环境温度变化的影响、关节传感器的分辨率低、工作范围有限。在一些用户的活动范围不是重要指标的应用场合（如外科手术训练）中，这种跟踪设备更具有优势。

机械式跟踪设备的应用举例如下。

- 跟踪球：安装传感器的球，如图 1-14 所示。它可以测量用户的手施加在弹性元件上的 3 个力和力矩，从而控制目标物体的运动速度和角速度。
- 3D 探头：这个探头有 6 个关节，如图 1-15 所示。每个关节都表示一个自由度，因此该探头有 6 个自由度，允许同时确定探头尖端的位置和方向。

图 1-14　跟踪球

图 1-15　3D 探头

2）电磁式跟踪设备

电磁式跟踪设备主要由电磁发射器、电磁接收器和信号数据处理部分组成，如图 1-16 所示。在目标物体附近安置一个由三轴相互垂直的线圈构成的电磁发射器，使磁场覆盖一定的范围。电磁接收器也由三轴相互垂直的线圈构成，可以检测磁场的强度，并将检测的信号经处理后送到信号数据处理部分中。信号数据处理部分能计算出目标物体的 6 个自由度，即它不但可以获得目标物体的位置信息，还可以获得其角度姿态信息。这些信息在实际应用中是十分重要的。

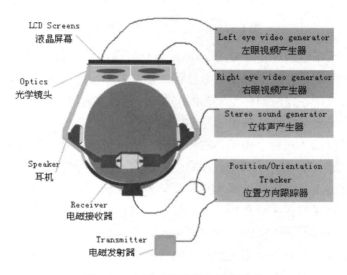

图 1-16 电磁式跟踪设备的示意图

电磁式跟踪设备的突出优点是不受视线的限制，可以在空间中自由移动。但是电磁式跟踪设备也有缺点，它易受周围电磁环境的干扰，且对金属物体较为敏感。电磁式跟踪设备由于不受视线的限制，所以可被广泛应用于医疗导航、生物力学、运动分析和飞行员头盔定位。电磁式跟踪设备因其独特的优点，以及在虚拟现实及其他方面中更加广阔的应用前景，在世界各国都十分被重视，现已成为无线定位技术研究的热点。

3）超声波跟踪设备

超声波跟踪设备是一种非接触式位置测量设备，如图 1-17 所示，其原理是通过超声发射器发射高频超声波脉冲来确定接收对象在三维空间中的位置。超声波跟踪设备一般采用 20kHz 以上的频率，人耳无法听到这个频段的超声波，因此对人产生的干扰很小。超声传感器包括 3 个超声发射器的阵列[一般安装在场景上方（如天花板）上]、3 个超声波接收器（安装在被测物体上）、同步信号控制器。测量原理基于三角测量，常用的两种测量方法是飞行时间法和超声波相干测量法，通过周期性地激活每个发射器，计算发射器到 3 个接收器的距离，最后由控制单元计算目标物体的位置和方向。

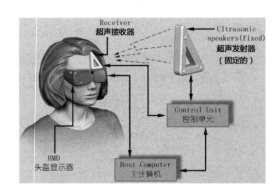

图 1-17　超声波跟踪设备的示意图

超声波跟踪设备有两种基本算法[8]：声波飞行时间测量法和相位相干测量法。

声波飞行时间测量法的原理是测量目标物体发射器发射的声音到达环境中固定位置的传感器所需的时间。发射器在已知的时间发射声音，而且每次只有一个发射器是活动的。通过测量声音到达各个传感器的时间，系统可以确定声音从目标物体到传感器的时长，从而计算目标物体到每个传感器的距离。由于在传感器划定的范围内只有一个点满足 3 个距离的方程，因此可以确定目标物体的位置。位置只需要通过其中一个发射器即可确定，方向是由 3 个传感器计算所得位置的差异来确定的。采用声波飞行时间测量法的超声波跟踪设备通常存在更新频率低的问题，这是由空气中的低声速带来的。当然，空气中的声速受到温度、气压和湿度等环境因素的影响。

相位相干测量法的原理是测量由目标物体发射器发射的声波与某个参考点发射器发射的声波之间的相位差。声音的相位代表声波上的位置，并以度（°）为单位。360°相当于一个波长的差异，如一个纯正弦波的声音。正弦和余弦的图形在从 0°到 360°的过程中描绘了一个圆。在 360°（一个周期或波长）之后，图形又回到它的起点。只要目标物体所走的距离在两次更新之间小于一个波长，设备就能更新目标物体的位置。

超声波跟踪设备是利用不同的超声波到达某一个特定位置的相位差或时间差来实现对目标物体的定位和跟踪的，但其会因超声波的反射、辐射或空气的流动产生误差。另外，它的更新频率较低，而且要求超声波发射器和超声波接收器之间没有阻挡。这些因素限制了超声定位的精度、速度及应用范围。

4）光学式跟踪设备

光学式跟踪设备是通过对目标物体上特定光点的跟踪和监视来完成运动定位和捕捉任务的。对于空间中的某一点，只要能同时为两个摄像头所见，根据同一时刻两个摄像头所拍摄的图像的不同，就可以确定该点在空间中的位置。

光学跟踪是一种三维定位技术，使用两台或更多的摄像机监测一个定义的测量空间。每台摄像机的镜头前都装有一个红外滤光片，镜头周围有一圈红外 LED，定期使用红外光照亮目标物体，如图 1-18[9] 所示。这种光是人眼不可见的，其强度对人类是安全的。目标物体配备了逆向反射标记，可以将进入的红外光反射到摄像机上，如图 1-19 所示。红外光被摄像机检测到，并由光学跟踪设备进行内部处理，用图像坐标计算出高精度的二维位置。使用多个摄像头，可以得出每个标记的三维位置。使用测量空间中的单个标记，可以测量三维位置。为了同时测量一个物体的方向或跟踪多个物体，可以在每个物体上放置多个标记（只需将多个标记随机地粘在目标物体上，确保从每个角度都能看到这些标记即可）。通过使用这种配置模型，光学跟踪设备能够区分物体并确定每个物体的三维位置和方向。

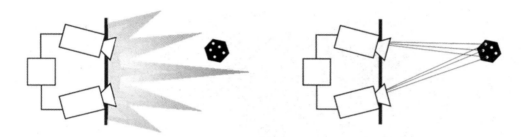

图 1-18　使用红外光照亮目标物体　　图 1-19　目标物体的逆向反射标记将红外光反射到摄像机上

　　光学式跟踪设备是一种非接触式位置测量设备，通过光学感知来确定对象的实时位置和方向。距离可以由三角关系（立体视觉）、传递时间（激光雷达）或光的干涉测量。

　　光学式跟踪设备有 3 种工作方法：标志系统、模式识别系统和激光测距系统。

- 标志系统是通过特殊标志来获得目标物体的位置和姿态的方法。该方法又分为两种：从外向里看和从里向外看。前者会在被跟踪的物体上安装一个或多个发射器，固定传感器从外面观测发射器的运动，从而得到被跟踪物体的位置和姿态。后者会在被跟踪的物体上安装传感器，发射器的位置是固定的，传感器从里面观测固定发射器，从而得到自身在三维空间中的位置和姿态。
- 模式识别系统会把发光设备按照阵列排列，并将其固定在被跟踪的物体上，由摄像机记录阵列的变化，通过与标准样本比较从而确定物体在三维空间中的位置和姿态。
- 激光测距系统会将激光通过衍射光栅发射到物体上，接收经过物体表面反射的二维衍射图的传感记录，根据衍射圈的畸变计算物体在三维空间中的位置和姿态。

　　光学式跟踪设备的优点包括高精度、机动性好，缺点是受视线的限制。此外，由于其需要对图像进行分析与处理，计算量比较大，因此对处理速度的要求较高。

5）惯性跟踪设备

　　近年来，惯性跟踪设备成为 VR 技术的研究方向之一。惯性跟踪设备代表一种不同的机械方法，它遵循角动量守恒的原则。惯性跟踪设备主要由 3 个相互垂直的陀螺仪和 3 个相互垂直的加速器组成。加速器用于测量目标物体在 3 个轴向上的运动情况，而陀螺仪用于测量目标物体绕 3 个轴的旋转速度，从而实现位置和方向的跟踪，如图 1-20 所示。惯性传感器不需要发射器，也不需要摄像机，响应能力好。它能通过盲推得出目标物体的位置，即完全依靠系统内部的推算，而不涉及外部环境。一般来说，尽管可以使用基于陀螺仪和线加速器的传感器来测量完整的六自由度的变化，但由于其提供的是相对测量值，而不是绝对测量值，因此系统的错误会随时间累加，从而导致信息不正确。在实际的 VR 系统应用中，这类设备仅用于方向的测量。

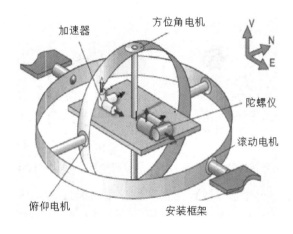

图 1-20　惯性跟踪设备的示意图

惯性跟踪设备非常轻便，因此在跟踪时不怕遮挡，没有视线限制和环境噪声等问题，有无限大的工作空间，还有延迟时间短、抗干扰性好、无线化等特点，在 VR 系统中有着独特的优势。另外，如果将惯性跟踪设备与其他跟踪设备组合在一起使用，则能更好地综合各种设备的优点。例如，用惯性跟踪设备提供低延迟的方向信息，使设备能够迅速更新到正确的观察方向，结合电磁式跟踪设备，提供在缓慢步伐下的位置信息[10]。

2．数据手套

数据手套是一种多模式的 VR 硬件，通过软件编程，可以用于在虚拟场景中对物体进行抓取、移动、旋转等操作，也可以用作一种控制场景漫游的工具。数据手套的出现，为 VR 系统提供了一种全新的交互手段。数据手套能够通过传感器理想地感知用户手部在三维空间中的位置和姿态，感知每一根手指的运动，从而为用户提供虚拟场景下更加自然的交互方式。

数据手套设有弯曲传感器，一个节点对应一个传感器，有 5 个节点、14 个节点、18 个节点、22 个节点之分。弯曲传感器由力敏元件、柔性电路板、弹性封装材料组成，通过导线连接至信号处理电路。在柔性电路板上设有至少两根导线，先用力敏材料包覆大部分柔性电路板，再在力敏材料上包覆一层弹性封装材料，柔性电路板留一端在外，用导线与外电路连接。VPL 公司的数据手套-光纤导管如图 1-21 所示。数据手套为用户提供了一种更加直观和通用的交互方式，能够有效地增强用户的沉浸感。

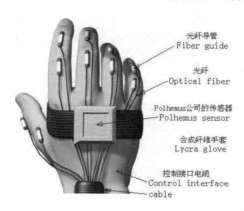

图 1-21　VPL 公司的数据手套-光纤导管

常用的数据手套有 5DT 数据手套、CyberGlove 数据手套等。

5DT 数据手套是 5DT 公司为现代动作捕捉和动画制作领域的专业人士专门设计的一款产品，可以满足更严格的工作要求。该产品具有佩戴舒适、简单易用、波形系数小和驱动程序完备等特点。5DT 数据手套有 5 个节点和 14 个节点之分。5 个节点数据手套可以对用户手指的弯曲程度进行测量（每根手指都配有一个传感器，用于测量指节和第一个关节）；14 个节点数据手套可以测量手指的弯曲程度与手指之间的外部肌肉（每根手指都配有两个传感器，一个用于测量指节，另一个用于测量第一个关节，并且在手指之间也有一个传感器，共 4 个指间传感器）。

CyberGlove 数据手套是一款复杂的传感手套，使用的是线性弯曲传感器，能够准确捕捉用户的手部动作。（注：该手套去掉了手掌的部分，使得重量变得很轻，易于穿戴。）CyberGlove 数据手套采用前所未有的弹性传感技术，增强了数据采集的可靠性。随着新HyperSensor™专利技术的重大改进，手部动作捕捉数据变得干净、可重复，并且更为准确。新一代数据手套——MoCap 沿用 CyberGlove 经典产品累积的 20 多年的经验，改进并开发出新的特性、功能与设计，从而满足动作捕捉和图形动画行业的需求。

3. 动作捕捉设备

动作捕捉设备是跟踪设备的一个特殊应用，被应用于虚拟现实、电影制作、视频游戏开发、学科研究和生物力学等领域。从技术角度来看，动作捕捉是指测量、跟踪、记录物体在三维空间中的运动轨迹。动作捕捉设备通过在运动物体的关键部位设置跟踪器来进行多个位置信息的采集，在将信息经过计算机处理后得到三维空间的坐标。动作捕捉设备能够为 VR 系统中的对象提供更加真实的动作仿真。根据跟踪设备的分类，动作捕捉设备可以分为机械式、电磁式、光学式和声学式，其技术原理与上面介绍的跟踪设备一样。

图 1-22　数据衣

常用的动作捕捉设备是数据衣。数据衣是为了让 VR 系统识别用户全身运动而设计的输入装置，根据数据手套的原理研制。数据衣通过在不同的关节上安装大量的传感器来获取人体不同关节的运动，最后由软件计算得到完整的三维运动数据，从而得到人体的运动信息。数据衣可以对人体大约 50 个不同的关节进行测量，包括膝盖、手臂、躯干和脚，如图 1-22 所示。通过光电转换，人体的运动信息能够被计算机识别，数据衣也会反作用于人体而产生压力和摩擦力，使用户的感受更加逼真。数据衣的缺点是分辨率低、有一定的采样延迟、使用不方便等。

1.4.4　VR 系统的输出设备

VR 系统的输出设备旨在为用户提供仿真过程对输入的反馈，通过输出接口为用户生成反馈的感觉通道，包括图形显示设备、声音输出设备、触觉反馈设备[11]。

1. 图形显示设备

图形显示设备是一种计算机接口设备，用于将计算机合成的场景图像展现给与虚拟世界进行交互的用户。

1）人的视觉系统

要设计图形显示设备，必须先了解人的视觉系统。一个有效的图形显示设备需要使图像特性与人观察到的合成场景相匹配。人的视觉系统有以下 3 个特性。

① 中央凹与聚焦区

人眼有 126 000 000 个感光器，这些感光器不均匀地分布在视网膜上。视网膜的中心区域被称为中央凹，是高分辨率的色彩感知区域，周围是低分辨率的感知区域。被投影到中央凹的图像代表聚焦区。在仿真过程中，人的焦点是无意识地动态变化的。如果能跟踪眼睛的动态变化，就可以探测到焦点的变化。

② 视场与测量深度

视场（Field of View，FOV）：一只眼睛的水平视场大约为 150°，垂直视场大约为 120°；双眼水平视场大约为 180°，垂直视场大约为 120°，如图 1-23 所示。观察体的中心区域是立体影像区域，在这里两只眼睛定位同一幅图像，水平重叠的部分大约为120°。大脑利用两只眼睛看到的图像位置的水平位移测量深度，也就是观察者到场景中虚拟对象的距离，如图1-24所示。测量深度z的计算公式为：$z=D\times S/(x_l-x_r)$。

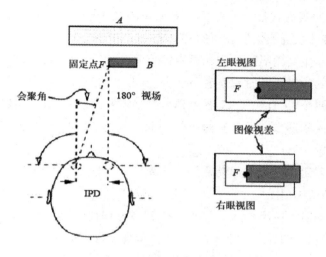

图1-23 视场示意图

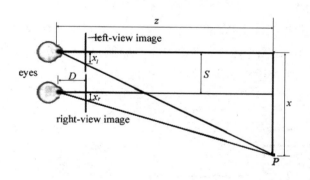

图1-24 测量深度

③ 会聚角与图像视差

在视场中，当目光聚焦在固定点F上时，视轴和瞳孔到固定点F的连线确定了会聚角。会聚角的角度同时依赖于左眼瞳孔和右眼瞳孔之间的距离，这个距离被称为内瞳距（IPD）。由于固定点F对于两只眼睛的位置不同，因此会在左眼和右眼中呈现出水平位移，这个位移被称为图像视差。为了使人脑理解虚拟世界的深度，VR系统的图形显示设备必须产生同样的图像视差。只要使双眼都能看到恰当的图像，就能使人产生立体的感觉。立体显示的原理就是通过体视设备使左、右两只眼睛看到两幅图像。两幅图像之间存在的水平位移会在人眼中形成视差，使得原本在二维平面上的图像被重构成一个虚拟的立体空间。

2）头戴式显示器

头戴式显示器是常见的立体显示设备，也是目前发展最成熟的 VR 外设之一。头戴式显示器能够将人对外界的视觉、听觉封闭起来，引导用户产生一种身在虚拟环境中的感觉。目前主流的头戴式显示器包括三星公司的 Gear VR、HTC 公司的 HTC Vive、Facebook 的 Oculus 系列、索尼公司的 Playstation VR 等。

头戴式显示器主要由显示器和光学透镜组成，辅以 3 个自由度的空间跟踪定位器以观察到虚拟输出的效果，同时观察者可以做空间上的自由移动，如行走、旋转等。头戴式显示器通常由两个 LCD 或 CRT 显示器分别显示左、右两眼的图像，这两幅图像由计算机分别驱动，两幅图像间存在着微小的差别，人眼在获取这种带有差异的信息后会在大脑中产生立体感。

头戴式显示器可以分为普通消费级（单视场、无立体感）和专业级（立体显示）。

① 普通消费级 HMD

普通消费级 HMD 使用 LCD，主要为电视节目和视频游戏设计，而不是为 VR 专门设计的。它只能接收 NTSC（在欧洲是 PAL）单视场视频输入，当集成到 VR 系统中时，需要把图形流输出的 RGB 信号转换成 NTSC/PAL，如图 1-25 所示。

② 专业级 HMD

专业级 HMD 使用 CRT 显示器，能产生更高的分辨率和接收 RGB 视频输入，是专门为 VR 交互设计的。在图形流中，两个 RGB 信号会被计算机直接发送给 HMD 控制器用于立体观察。通过跟踪用户的头部运动，把位置信息发送给 VR 引擎进行图形计算，如图 1-26 所示。

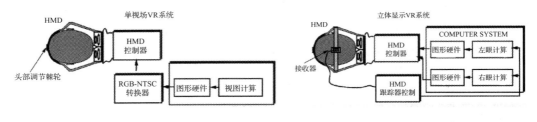

图 1-25　单视场 VR 系统　　　　　　　图 1-26　立体显示 VR 系统

3）沉浸式立体投影系统

① 单通道立体投影系统

单通道立体投影系统通常以一台图形计算机为实时驱动平台，使用两台投影机（一台投射左眼图像，另外一台投射右眼图像），将左、右眼图像同时投射到屏幕上显示为一幅高分辨率的立体投影影像。该系统的最大优点是能够显示优质的高分辨率三维立体投影影像。此外，它是一种低成本、操作简便、占用空间较小、具有极高性价比的小型虚拟三维投影显示系统，其集成的显示系统使安装及其他操作更加容易，被广泛应用于高等院校和科研院所的 VR 实验室中。

② 多通道环幕（立体）投影系统

多通道环幕（立体）投影系统是由多台投影机组合而成的多通道大屏幕显示系统，以环形的投影屏幕作为仿真应用的投射载体。环形屏幕的视野通常为 120°、135°、180°、240°、270° 或 360°。该系统比单通道立体投影系统具备更大的显示尺寸、更宽的视野、更多的显示内容、更高的分辨率，以及更具冲击力和沉浸感的视觉效果，通常用于一些大型的虚拟仿真应用，如虚拟战场仿真、虚拟样机、数字城市规划、三维地理信息系统、展览展示、工业设计、教育培训等专业领域应用。

③ CAVE 沉浸式虚拟现实显示系统

CAVE 沉浸式虚拟现实显示系统是一种基于多通道视景同步技术、三维空间整形校正算法、立体显示技术的房间式可视协同系统。该系统可以提供一个与房间大小相同的四面（或六面）立方体投影显示空间并支持多人参与，所有参与者都能完全沉浸在一个被三维立体投影影像包围的高级虚拟仿真环境中，享受前所未有的、震撼的、身临其境的沉浸感。科学家能通过 CAVE 直接看到可视化研究对象，因此该系统可以应用于任何具有沉浸感需求的虚拟仿真应用领域，如虚拟设计与制造、模拟训练、虚拟演示、虚拟生物医学工程、矿产（地质、石油）、航空航天、建筑视景与城市规划、地震与消防演练仿真等。

4）立体眼镜

立体眼镜即 3D 眼镜，其工作方式取决于眼睛如何工作及其如何与大脑沟通。人眼具有双眼视觉，当双眼同时使用时效果最佳。双眼视觉依靠双眼之间的距离来呈现同一事物的两个不同视角，从而产生深度知觉，让人能够分辨视线内的物体是近还是远。所有类型的 3D 眼镜都是通过让两只眼睛看到两个不同的物体来工作的。无论是一只眼睛看到红色图像，另一只眼睛看到蓝色图像，还是镜片交替变暗和变亮，人眼看到的不同事物都会诱使大脑以 3D 方式进行解读。

立体眼镜按照原理可以分为两类：被动系统和主动系统。

① 被动系统

• 互补色眼镜。

互补色眼镜又称色差式眼镜，即常见的红蓝、红绿眼镜等有色类的 3D 眼镜。色差式眼镜使用分色立体成像技术，将从两台不同视角拍摄的影像分别以两种不同的颜色印制在同一幅画面中，用肉眼观看的话会呈现模糊的重影图像，只有通过对应的红蓝眼镜等色差式眼镜才可以看到立体效果，即对色彩进行红色和蓝色的过滤，红色的影像通过红色镜片、蓝色的影像通过蓝色镜片，两只眼睛看到的不同影像在大脑中重叠呈现出 3D

立体效果。

- 偏振式眼镜。

偏振式眼镜的工作原理是使用两台投影仪，一台投射左眼图像，另外一台投射右眼图像，将左、右眼图像同时投射到屏幕上，如图 1-27 所示。投影仪镜头前安装偏振光片，使投射的光线变成偏振光，而观众佩戴的立体眼镜的镜片是偏振光片，并且左眼的偏振光片与投射左眼图像的投影仪的偏振光片的偏振方向是相同的，右眼的偏振光片与投射右眼图像的投影仪的偏振光片的偏振方向是相同的。这样左眼图像只能透过左眼镜片，而右眼图像也只能透过右眼镜片，从而使观众看到立体的图像。偏振式 3D 技术现普遍用于商业影院及其他高端应用。

图 1-27　偏振式眼镜的工作原理

② 主动系统

主动式立体成像是指计算机通过投影仪的快速交替来将左、右眼图像投射到液晶屏幕上，并通过红外发射器发射同步信号来控制液晶屏幕的开关；观众佩戴主动式立体眼镜，镜片由高速反应液晶制成。主动系统的工作原理如图 1-28 所示。

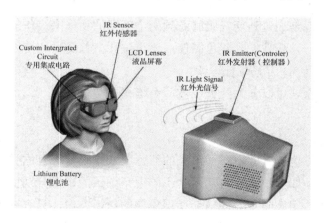

图 1-28　主动系统的工作原理

快门式 3D 技术可以为家庭用户提供高品质的 3D 显示效果，这种技术的实现需要一副主动式 LCD 快门式眼镜，交替左眼和右眼看到的图像，从而使大脑将两幅图像融合成一体，产生单幅图像的 3D 深度感。快门式 3D 眼镜是根据人眼对影像频率的刷新时间来实现的，通过提高图像的刷新率（至少要达到 120Hz），左眼和右眼图像各 60Hz 的快速刷新才不会让人对图像产生抖动感，并且保持与 2D 视像相同的帧数。两只眼睛会看到快速切换的不同图像，并且在大脑中产生错觉，形成立体影像。快门式 3D 眼镜的工作原理如图 1-29 所示。

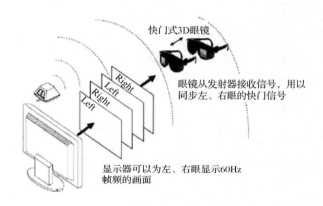

图 1-29　快门式 3D 眼镜的工作原理

2．声音输出设备

声音输出设备是一类计算机接口设备，能够为与虚拟世界交互的用户提供合成的声音反馈。

1）人的听觉系统

人只有两只耳朵，但可以在 3 个维度上定位声音：范围（距离）、上下方向（仰角）、前后方及两侧（方位角）。声源的位置由 3 个变量确定：方位角、仰角和范围。

- 方位角 θ（$\pm 180°$）：鼻子与纵向轴 z 和声源的平面之间的夹角。
- 仰角 φ（$\pm 90°$）：声源和头部中心点的连线与水平面的夹角。
- 范围 r（大于头的半径）：沿这条连线测量出的声源距离。

大脑会根据左、右耳听到的声音的强度、频率和时间线索估计声源的位置（方位角、仰角和范围），即双耳可以充当声学定位传感器。

人类对声源的定位感知非常复杂，由以下效应组成。

① 双耳效应

人的两只耳朵对同一声源的直达声具有时间差（0.44～0.5μs），而人耳可以根据这些微小的差别判断声源的方向和位置，但只能确定的来自前方水平方向的声源，不能确定三维空间中声源的位置。

② 耳廓效应

人的耳廓对声波的反射及对空间声源的定位有重要的作用，借此效应可以判断声源在三维空间中的位置。

③ 人耳的频率滤波效应

人耳的声音定位机制与声音频率有关，对 20～200Hz 低音依靠相位差定位，对 300～4000Hz 的中音依靠音强差定位，对高音则依靠声音差定位。

④ 头部相关传输函数

人的听觉系统会对不同方位的声音产生不同的频谱，而这一频谱特性可由头部相关传递函数（Head Related Transfer Functions，HRTF）来描述。HRTF 是一种音效定位算法，可以实时处理虚拟世界的音源。

2）三维虚拟声音系统

三维虚拟声音系统能够将声场还原为三维空间，让声音在平面声场的基础上增加高度感，对每个声音都能精准定位，效果更接近真实世界的音源，观众甚至能感觉到自己被"移入"了故事场景中。声音定位技术是三维虚拟声音系统的核心，主要有 3 个特性，分别是全向三维定位特性、三维实时跟踪特性和沉浸感与交互感。

① 全向三维定位特性

全向三维定位特性是指在三维虚拟空间中把实际的声音信号定位到特定的一个虚拟专用源中，使用户能够准确判断声音的位置。在现实生活中，我们都是先听到声音再用眼睛去看，但是三维虚拟声音系统可以使用户由眼睛注视的方向和位置来监测与识别各种信息源，这对于存在视觉干扰的虚拟环境是尤为重要的一点。

② 三维实时跟踪特性

三维实时跟踪特性是指在三维虚拟空间中实时跟踪虚拟声音的位置并随之变化的能力。当用户转动头部时，在虚拟场景中，虚拟声源的位置没有任何变化，但是它对于用户头部转动的位置发生了变化，这对于用户的听觉感受是不一样的。三维虚拟声音系统具备这样实时变化的能力，可以解决看到和听到之间的矛盾，在视觉上更加具有沉浸感。

③ 沉浸感与交互感

沉浸感与交互感能够使用户在加入三维虚拟声音系统后产生身临其境的感觉，有助于增强临场效果，以及提升随用户的运动而产生的临场反应和实时响应能力。

为了实现三维虚拟声音，需要使用声音定位技术。其中，基于"对象"的三维声音技术是一种常见的实现方式。在三维声场内，每一个"对象"都具有与之对应的位置坐标。对于内容生产者（导演、混音师），"对象"这一概念的应用可以实现更加精准的定位和更加平滑的位移。例如，在电影《地心引力》中，男、女主人公和地面基地在通话系统中的声音分别被定义为"对象"，随着摄影机视角的移动和切换，每个声音的方位都在不停地游移。这种飘忽不定的声音的呈现方式无意中为银幕前的观众强化了太空中失重的感觉，这种效果在传统制作方式中是很难实现的。

3．触觉反馈设备

触觉技术通过振动和动作来确认用户在 VR 系统中的输入，对 VR 具有重大意义，因为 VR 交互使用的不是我们熟悉的物理输入系统（如键盘、鼠标、操纵杆或触摸屏）。在 VR 中举起一个物体时，用户需要知道手是否放在了正确的位置、做出了正确的手势并施加了必要的力。

1）人的触觉系统

触觉系统是神经系统的一部分，使人能够通过皮肤上的感受器来感觉、感知、组织和整合信息[12]。触觉是指肌肉运动知觉和接触的感觉。当皮肤受到刺激时，感受器会产生很小的放电，并最终被大脑感知。触觉包括从轻触到深压、疼痛、温度、牵引，以及周围物体的各种触感。由于触觉系统与大脑中的情感中枢存在关系，因此大脑会根据过去的经验和期望将许多触觉体验视为愉悦的或不愉悦的。

触觉系统不仅能让我们体验周围的世界，而且与其他感官系统相连。触觉系统是子宫内发育的第一个感觉系统，并在婴儿出生前就与听觉和前庭系统协作。此外，触觉系统与本体感觉系统直接相连，能够帮助我们了解身体在空间中的位置，以及在完成各种任务时需要使用多大的力量（如推或拉的力度、拥抱朋友的力度等）。触觉系统是一种重要的交流方式。

2）触觉技术

触觉技术能够在虚拟环境与用户进行交互时再现触摸的感觉。更简单地说，当用户与能够提供模拟物理反馈（而非物理开关或按钮）的技术进行交互时，就是在使用触觉技术。[13]

触觉技术使用振动、电机或其他物理手段来模拟触觉，并为数字产品赋予触觉体验，其目的是为使用该技术的用户提供更丰富、更复杂的界面和体验。触觉反馈越来越多地被用于将虚拟屏幕体验与物理世界连接起来，使数字界面更加自然、逼真。触觉技术自 2010 年以来越来越普及，但该技术早在 20 世纪 60 年代就已出现，并在 20 世纪 80 年代的街机游戏中首次得到大规模的应用。

触觉技术的工作原理是将软件中发生的行为与相应的物理手段相结合。这些物理手段由许多不同的技术组成，包括产生振动的仪器、力反馈手柄，甚至是听不到但能感觉到的超声波束。为了便于理解，我们来看一个具体的例子。iPhone 内置了苹果公司定制的触觉反馈系统——Taptic Engine。当用户在软件中进行与触觉体验相关的操作时，如长按屏幕或点击主页按钮，软件会触发触觉引擎中的特定振动模式，使手机似乎对触摸做出物理响应。触觉技术的另一个出色的例子是驾驶视频游戏。在玩街机游戏或使用具有触觉反馈功能的游戏机控制器时，如果驾车驶离平整的道路，则游戏软件会触发控制器中的力反馈引擎进行摇晃和振动，从而模拟出在崎岖不平的路段上越野驾驶的体验。

触觉显示的困难在于触觉是唯一的双向感觉通道，除味觉外，触觉也是唯一不能隔一段距离进行刺激的感觉。

3）VR 触觉市场

以下是 VR 触觉市场的一些最新和具有创新性的技术，可能会塑造该行业的未来[14]。

① Ultraleap 公司的空中触觉技术

Ultraleap 是一家触觉技术公司，它制造的触觉手套支持手部追踪和半空触觉反馈。这项技术不仅适用于 VR，还可以与任何数字系统集成，并允许用户通过手势输入，甚至无须触摸屏幕。2022 年初，Ultraleap 公司融资 8200 万美元，计划将触觉技术应用于元宇宙内外的所有环境。

② 用于 VR 培训和研究的 SenseGlove Nova

SenseGlove 公司开发了一种触觉手套解决方案，即利用力反馈系统改善工业场景（如处理危险材料）的培训。该手套的原型在 2021 年消费电子展（CES）上首次亮相，并于 10 月开始全球发售。使用 SenseGlove Nova，用户可以在 VR 中感知形状、纹理、硬度、冲击力和阻力。

③ 用于全身触觉的 Teslasuit 技术

这是一项真正的未来主义技术，它结合了触觉反馈、动作捕捉和生物识别技术，可以在 VR 系统中提供全身感官体验。建议的使用场景包括急救人员培训、体育运动、企业培训和康复。Teslasuit 技术仍处于开发阶段，不过已经有一些产品以价值约 2 万美元的加密货币被拍卖。

1.4.5 AR 系统的组成

AR 是指将数字信息通过技术叠加到实时摄像机画面上，从而创建增强现实版本的场景。简单地说，AR 能够使数字内容看起来像物理世界的一部分。AR 与 VR 不同，AR 会将用户带入一个完全数字化的世界。每个 AR 系统都由 3 个部分组成，即硬件、软件和应用。为了便于解释，以智能手机为例阐述这一概念[15]。

1. 硬件

硬件是指投射虚拟图像的设备，如智能手机。为了让 AR 在这些设备上运行，硬件必须拥有能够支持 AR 高要求的传感器和处理器。以下是一些关键的 AR 硬件。

1）处理器

处理器是设备的大脑，决定手机的运行速度，以及除正常的功能外，手机是否还能处理繁重的 AR 需求。

2）图形处理器

图形处理器（GPU）用于处理手机显示屏的视觉渲染。AR 需要高性能的 GPU，这样才能无缝创建和叠加数字内容。

3）传感器

- 传感器是赋予设备感知环境能力的组件。AR 系统中常见的传感器如下。
- 深度传感器：测量深度和距离。
- 陀螺仪：检测手机的角度和位置。
- 接近传感器：测量物体的远近。
- 加速器：检测速度、移动和旋转的变化。
- 光传感器：测量光的强度和亮度。

这些硬件的规格对于 AR 在设备上正常运行至关重要，这也是只有智能手机才具备 AR 功能的原因之一。

2. 软件

AR 系统的第二个组成部分是软件，这也是 AR 系统的神奇之处。ARKit（苹果）和 ARCore（安卓）这些 AR 软件拥有以下 3 项基本技术，使其能够构建增强现实体验。

1）环境理解

环境理解使手机能够检测到突出的特征点和平面，并绘制出周围环境的地图，从而使 AR 系统在这些表面上准确地放置虚拟物体。

2）运动跟踪

运动跟踪能够使手机确定其相对于环境的位置，从而使 AR 系统将虚拟物体放置在图像的指定位置上。

3）光线估计

光线估计能够使手机感知环境当前的光照条件，从而使 AR 系统将虚拟物体放置在相同的光照条件下，以增强真实感。

请注意硬件和软件是如何协作的：如果硬件不具备测量光传感器，那么软件的光照计算功能将毫无用处。

3. 应用

AR 系统的第三个组成部分是应用本身。必须明确的是，软件允许 AR 应用在智能手机上运行，但不具备 AR 功能。三维物体和滤镜等 AR 功能来自移动应用本身。

Snapchat、*Pokémon GO* 和 IKEA Place 等应用拥有自身的虚拟图像数据库和触发逻辑，可以从数据库中提取虚拟图像，并将其映射到实时图像上。

应用触发 AR 功能通常有两种方式：基于标记的跟踪和无标记跟踪。

1）基于标记的跟踪

基于标记的跟踪需要二维码等光学标记来触发 AR 功能。例如，将手机摄像头对准一个条形码，AR 应用就能识别并在屏幕上叠加数字图像。

2）无标记跟踪

无标记跟踪以物体识别为前提。基于无标记跟踪的 AR 应用在识别到现实世界的某些特征时会被触发。在 Snapchat 中，现实世界中的物体就是用户的脸。

另外，AR 在营销领域中的应用非常广泛。例如，将相机对准一家实体餐厅，就能看到那里的食物评论；当人们使用 AR 镜头查看商店时，商家可以为他们提供特别的折扣代码。这不仅是一种更具互动性的吸引客户的方式，而且是一种（与谷歌搜索相比）更快地查找特定信息的方法。如果使用得当，AR 会是一个强大的工具。

1.5 VR 技术与 AR 技术的应用

1.5.1 VR 技术的应用

近年来，VR 技术在国内外都得到了飞速发展并且逐步走向成熟，不仅营造了沉浸式体验情景，而且有效降低了风险、节约了成本、提升了培训效率。VR 技术在各行各业尤其是高危险、高成本、不可逆、不可触、不可及、不可述等场景下展现出了重要的价值，并在教育、培训、工程、影视娱乐、游戏等领域中得到了广泛的应用[16]。

1. 游戏领域

事实上，VR 游戏是推动 VR 技术发展的主导力量之一，这是一个巨大的研究试验场。VR 技术一开始就是作为一种游戏而被研发出来的，玩家在 VR 游戏中能够体验更好地空间性和操作性，以及优质的虚拟环境带来的全方位的感受，从而有一种沉浸式的体验。

VR 技术在游戏领域中经历了漫长的过程，VR 游戏仍在以惊人的速度增长。

游戏领域已经有了大量的 VR 应用，并且这些应用都需要特殊的硬件。这值得吗？根据许多玩家的说法，答案是肯定的！例如，*Beat Saber* 是最受欢迎的 VR 游戏之一。在这款游戏中，玩家需要用两把虚拟的光剑砍掉来袭的砖块，游戏中有不同颜色的光剑，玩家可以根据自己的喜好进行选择。优秀的 VR 游戏还有《寻找黎明》（*Seeking Dawn*）、《蝙蝠侠阿卡姆 VR》（*Batman Arkham VR*），这样的例子不胜枚举。总之，VR 是所有顶级和令人兴奋的游戏的游乐场，用户可以以一种全新的方式享受和体验游戏的玩法。

2．培训领域

培训领域是 VR 技术最重要的应用领域之一。VR 提供了一种学习知识、体验场景的新方式，而不是在现实世界中进行培训，从而提高效率、节省时间、降低培训成本。技能需要反复练习，一个人在某项任务上训练的次数越多，效率就越高，也就越专业。在现实世界中，训练某项任务需要付出成本，而 VR 可以降低这种成本，同时让受训者一次又一次地体验相同的过程。

VR 技术被广泛应用于学术和军事训练已经有相当长的时间。例如，军事 VR 培训包括飞行模拟、车辆模拟、虚拟新兵训练营、军医培训和战场训练等；在医疗领域中，VR 可以用于外科手术训练、可视化解剖参观等；在驾驶领域中，没有什么比 VR 更有用的了，学员可以先在 VR 世界中学习所有的基础知识和高级动作，然后在真实世界中进行训练，而不是一直在野外驾驶汽车，从而避免造成财产损失。

使用 VR 进行培训的好处主要在于它所提供的价值。首先，VR 提供了更直观的学习方式，VR 头戴式显示器传递的所有信息几乎都是通过视觉传递的，人对客观世界的感知信息有 75%～80%来自视觉；其次，使用 VR 学习的成本更低，现实世界中的仪器和实践成本很高，相比之下，同样的 VR 培训可以反复进行而无须支付额外的费用；最后，VR 让学习更安全，几乎不会造成身体伤害。

3．工程领域

目前，VR 技术在工程领域中还不像在其他领域中那么受欢迎，但它已经在改变工程领域的路上了。VR 技术可用于设计复杂的机械和工具。VR 应用是构建和实施不同机械的初始概念的完美试验场，可以很容易地评估故障、结构弱点及其他设计问题。

例如，汽车本身的设计很复杂，即使是最简单的汽车，在整个设计过程中也会涉及许多关键部件，而使用 VR 辅助汽车设计可以提高汽车的设计效率和生产率。英国的捷豹路虎 VR 中心利用 VR 技术的优势，将汽车变成了一件艺术品，能够提供半沉浸式和CAVE 系统，具有投影和先进的跟踪功能，其被用于设计下一代路虎汽车。

目前 VR 数字化工厂能够帮助企业进行产品设计、厂房规划、工序设计、实时监控、技能培训等活动。传统工业进行数据化、信息化、智能化的建设迫在眉睫。VR 技术能够为数字化工厂建设提供巨大的技术支持。

4．教育领域

到目前为止，教育领域是 VR 最具潜力的应用领域之一。与传统技术相比，VR 技术的优势在于它允许用户与三维虚拟环境进行互动，支持教育者以一种有趣且令人兴奋的方式向所有参与的学生展示复杂的数据。虚拟教室中的每位学生都可以与教学对象进行互动，从而对它们有更多的了解。

VR 医疗教育被广泛用于医院、医学院的教育培训上，VR 仿真手术也陆续被用于病人手术的规划设计。利用 VR 技术进行的手术直播为医学培训提供了多角度的观察，让学习更加贴近实际。此外，VR 技术还被运用在某些心理疾病的治疗上，通过构建逼真的虚拟场景，让病人按照要求完成任务，从而获得相应的治疗。未来随着传感器设备的不断发展，远程医疗和虚拟仿真医疗培训将会通过 VR 设备得到更好的实现。

VR 教育的另一个潜在应用领域是天文学，学生可以通过虚拟演示了解更多太阳系的奥秘，还可以自由地与天体互动，了解更多信息。这种可视化的教学方式可以使教育者更好地讲授行星运动、彗星进程跟踪、恒星周围的环境及宇宙中极端的环境等知识，使抽象概念与现实世界发生交互。

VR 技术已经成为促进教育发展的新型教育方法，利用 VR 技术打造生动、逼真的学习场景，通过三维仿真技术对学科知识进行直观的场景演示，结合趣味性的情景互动，让学生在虚拟环境中获得知识，提高学生的学习兴趣和积极性。目前很多高校建立了 VR 实验室，以此来提高教学质量。随着国家政策的扶持和高校重视教学的科学化，VR 技术将在教育领域中大放光彩。

5．影视娱乐

1）电影行业

电影中的 VR 技术，引发了观众无限的遐想，是吸引观众进入虚拟世界的有效方式。使用 VR 技术的电影有《阿凡达》《地心引力》《头号玩家》《失控玩家》等。VR 在电影中的应用为人们拓展了科技视野，并为 VR 技术的发展提供了一定的参考。此外，VR 技术也开始被用于影视的制作，通过给观众佩戴 VR 设备，对其头、手等部位的信号进行捕捉，生成独特的电影影像，为其带来新奇的体验。VR 技术还被用于电视直播。在 2021 年日本东京奥运会上，共有 7 个项目进行了 VR 直播，用户可以通过 Oculus 头盔观看选定的赛事直播。

2）数据展馆

传统的展馆大多采用物品陈列、图片和影像的方式展示展品，观众很难对展品进行全方位的了解。使用 VR 技术对展品进行数字化呈现，能够为观众带来全方位、多样化的立体展示效果。例如，虚拟博物馆提供了一种与历史互动的新方式，以一种全新的方式展示人类的成就。当人们与展品进行互动时，能够更容易地了解信息并更好地理解其意义。在传统博物馆中，观众不能触摸历史文物，甚至不能拍照，而在虚拟博物馆中，观众可以与展出的任何展品进行互动，通过详细的纪录片了解每一件展品的信息，并切实感受展品所承载的意义。

3）创意活动

在进行创意活动时，VR 技术为感知事物提供了一种改变游戏规则的方式。现在已经有了一些很好的 VR 绘图工具，如谷歌公司的 Tilt Brush，可以在三维虚拟空间中将想象变为现实，无须传统的铅笔、纸张或者调色板，就可以创作 3D 艺术作品。正如谷歌公司所说，这是一个全新的绘画视角。VR 技术也在改变人们欣赏音乐的视角。例如，通过 *Beat Saber*，用户可以将 3D“切割和切片”并将其与喜爱的音乐完美融合。还有一些优秀的音乐视频，利用 VR 技术改变了听众欣赏音乐的方式，如 Taryn Southern 的 *Life Support*。

1.5.2　AR 技术的应用

AR 技术是一种将虚拟环境与现实世界相结合的技术，其形式是用计算机生成的图形对实时视频图像进行数字增强。用户可以通过佩戴的耳机和移动设备上的显示屏体验 AR 技术。尽管 AR 技术已经存在多年，但直到 Android 和 iOS 系统的智能手机配备了 GPS、摄像头和 AR 功能，AR 技术才开始进入公众视野。例如，医务人员使用 AR 技术为手术做准备等。

1）军事应用

AR 技术在军事领域中可以提供一目了然的战场信息，减少人员注意力的分散。平视显示器（Headup Display，HUD）是 AR 技术在军事领域中的典型应用，如图 1-30 所示。透明显示屏位于飞行员的视野中，可以显示高度、空速、地平线及其他关键数据。之所以被称为“平视”，是因为飞行员无须低头看飞机上的仪器就能获得所需的数据。[17]

2）医疗应用

AR 技术在医学研究中有着重要的应用，可以帮助医务人员操作核磁共振扫描仪等昂贵的设备，通过 AR 头戴式显示器，用 3D 图像进行医学和外科培训。AR 医疗应用如图 1-31 所示，可以将医疗信息呈现在外科医生面前，提高手术准确性，降低风险；帮助医学生在可控环境中练习手术；有助于向患者解释复杂的医疗状况。

图 1-30　平视显示器

图 1-31　AR 医疗应用

在外科 AR 应用方面，神经外科处于前沿。对外科医生来说，基于病人实际的解剖结构在大脑中进行 3D 成像的能力是非常强大的，由于大脑与身体其他部位相比是固定的，因此可以实现精确的坐标注册。

3）导航应用

导航应用可能是 AR 技术与我们日常生活最自然的结合。增强型 GPS 系统使用 AR 技术，使从 A 点到 B 点变得更容易。通过将智能手机的摄像头与 GPS 结合使用，用户可以在汽车前方的实时导航面板上看到所选路线，如图 1-32 所示，驾驶信息一目了然，可以创造轻松的驾驶体验。

4）旅游应用

AR 技术在旅游业中有很多应用，如用事实和数据来增强博物馆内展示的实时视图。在现实世界中，利用 AR 技术也能增强观光效果，如图 1-33 所示。游客可以使用智能手机漫步历史遗迹，并在实时屏幕上看到以叠加形式呈现的事实和数字。旅游应用利用 GPS 和图像识别技术从在线数据库中查找数据。除了历史遗迹的相关信息，一些应用还可以回顾历史，显示该地点 10 年、50 年甚至 100 年前的面貌。

图 1-32　AR 导航应用

图 1-33　AR 旅游应用

5）AR 应用的最新趋势

AR 应用在不同行业中呈现以下趋势。

- 物流行业：用于识别装运细节，有助于避免人为错误和提高生产率。
- 公共安全行业：可以将需求引导至最近的安全地点或医疗援助点。
- 电气/机械服务行业：帮助技术人员快速诊断故障并立即修复，节省大量翻阅用户手册和查找问题的时间。
- 装配行业：可以虚拟设计或改装一辆汽车或自行车。

从娱乐到军事、从零售到房地产，AR 技术正渗透到各行各业中。随着 5G 技术在全球范围内的商用，其应用范围还将进一步扩大。

1.6　数字孪生

1.6.1　数字孪生的概念

1991 年，David Gelernter 在《镜像世界》（*Mirror Worlds*）一书中首次提出了数字孪生技术的概念。Michael Grieves（当时在密歇根大学任教）于 2002 年首次将数字孪生技术的概念应用于制造业，并正式发布数字孪生软件的概念。NASA 的 John Vickers 在 2010 年提出了一个新名词——数字孪生。

1）数字孪生

数字孪生（Digital Twin）是一种复杂系统建模方法，它创建了物理对象的虚拟副本。这种副本可以用于模拟、预测、优化物理对象的行为和性能，帮助我们更好地理解、管理和改进物理对象。数字孪生是真实世界中物理系统或产品的虚拟表示。在实际应用中，如系统模拟、集成、测试、监控和维护，数字孪生系统或产品是其不可区分的数字对应物。

数字孪生是一个虚拟模型，旨在准确反映物理对象。被研究的物理对象（如风力涡轮机）配备了与重要功能相关的各种传感器。这些传感器会产生有关物理对象不同方面性能的数据，如能量输出、温度、天气条件等，这些数据随后会被传送到处理系统中，并应用于数字副本中。一旦获得这些数据，虚拟模型就可以模拟运行、研究性能问题并进行可能的改进，这些都是为了产生有价值的见解并将其应用到原始物理对象上。

数字孪生通常会利用各种技术，包括物联网（IoT）、传感器、大数据、人工智能（AI）和机器学习等。这些技术可以用于收集和处理大量的实时数据，使数字孪生准确地反映物理对象当前的状态，以及在不同条件下的预期行为。

2）数字孪生的类型

数字孪生产品之间的最大区别在于应用领域，不同类型的数字孪生在系统或流程中共存是很常见的。常见的数字孪生类型如下。

① 组件/零件孪生

组件孪生是数字孪生的基本单位，是功能组件的最小示例。零件孪生与其大致相同，但适用于重要性稍低的组件。

② 资产孪生

当两个或多个组件协同工作时，它们就形成了所谓的资产。资产孪生可以让被研究的组件产生相互作用，从而创建大量可处理的性能数据，并将其转化为可操作的见解。

③ 系统或单元孪生

系统或单元孪生可以使我们了解不同的资产是如何组合在一起形成一个完整的功能系统的。系统孪生可以提供资产互动的可见性和性能提升建议。

④ 流程孪生

流程孪生揭示了系统是如何协同工作以创建整个生产设施的，这些系统是否都能同步运行以达到最高效率，以及一个系统的延迟是否会影响其他系统。流程孪生可以帮助我们确定最终影响整体效率的精确时间与计划。

3）数字孪生的应用

数字孪生在许多领域中都有应用，包括制造业、建筑业、航空航天业、能源业和医疗业等。例如，在制造业中，生产线的数字孪生可以用于测试新的生产策略、优化生产流程，或者提前发现可能的问题和故障；在建筑业中，建筑的数字孪生可以用于模拟和优化建筑的能源效率、安全性和舒适性。

数字孪生的 5 种应用如下。

- 制造业和工业：数字孪生旨在反映产品的整个生命周期，在制造业的各个阶段无处不在，贯穿从设计到生产成品的所有步骤，可以用于优化生产流程，提高制造业的质量控制，以及在创建物理原型之前模拟和测试新产品。
- 预测性维护：数字孪生可以实时监控物理资产的性能，从而实现预测性维护并降低设备故障风险。
- 能源管理：数字孪生可以用于优化能源消耗，降低建筑、交通等行业的成本。
- 医疗：数字孪生可以用于模拟和监测患者的健康数据，提供个性化和预测性的医疗方案。
- 智能城市：数字孪生可以用于模拟和优化城市基础设施的各个方面，如交通流量、能源使用和公共安全，从而提高城市的效率和可持续发展能力。

1.6.2　数字孪生与仿真的区别

虽然仿真和数字孪生都利用数字模型来复制物理系统，但数字孪生实际上是一个虚拟环境，这使得它的研究内容更加丰富。数字孪生和仿真的区别主要在于规模[18]，仿真通常研究一个特定的过程，而数字孪生本身可以运行任意数量、有用的仿真以研究多个过程。

数字孪生和仿真的区别还不止于此。例如，仿真通常无法从实时数据中获益，但数字孪生是围绕双向信息流设计的。当传感器向系统处理器提供相关数据时，双向信息流就会产生；当处理器产生的见解与源对象共享时，双向信息流会再次产生。

结合与广泛领域相关、更好且不断更新的数据，加上虚拟环境额外的计算能力，数字孪生能够从比标准仿真更有利的视角研究更多问题，从而发挥更大的潜力来改进产品和流程。

1.6.3　数字孪生与 VR 的区别

数字孪生、VR 与 AR 这 3 种技术对应着 3 种技术发展路径，数字孪生可以基于实体经济（B 端）帮助工业建立数字工业体系；AR 可以基于实体经济（C 端）帮助消费类产业建立数字消费体系；VR 可以完全脱离实体经济构建数字的工业和消费体系。

数字孪生和 VR 都是创建和模拟现实世界的技术，但它们的目标、方法和应用领域有所不同。数字孪生是用来创建物理实体（如设备、系统、过程或者服务）的虚拟模型的技术。这个虚拟模型可以捕获物理实体的结构、行为和状态，并将其用于模拟、预测和优化物理实体的性能。VR 是一种创造和体验虚拟环境的技术。用户可以通过头戴式显示器或者其他设备，进入一个三维、由计算机生成的虚拟世界，并在这个世界中进行各种交互。VR 的目标是提供一种沉浸式的、接近真实的体验，让用户可以看到、听到甚至触摸到虚拟世界。VR 的应用领域非常广泛，包括游戏、娱乐、教育、训练、设计、医疗等。虽然数字孪生和 VR 都涉及创建和模拟虚拟世界，但数字孪生更侧重于对现实世界的模拟和分析，而 VR 更侧重于对虚拟世界的创造和体验。数字孪生的目的是帮助人们更好地设计、开发、测试和维护实体，而 VR 的目的是为用户提供身临其境的体验。

1.7　元宇宙

元宇宙的概念起源于科幻小说，但随着科技的发展，现在已经被许多科技公司和研究者用来描述一个可能的未来互联网形态。近年来，随着技术的发展，元宇宙的概念变得越来越重要。

1.7.1　元宇宙的概念

元宇宙是科幻小说作家尼尔·史蒂芬森（Neal Stephenson）在 1992 年出版的小说《雪崩》（*Snow Crash*）中创造的一个术语。在小说中，元宇宙是一个虚拟的共享空间，融合了 VR、AR 和互联网等技术，人们可以在其中以完全沉浸的方式与他人和数字对象进行交互。

元宇宙的英文名称为 Metaverse。其中，Meta 来自希腊语，意为超出；verse 则来自 Universe（宇宙），其字面意思为"超越现实宇宙"的存在，即被科技创造出的与真实世界映射和交互的虚拟世界，它是一种具备新型社会体系的数字生活空间。

元宇宙是一个由多个虚拟空间组成的网络，这些虚拟空间不仅仅是物理现实的延伸，更包含完全独立、由人工创造的虚拟世界。在元宇宙中，用户可以通过其虚拟化身（Avatar）在不同的虚拟空间中自由移动、互动。这些虚拟空间可能包括模拟现实世界的环境，也可能包括完全由想象创造的环境。我们可以把元宇宙想象成终极社交网络，用户可以在元宇宙中进行各种活动，包括社交、娱乐、学习、工作、购物等。

元宇宙的构建涉及许多技术，包括虚拟现实（VR）、增强现实（AR）、3D 图形、人工智能（AI）、区块链等。这些技术需要共同解决许多问题，包括如何创建和渲染逼真的虚拟世界，如何使用户在虚拟世界中进行自然的交互，以及如何保护用户的隐私和安全等。

目前，对各行各业来说，元宇宙已经被逐步拆解为"人""货""场"这 3 种表现形式，即开创虚拟人物、购买 NFT（Non-Fungible Token，非同质化代币）数字藏品和建造虚拟场地，并广泛作为品牌来打造流量经济，以此撬动 M 世代（Metaverse Generation，也是广义的 Z 世代）的消费需求。

元宇宙是一个平等又独立于现实世界的虚拟空间，是映射现实世界的在线虚拟世界，也是越来越真实的数字虚拟世界。它具有以下特征。

- 真实体验感：元宇宙以足够真实的感官效果为基础，为用户提供沉浸式体验。
- 强社交性：元宇宙打破了物理空间的界限，能够提供高度互动、共享，具有高参与感的线上社交体验。
- 虚拟身份：元宇宙中的虚拟身份具有一致性、代入感强等特点，用户在元宇宙中以虚拟身份进行虚拟活动。
- 内容多元化：元宇宙能容纳大量第二方和第三方内容，支持不同方式的自制内容扩展。
- 经济系统：元宇宙拥有独立的经济体系，并与现实的经济体系形成关联。
- 文明：随着越来越多人进入元宇宙，元宇宙有助于实现人类文明载体的存续。

1.7.2　元宇宙与 VR 的区别

元宇宙与 VR 之间有 5 个关键的区别[19]。

1）VR 定义明确，元宇宙则不然

VR 与元宇宙之间最显著的区别是，VR 现在已经能够被很好地理解了，而元宇宙还不能。

根据马克·扎克伯格（Mark Zuckerberg）的说法，元宇宙是"一个具体化的互联网，在这里，你不仅仅是在浏览内容，而是身临其境"。微软公司发布的一份公告将其描述为"一个由人、地点和事物的数字孪生组成的持久性数字世界"。与我们对 VR 的理解相比，元宇宙的描述非常模糊，科技公司甚至也没有一个完整的定义。

关于元宇宙的另一个潜在问题是谁能真正定义它。作为 Oculus Rift 的所有者，Facebook 在 VR 技术的发展中扮演着重要角色。但与此同时，他们只是这个庞大产业中的一个参与者，在元宇宙中也是如此。微软公司发布的 Microsoft Mesh 是一个混合现实平台，与元宇宙及其各种定义有相似之处。此外，Facebook 的一份声明暗示，他们将自己视为元宇宙的一部分，而不是元宇宙本身。这意味着与 VR 一样，元宇宙将比一家公司的规模更大。

2）元宇宙是一个共享的虚拟世界

元宇宙是一个共享的虚拟空间，用户可以通过互联网对其进行访问，而 VR 头戴式显示器显然已经允许用户这样做了。元宇宙中的虚拟空间听起来也与 VR 应用中已有的虚拟空间类似，即用户通过虚拟身份识别在虚拟空间中互动。此外，用户还可以购买或建造虚拟物品和环境，如 NFT。元宇宙和 VR 的主要区别在于，现有的虚拟世界规模有限，而元宇宙似乎可以提供整个互联网的访问。

3）元宇宙将可在虚拟现实中访问

元宇宙不需要用户佩戴 VR 头戴式显示器，该设备的用户可以访问元宇宙的大部分内容。这意味着上网和使用 VR 技术之间的界限可能会变得模糊，VR 头戴式显示器可能开始被用于通常在智能手机上完成的任务。如果元宇宙像 Facebook 预期的那样流行起来，那么 VR 可能也不再是小众产品。

4）元宇宙将不局限于 VR 技术

元宇宙将不局限于 VR 技术。此外，AR 设备和任何连接互联网的设备都可以访问元宇宙。这就打开了一扇通往各种功能的大门，而这些功能仅靠 VR 技术是无法实现的。例如，AR 技术可以将元宇宙的各个方面投射到现实世界中，虚拟空间也将被设计成可以在任何地方访问，而无须用户配戴 VR 头戴式显示器。

5）元宇宙的范围比 VR 大得多

VR 现在被广泛用于教育、医疗和体育领域，其作为一种娱乐方式仍然是最为人熟知的。元宇宙至少在规模上听起来更像是一个新的、进阶版的互联网，有望改变人们工作、访问社交媒体甚至上网的方式，这意味着尽管许多人忽视了 VR，却不太可能忽视元宇宙。

本章小结

本章对 VR 和 AR 的概念、发展历史及系统组成进行了详细介绍，简要介绍了 VR 和 AR 的应用领域，并对数字孪生和元宇宙进行了介绍。通过对本章内容的学习，相信读者对 VR 和 AR 技术有了较清晰的认识。

习题

1. 请下载 *Pokémon GO* 游戏并进行体验。
2. 请下载 Leap Motion 游戏并进行体验。
3. 请下载 AR Ruler 并进行体验。
4. 请下载 Stellarium 并进行体验。
5. 请简要叙述 VR 数字展馆与 VR 直播的区别有哪些。
6. 请简要叙述 VR、AR、数字孪生、元宇宙的概念及四者的区别。

第 **2** 章

VR 系统的关键技术

VR 并不是一项独立的技术，而是多种技术集成而产生的综合性技术，其技术的实现需要借助计算机图形学、人机交互和传感技术等多个领域的知识。其中，计算机图形学用于创建虚拟环境的三维模型和渲染技术，人机交互技术用于与虚拟环境进行交互（如第 1 章介绍的数据手套、触觉手套与力反馈设备等），传感技术提供了身体感知、位置追踪等功能。本章将重点介绍 VR 中的计算机图形学基础、VR 建模方法和 VR 内核引擎与开发平台。

2.1　VR 中的计算机图形学基础

计算机图形学是一门研究如何在计算机环境下生成、处理和显示图形的一门学科，是 VR 最重要的技术保证。VR 是人们通过计算机对复杂数据进行可视化、创造可操作及实时交互环境的重要工具。VR 中的计算机图形学与传统的计算机图形学相似，也有独立于传统模式而专门服务于 VR 技术的新知识。

现实世界中，我们观察到的对象都是三维的，这些对象包含深度信息，而计算机只能绘制二维图像。为了在计算机屏幕上显示三维环境中的实体对象，计算机需要把相应的三维实体对象映射到二维屏幕上。此过程需要对模型进行模型变换、摄像机变换、投影变换、视口变换等多种视图变换。一个三维物体从建模到最后在计算机屏幕上显示的大致流程如图 2-1 所示[20]。

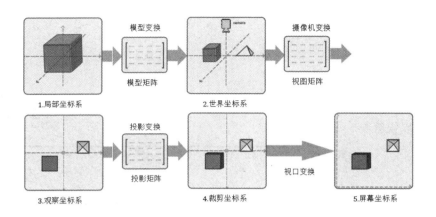

图 2-1　三维物体显示流程图

2.1.1　坐标系

三维坐标使用的度量体系是笛卡儿坐标系。笛卡儿坐标系可以分为二维和三维的，在三维坐标系中有两种完全不同的坐标系：左手坐标系和右手坐标系。右手坐标系是 X 轴向右、Y 轴向上、Z 轴指向"自己"的，而左手坐标系的 Z 轴正好相反，是背向"自己"的。在进行坐标变换前要先明确使用哪一种坐标系，本章使用的均为右手坐标系。将右手背对着屏幕放置，拇指指向 X 轴的正方向，伸出食指和中指，食指指向 Y 轴的正方向，中指所指的方向即 Z 轴的正方向。遵循右手螺旋定则，确定轴的正旋转方向，用右手的大拇指指向轴的正方向，弯曲手指，手指所指的方向即轴的正旋转方向。

将坐标变换为标准化设备坐标，再将其转化为屏幕坐标的过程通常是分步进行的，类似于流水线。在流水线中，物体的顶点在最终转化为屏幕坐标前还会被变换为多个坐标系。将物体的坐标变换为几个过渡坐标系的优点在于，在特定的坐标系中，一些操作或运算会更加简便。

目前虚拟环境中常用的坐标系有局部坐标系、世界坐标系和屏幕坐标系，如图 2-2 所示。

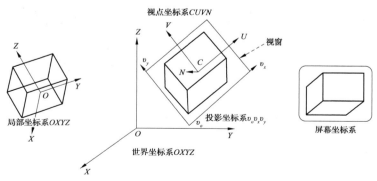

图 2-2　虚拟环境中常用的坐标系

1．局部坐标系

局部坐标系又称造型坐标系，为便于考察物体，独立于世界坐标系来定义物体的几何特性，通常用于不需要指定物体在世界坐标系中方位的情况。

例如，在定义局部物体时，通过指定局部坐标系的原点在世界坐标系中的方位和几何变换，可以很容易地将局部物体放入世界坐标系，使它由局部上升为全局。

2．世界坐标系

世界坐标系又称全局坐标系，主要用于虚拟场景中所有图形对象的空间定位和定义，包括观察者的位置、视线等。计算机图形系统中的其他坐标系都是参照它进行定义的。

每一个对象在创建时都有自身的建模坐标系，当我们将其组合在一起时，为了确定每一个对象的位置及其与其他对象的相对位置，必须抛弃对象自身的坐标系，将其纳入一个统一的坐标系，这个坐标系就是世界坐标系，又称用户坐标系。它既是一个全局坐标系，也是一个典型的平面直角坐标系。

3．屏幕坐标系

屏幕坐标系又称设备坐标系，主要用于某个特殊的计算机图形显示设备（如光栅显示器）表面点的定义。

在多数情况下，每一个具体的显示设备都有一个单独的坐标系。在定义了成像窗口的情况下，进一步在屏幕坐标系中定义视图区的有界区域，视图区中的成像即实际观察到的图像。

为了在三维空间中创建和显示一个或多个几何物体，必须首先建立世界坐标系，然后指定视点的方位、视线及成像面的方位。为了观察到物体的成像，还必须首先在各坐标系之间进行视图变换，再进行投影变换。

2.1.2　视图变换

我们可以这样描述视图变换的任务：将虚拟世界中以(x,y,z)为坐标的物体变换到以像素位置(x,y)表示的屏幕坐标系中（二维）。这确实是一个较为复杂的过程，但是可以被细分为模型变换、摄像机变换、投影变换和视口变换 4 个步骤[21]。其中，模型变换（model transformation）是指指定模型的位置和朝向，如对模型进行旋转、平移、缩放或执行组合操作；摄像机变换（camera/view transformation）即视点变换，相当于调整相机的位置方向；投影变换（projection transformation）相当于选择相机镜头，可以理解为指定视野或视景体，即确定哪些物体在视野内及其在视野内的大小；视口变换（viewport transformation）

是指指定场景将被映射到什么样的屏幕区域中，视口用于指定图像占据的计算机屏幕区域。投影变换和视口变换一起决定场景如何映射到计算机屏幕上，投影变换决定映射的方式。

1. 模型变换

模型变换是通过执行平移（translation）、缩放（scale）、旋转（rotation）、镜像（reflection）等操作来调整模型的过程。平移、缩放、旋转、镜像等变换可以统称为仿射变换（affine transformation）。仿射变换包括线性变换和平移变换，其中缩放、旋转、镜像属于线性变换。通过模型变换，用户可以按照合理的方式指定场景中物体的位置等信息。

1）齐次坐标

齐次坐标是指将一个原本 n 维的向量用一个 $n+1$ 维的向量表示，在数学中用来描述笛卡儿方程的表达效果。齐次坐标可以用矩阵相乘的形式来表示三维空间中的所有几何变换，是图形系统采用的标准方法。

利用齐次坐标，将三维几何变换为一个 4 阶方阵，表示方式如下[22]。

$$\begin{bmatrix} a_{11} & a_{12} & a_{13} & a_{14} \\ a_{21} & a_{22} & a_{23} & a_{24} \\ a_{31} & a_{32} & a_{33} & a_{34} \\ a_{41} & a_{42} & a_{43} & a_{44} \end{bmatrix} \tag{2-1}$$

其中，$\begin{bmatrix} a_{11} & a_{12} & a_{13} \\ a_{21} & a_{22} & a_{23} \\ a_{31} & a_{32} & a_{33} \end{bmatrix}$ 用于产生按轴旋转、缩放等变换，$\begin{bmatrix} a_{14} \\ a_{24} \\ a_{34} \end{bmatrix}$ 用于产生平移变换，$\begin{bmatrix} a_{41} & a_{42} & a_{43} \end{bmatrix}$ 用于产生投影变换，$\begin{bmatrix} a_{44} \end{bmatrix}$ 用于产生整体的缩放变换。

2）平移变换

平移变换是三维空间点的坐标通过增加变量生成新的三维空间点的过程。模型中任意点 $P(x,y,z)$ 都能通过平移变换（t_x,t_y,t_z）得到新的坐标 $P'(x',y',z')$。三维平移变换的计算方法通常是左乘一个平移矩阵，表示方式如下。

$$\begin{bmatrix} x' \\ y' \\ z' \\ 1 \end{bmatrix} = \begin{bmatrix} 1 & 0 & 0 & t_x \\ 0 & 1 & 0 & t_y \\ 0 & 0 & 1 & t_z \\ 0 & 0 & 0 & 1 \end{bmatrix} \begin{bmatrix} x \\ y \\ z \\ 1 \end{bmatrix} = \begin{bmatrix} x+t_x \\ y+t_y \\ z+t_z \\ 1 \end{bmatrix} = \boldsymbol{T}\left(t_x,t_y,t_z\right)\begin{bmatrix} x \\ y \\ z \\ 1 \end{bmatrix} \tag{2-2}$$

在三维空间中，平移变换通过对模型中的所有点进行操作，从而得到新的模型，如

图 2-3 所示。

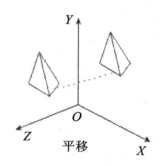

图 2-3 平移变换

3）缩放变换

缩放变换是三维空间点的坐标乘以给定的缩放系数生成新的三维空间点的过程。对空间任意参考点（x_f, y_f, z_f）进行缩放变换的过程如图 2-4 所示。首先将模型平移到原点，然后进行缩放变换，最后将模型平移回初始位置。

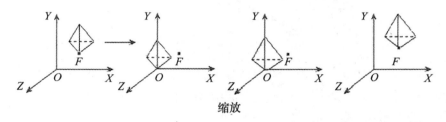

（a）初始位置　　　（b）平移至原点　　　（c）模型缩放　　　（d）平移至初始位置

图 2-4 对空间任意参考点进行缩放变换的过程

模型相对坐标原点距离不变的缩放变换对应的矩阵表达形式如下。

$$\begin{bmatrix} 1 & 0 & 0 & x_f \\ 0 & 1 & 0 & y_f \\ 0 & 0 & 1 & z_f \\ 0 & 0 & 0 & 1 \end{bmatrix} \begin{bmatrix} s_x & 0 & 0 & 0 \\ 0 & s_y & 0 & 0 \\ 0 & 0 & s_z & 0 \\ 0 & 0 & 0 & 1 \end{bmatrix} \begin{bmatrix} 1 & 0 & 0 & -x_f \\ 0 & 1 & 0 & -y_f \\ 0 & 0 & 1 & -z_f \\ 0 & 0 & 0 & 1 \end{bmatrix} = \begin{bmatrix} s_x & 0 & 0 & (1-s_x)x_f \\ 0 & s_y & 0 & (1-s_y)y_f \\ 0 & 0 & s_z & (1-s_z)z_f \\ 0 & 0 & 0 & 1 \end{bmatrix} \quad (2\text{-}3)$$

其中，等号左边中间的矩阵是由缩放矢量（分别对应 X 轴、Y 轴、Z 轴方向的缩放）构成的缩放矩阵。

4）旋转变换

旋转变换是三维空间点的坐标围绕给定的旋转轴旋转一定的角度而生成新的三维空

间点的过程，如图 2-5 所示。

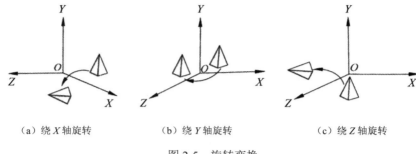

（a）绕 X 轴旋转　　　（b）绕 Y 轴旋转　　　（c）绕 Z 轴旋转

图 2-5　旋转变换

一般约定，沿着坐标轴正半轴观察原点，然后绕坐标轴逆时针旋转是正向旋转（右手坐标系），如图 2-6 所示。

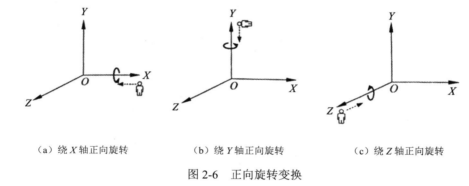

（a）绕 X 轴正向旋转　　　（b）绕 Y 轴正向旋转　　　（c）绕 Z 轴正向旋转

图 2-6　正向旋转变换

① 绕 Z 轴旋转

三维空间中任意点绕 Z 轴旋转的公式如下。

$$\begin{cases} x' = x\cos\theta - y\sin\theta \\ y' = x\sin\theta + y\cos\theta \\ z' = z \end{cases} \tag{2-4}$$

在式（2-4）中，θ 表示绕 Z 轴旋转的角度。式（2-4）的齐次矩阵形式如下。

$$\begin{bmatrix} x' \\ y' \\ z' \\ 1 \end{bmatrix} = \begin{bmatrix} \cos\theta & -\sin\theta & 0 & 0 \\ \sin\theta & \cos\theta & 0 & 0 \\ 0 & 0 & 1 & 0 \\ 0 & 0 & 0 & 1 \end{bmatrix} \begin{bmatrix} x \\ y \\ z \\ 1 \end{bmatrix} \tag{2-5}$$

② 绕 X 轴旋转

三维空间中任意点绕 X 轴旋转的公式的齐次矩阵形式如下。

$$\begin{bmatrix} x' \\ y' \\ z' \\ 1 \end{bmatrix} = \begin{bmatrix} 1 & 0 & 0 & 0 \\ 0 & \cos\theta & -\sin\theta & 0 \\ 0 & \sin\theta & \cos\theta & 0 \\ 0 & 0 & 0 & 1 \end{bmatrix} \begin{bmatrix} x \\ y \\ z \\ 1 \end{bmatrix} \tag{2-6}$$

③ 绕 Y 轴旋转

三维空间中任意点绕 Y 轴旋转的公式的齐次矩阵形式如下。

$$\begin{bmatrix} x' \\ y' \\ z' \\ 1 \end{bmatrix} = \begin{bmatrix} \cos\theta & 0 & \sin\theta & 0 \\ 0 & 1 & 0 & 0 \\ -\sin\theta & 0 & \cos\theta & 0 \\ 0 & 0 & 0 & 1 \end{bmatrix} \begin{bmatrix} x \\ y \\ z \\ 1 \end{bmatrix} \tag{2-7}$$

④ 绕任意轴旋转

第一种情况是中心轴与坐标轴平行，具体步骤如下。

步骤 1：将旋转轴平移与坐标轴重合，物体也做平移操作。

步骤 2：物体绕坐标轴旋转。

步骤 3：执行步骤 1 的逆操作，将旋转轴平移到初始位置，物体也对应平移。

第二种情况是中心轴与坐标轴不平行，可以参照中心轴与坐标轴平行的做法，只是多一个步骤，即将旋转轴旋转到与任意坐标轴平行，以及后面的逆操作。具体步骤如下。

步骤 1：将旋转轴平移至原点。

步骤 2：将旋转轴旋转至 YOZ 平面。

步骤 3：将旋转轴旋转至与 Z 轴重合。

步骤 4：将物体绕 Z 轴旋转，角度为 θ。

步骤 5：执行步骤 3、步骤 2、步骤 1 的逆操作。

2．摄像机变换

在游戏中我们真正在乎的是摄像机（眼睛）所看到的东西，因此需要得到物体与摄像机的相对位置。非常直观的方法是把物体和摄像机一起移动，如果能够把摄像机的坐标轴（假设为 U、V、W，分别对应原世界坐标系中的 X、Y、Z）移动到标准的 X、Y、Z 轴上，那么此时物体的坐标自然就是相对坐标了。

在将所有模型变换到世界坐标系中后，我们得到了不同模型的不同坐标，但是还没有这些模型在摄像机空间下的相对坐标，因此不能确定哪些物体可以被看到和渲染出来。摄像机变换就用于完成这部分操作，具体步骤如下[23]。

步骤 1：确定摄像机的位置、朝向（视角方向）及垂直向上分量，如图 2-7 所示。

• 确定摄像机（眼睛）的位置。摄像机在世界坐标系中处于什么位置，直接决定了观察者距离模型的远近，可以理解成摄影师在寻找好的拍摄距离，将需要拍摄的景色人物放置在取景框内。

- 确定视角方向（观察方向），类似于摄影师在调整角度。
- 确定摄像机的垂直向上分量。确定该变量可以完全确定一台摄像机的朝向，因为只有前面两个分量无法确定摄像机的朝向，即摄像机的画面必须是正向的，上下颠倒或者倾斜都不是理想的效果。

步骤 2：以摄像机作为原点构建坐标系，将世界坐标系转换为观察坐标系，如图 2-8 所示。

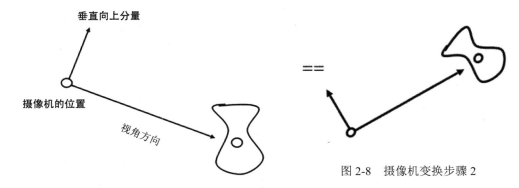

图 2-8   摄像机变换步骤 2

图 2-7   摄像机变换步骤 1

建立摄像机坐标系是为了更加方便地记录物体与摄像机之间的相对变换。如果摄像机与物体同时经过相同的变换，那么最后的成像将完全相同。因此只需要记录模型与摄像机的相对位置，就可以得到最后的成像效果。根据步骤 1 获得的 3 个变量，可以确定一个摄像机空间。

在图形学中，习惯将摄像机摆放在坐标原点，同时视角方向朝向-Z 方向，而摄像机的向上方向则为 Y 方向。这里根据右手螺旋定则可以知道，该坐标系仍然是一个右手坐标系，因此需要将观察到的物体从世界坐标转变为摄像机坐标。

一个十分重要的步骤是获取变换矩阵 $\boldsymbol{M}_{View}$。在获取这个变换矩阵后，把观察到的物体与这个矩阵相乘，就可以将物体转换到摄像机空间中了。将这个过程拆解为如下步骤，规定摄像机初始坐标为 e，摄像机正对方向为 g，向上方向为 t。

步骤 1：将摄像机平移到世界坐标系的原点，即 $\boldsymbol{P}_{origin} = \boldsymbol{T}_{View} \cdot e$。

步骤 2：将 g 旋转到-Z 方向，将 t 旋转到 Y 方向，将 $g \times t$ 旋转到 X 方向。

步骤 3：得到最终矩阵 $\boldsymbol{M}_{View} = \boldsymbol{R}_{View} \cdot \boldsymbol{T}_{View}$。

步骤 1 相对简单，但是步骤 2 十分复杂。因为摄像机的 e、g、t 都是相对复杂的向量坐标，所以可以考虑做反向变换，即先将世界坐标系的原点及组成 3 个轴的基向量变化到摄像机的位置和方向，然后将整个变换过程的矩阵求逆，得到的就是 $\boldsymbol{R}_{View}$。

先求平移矩阵：

$$\boldsymbol{T}_{View} = \begin{bmatrix} 1 & 0 & 0 & -x_e \\ 0 & 1 & 0 & -y_e \\ 0 & 0 & 1 & -z_e \\ 0 & 0 & 0 & 1 \end{bmatrix}$$
（2-8）

再求旋转矩阵的逆矩阵：

$$\boldsymbol{R}_{View}^{-1} = \begin{bmatrix} X_{g \times t} & X_t & X_{-g} & 0 \\ Y_{g \times t} & Y_t & Y_{-g} & 0 \\ Z_{g \times t} & Z_t & Z_{-g} & 0 \\ 0 & 0 & 0 & 1 \end{bmatrix} \boldsymbol{R}_{View} = \begin{bmatrix} X_{g \times t} & Y_{g \times t} & Z_{g \times t} & 0 \\ X_t & Y_t & Z_t & 0 \\ X_{-g} & Y_{-g} & Z_{-g} & 0 \\ 0 & 0 & 0 & 1 \end{bmatrix}$$
（2-9）

3．投影变换

在经过摄像机变换后得到的仍然是三维空间中的顶点坐标。将三维物体模型描述转换为二维图形描述，即将三维空间投影至标准二维平面（$[-1,1]^2$）上。这个过程称为投影变换。投影变换分为正交投影变换和透视投影变换，如图 2-9 和图 2-10 所示。

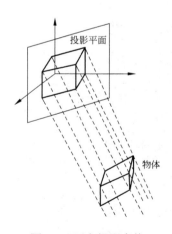

图 2-9　正交投影变换

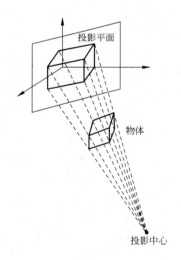

图 2-10　透视投影变换

1）正交投影

正交投影是相对简单的一种投影变换，坐标的相对位置不会改变，所有光线都是平行传播的。

正交投影会将三维空间中的坐标沿着平行线变换投影至二维平面上。场景中的平行线在平行投影中显示成平行的。正交投影能够保证对象的相关比例不发生变化，在使用计算机辅助绘图和设计工程图，以及建筑和机械设计领域中很常用。

正交投影可以看成投影中心在无限远处的投影，物体的相对度量保持不变，如两个等长线段的投影结果仍然是等长的。

2）透视投影

对于透视投影，三维空间中的对象经过投影后，所有的空间点都会汇聚到同一个点上，这个点被称为投影中心。投影射线汇聚于投影中心或者投影中心在有限远处的投影。从一个选定的投影中心到物体上每点连成的直线构成了一簇射线，射线与选定的投影平面的交点集便是物体的投影。场景中的投影线不保持平行的关系，投影后的对象也不保持对象的相关比例。但透视投影能够较好地体现三维空间对象随着观察距离、角度等产生的空间投影变化，符合人的视觉特点，产生的投影效果更为真实，常用于 VR 场景中。

4. 视口变换

在经历了投影变换后，坐标都会汇聚到[-1,1]的规范立方体内，并经过视口变换映射到屏幕上。

将标准平面映射到屏幕分辨率范围之内，即$[-1,1]^2 \rightarrow [0,width] \times [0,height]$。其中，$width$ 和 $height$ 指屏幕分辨率大小。

视口变换矩阵的形式如下。

$$\boldsymbol{M}_{viewport} = \begin{bmatrix} \dfrac{width}{2} & 0 & 0 & \dfrac{width}{2} \\ 0 & \dfrac{height}{2} & 0 & \dfrac{height}{2} \\ 0 & 0 & 1 & 0 \\ 0 & 0 & 0 & 1 \end{bmatrix} \tag{2-10}$$

在完成以上 4 个步骤后，整个视图变换的过程就变得清晰起来了。图 2-11 中的 4 个箭头分别对应这 4 个具体步骤[24]。

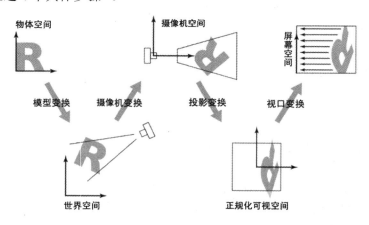

图 2-11　视图变换示意图

2.1.3　渲染管线

渲染管线又称渲染流水线（Graphics pipeline/ Rendering Pipeline）。渲染流水线是指将 3D 图像转换为 2D 图像并将其输出到屏幕上的过程，即先从使用顶点描述的基元建立的三维物体中获取图像并进行处理，然后计算片元并将其作为像素呈现到二维屏幕上，如图 2-12 所示[25]。

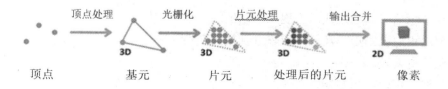

图 2-12　渲染管线

相关术语如下。

- 基元（Primitive）：管道的输入，由顶点构建，可以是三角形、点或线。
- 片元/片段（Fragment）：像素的三维投影，具有与像素相同的属性。
- 像素（Pixel）：屏幕上排列在二维网格中的一个点，拥有 RGBA 颜色。

在计算机绘制的早期，由于计算机性能的限制，渲染管线内部的处理是无法从外部修改的，这样的操作方式被称为固定渲染管线。随着计算机性能的提升及 GPU 的出现，现代图形硬件能够提供更强大的渲染能力，即渲染管线中的顶点和片元处理是可编程的。用户可以编写自己的着色器来处理输出，这样的操作方式被称为可编程渲染管线，又称着色器。

1. 顶点处理

图像是由一组图元组成的，每个图元又包含一组顶点，所以所有的图像都可以通过类似的过程来处理，最后达到成像的目的。简单来说，成像就是顶点如何转变为像素的问题。

顶点处理模块的主要功能是执行坐标变换、投影变换以保留三维信息和计算顶点的颜色值。成像过程中的许多步骤可以看作对象在不同坐标系下的变换。对象的内部表示，不管是在观察坐标系下，还是在图形软件使用的其他坐标系下，最终都必须转换成在显示器坐标系下的表示。

在经过多次变换后，还要进行一个投影变换。一般而言，对象在流水线中被处理时，要尽可能久地保留三维信息，因此渲染流水线中使用投影变换更普遍。除了保留三维信息，还可以实现许多其他类型的投影。

顶点着色器（Vertex Shader）可以替换固定渲染管线在顶点处理阶段中的着色程序。顶点处理阶段会对每一个输入的顶点进行处理，并生成后续阶段所需的信息。该阶段的基本要求是，每个顶点经过投影变换之后，都能输出其在裁剪空间中的坐标。裁剪空间是后续阶段要使用的坐标空间，因此所有的顶点都必须转换到该坐标空间下。除此之外，顶点着色器还可以为顶点指定颜色、生成纹理坐标，通过使用特定的内置全局变量获取并计算光照和对象的表面法向信息，以及通过指定的全局变量将修改后的数据传递给渲染管线的后续阶段。

顶点着色器可以通过代码实现以下功能。

- 使用模型视图矩阵及投影矩阵进行顶点变换。
- 法线变换及归一化。
- 纹理坐标生成和变换。
- 逐个计算顶点或像素光照。
- 颜色计算。

一旦使用了顶点着色器，顶点处理器的所有固定功能都将被替换。因为顶点处理器只能操作顶点而不能操作面，所以顶点处理器不能进行类似背面剔除的操作。

2. 光栅化

把物体的数学描述及与物体相关的信息转换为屏幕上对应位置的像素及用于填充像素的颜色，这个过程被称为光栅化[26]。现今使用的显示设备是基于密集的矩形发光元件或像素网格的，每个像素的颜色和强度在每一帧中都可以单独调整。就其本质而言，与渲染管线的其他阶段相比，光栅化非常耗时。渲染管线的其他阶段通常需要按对象、三角形或逐个顶点进行计算，而光栅化本质上需要对每一个像素都进行某种计算。

光栅化的目的是将基元（连接的顶点）转换为一组片元（携带自己信息的潜在像素）。光栅化会确定基元所覆盖的片元，利用顶点属性插值得到片元的属性信息[27]。片元用来更新帧缓存中的对应像素，并在渲染流水线的后续阶段确定某个片元是否位于其他片元的后面，这些片元都对应同一个像素。

3. 片元处理

片段是渲染一个像素所需要的所有数据，也称片元。片元是包含位置、颜色、深度、纹理坐标等属性的数据结构。片元可能会最终成为图像上的像素，如果一个片元与一个基元相交，但不与它的任何顶点相交，那么它的属性必须通过顶点之间的属性插值来计算。这些片元是二维像素的三维投影，与像素网格对齐，因此最终可以在输出合并阶段将其打印为二维屏幕上显示的像素。片元处理侧重于纹理和光照，能够根据给定的参数计算最终颜色。

片元着色器（Fragment Shader）用来处理片段，负责输出每个三角形像素的最终颜色，是可编程管道中最核心的部分[28]。片元着色器的作用是计算各种各样的三角形像素颜色，包括为着色顶点图形计算顶点的属性颜色、为纹理图形计算纹理及相关的 UV 纹理坐标。但是片元着色器的功能远非制作这些简单的效果。实际上，现代 3D 游戏中令人惊叹的 3D 特效都是用片元着色器来生成的，如动态光源效果。思考一下就会明白，动态光源意味着根据场景中已有的光源计算像素颜色，这与几何图形的位置、材料都有很大的关系，所以片元着色器是制作动态光源效果的不二之选。

片元处理器的输入是通过计算顶点坐标、颜色、法线等插值得到的结果。使用顶点着色器对每个顶点的属性插值进行计算后，片元处理器会对图元中的每个片元进行处理，此时需要用到插值的结果。和顶点处理器一样，在编写片元着色器后，所有固定功能都将被取代，所以不能在实现诸如对片元材质化的同时，利用固定功能进行雾化。开发者必须编写程序来实现需要的所有效果。片元着色器只能对每个片元单独进行操作，并不知道相邻片元的内容。

片元着色器决定了用户在屏幕上能看到什么，所以片元着色器才是影响渲染的关键。

4．输出合并

在输出处理阶段，所有来自三维空间的基元和片元都将被转换为二维像素网格，并打印输出到屏幕上。在输出合并的过程中，也会进行一些处理以忽略不需要的信息。例如，不计算位于屏幕外或其他物体后面的物体的参数，因此这些物体是不可见的。

> **补充：**
> 对于图形（Graphics）、渲染（Rendering）和可视化（Visualization），大多数人交替使用这些术语，它们之间的区别是什么？在视觉和动画领域中，经常使用术语"图形"和"渲染"，而在科学和工程领域中，术语"可视化"更常用。[29]
> - 图形用于描述计算机生成的图像，有栅格图形和矢量图形之分。
> - 渲染是指通过应用从模型中生成 2D 或 3D 图像的过程，分为实时渲染和离线渲染两种。实时渲染是交互式图形和游戏应用中使用的主要渲染技术。在这些应用中，必须快速创建图像。专用图形硬件（GPU）和对可用信息的预编译提高了实时渲染的性能。离线渲染适用于对速度要求不高的环境，使用多核 CPU 而非专用图形硬件进行图像计算。这种渲染技术主要用于视觉和动画领域，真实度需要尽可能达到最高标准。实时渲染和离线渲染的显著区别在于图像的计算和最终处理的速度。在实时渲染中考虑速度，在离线渲染中考虑真实度，尽可能以最高的质量和真实度快速渲染图像。
> - 可视化通常用于描述 2D 或 3D 图像的图形表示。其中，三维可视化是指数字模型的

二维表现，被赋予纹理、颜色和材质等属性。模型可能是一个简单的线框对象或场景，为了使模型具有真实的质感，必须引入纹理贴图、人工光源和其他过滤器。

2.2 VR 建模方法

要用 VR 技术生成具有逼真的三维视觉、听觉、触觉等形式的虚拟世界，首先要解决的问题是虚拟场景建模，即虚拟世界的构造问题。这是产生沉浸感和真实感的先决条件，场景太简单会使用户觉得虚假，而复杂的场景势必会增加交互的难度，影响实时性。目前虚拟场景建模方法主要有 3 类[30]：基于几何图形绘制的建模方法、基于图像绘制的建模方法及基于图形与图像的混合建模方法。

2.2.1 基于几何图形绘制的建模方法

基于几何图形绘制的建模方法实质上是一种基于计算机图形学的三维几何建模和绘制技术。该方法认为自然界中的任何物体都可以用若干个基本的几何形状来描述，即在计算机中建立起三维几何模型，将其描述转换为特定视点下的二维视图，使用计算机的硬件功能和绘制算法实现消隐、光照、明暗处理及投影等过程，可以生成与自然界中任何物体对应的虚拟物体。虚拟物体的几何建模、表面材质的纹理映射和光照处理是基于几何图形绘制的建模方法要解决的主要问题。

1. 几何建模

在计算机图形学中，我们需要用具体的方式表达形状。几何建模就是关于怎样表达、生成和修改物理开关的主题。在虚拟场景中，一般用多边形来表现三维几何模型，采用多边形顶点的信息描述和存储物体的信息；利用二次曲面、隐函数曲面等数学函数来生成规则的曲面造型，或者利用数据点定义来生成不规则曲面造型。通过数据点定义的曲面一般被称为样条曲面，它由一系列离散坐标点来确定，如 Bezier 曲面、B 样条曲面、Coons 曲面等。

虚拟场景中的自然景物，如云彩、山脉、树木等会呈现出较大的随机性和不规则性，但具有相似的特征，一般采用随机的分形建模方法。例如，Alain Foumier 早已于 1993 年采用分形布朗运动构造了复杂的地形，Robber Marshall 采用随机模型组和基本数据元素构造了树林、灌木、山脉等，GcorgiosSaka 采用时变分形构造了气体的随机湍流，Gavin S.P.Miller 采用递归分形生成了复杂的地形和天空等。

虚拟环境中还存在火光、烟雾、灰尘、泥浆等模糊景物，它们也是虚拟场景的重要部分。由于模糊景物的表面具有不光滑性、不确定性、不规则性，甚至运动变化性，因此目前一般采用粒子系统来描述。例如，Wiiliam Reeves 对烟雾、流水、火花和爆炸等景物进行了生成和显示，Karl Smith 用粒子系统绘制了瀑布，Forcade Tim 设计了粒子系统来生成爆炸动画。

常用的几何建模方法包括线框建模、表面建模、实体建模[31]。

1）线框建模

线框建模利用线素来定义设计目标的棱线部分，进而构成立体框架图。其实体模型是由一系列直线、圆弧、点及自由曲线组成的，描述的是物体的轮廓和外形。

线框建模分为二维线框建模和三维线框建模。二维线框建模以二维平面的基本图形元素（如点、直线、圆弧等）为基础表达二维图形。二维线框建模比较简单，由于其各视图及剖面图是独立生成的，因此不可能将描述同一个物体的不同信息构成一个整体，即当一个视图改变时，其他视图不能自动改变。这是二维线框的一个很大的弱点。三维线框建模用三维的基本图形元素来描述和表达物体，同时仅限于点、线和曲线的组成。图 2-13（a）所示为线框模型。

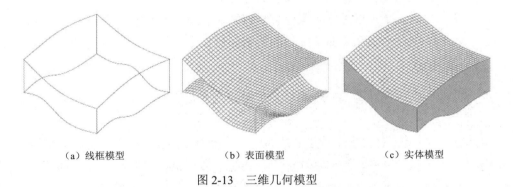

（a）线框模型　　　　（b）表面模型　　　　（c）实体模型

图 2-13　三维几何模型

线框模型所需信息最少，数据运算简单，所占存储空间较小，对计算机硬件的要求不高，计算机处理时间短。但线框建模所构造的实体模型只有离散的边，而没有边与边的关系，信息表达不完整，因此会对物体形状的判断产生多义性。

2）表面建模

表面建模（Surface Modeling）通过对物体表面进行描述来构成立体框架图。表面建模是一种数学方法，由给出的离散数据构造曲面，使曲面通过或逼近这些点，一般用插值、逼近或拟合算法来实现。表面建模既可以用于外形要求高的软件，也可以用于多坐标数控编程、计算刀具的运动轨迹等。

表面建模会先将物体分解成表面（平面或二次曲面）、边线和顶点，再用顶点、边线和表面的有限集合来表示和构建物体的计算机模型，最后将这些面拼接成三维模型的外表面。曲面建模的过程如下[32]。

- 生成一个结合三维曲面和实体的模型。
- 利用关联建模的优势，将模型转换为程序化曲面。
- 利用曲面分析工具验证缺陷。
- 重建物体表面，使物体更加平滑。

表面建模方法通常用于构造复杂的曲面物体，一般可以用多种不同的曲面造型。常用的曲面描述的方法如下。

- 旋转面：一轮廓曲线绕某一轴线旋转某一角度。
- 线性拉伸面：一曲线沿某一矢量方向拉伸一段距离。
- 直纹面：在两曲线间，将参数值相同的点用直线段连接。
- 扫描面：截面曲线沿控制曲线的方向运动。
- 网格曲面：由一系列曲线构成。
- 拟合曲面：由一系列有序点拟合而成。
- 平面轮廓面：由封闭的平面曲线构成。
- 二次曲面：椭圆面、抛物面、双曲面等。

表面建模的缺点是难以进行有限元分析或物性计算，不存在各个表面之间相互关系的信息。如果要同时考虑几个面，则不能用表面建模方法。

3）实体建模

现实世界的物体具有三维形状和质量，因此三维实体造型可以更加真实、完整、清楚地描述物体。

实体建模（Solid Modeling）技术是 20 世纪 70 年代末 80 年代初逐渐发展完善并推向市场的，在运动学分析、物理特性计算、装配干涉检验、有限元分析方面得到了广泛的应用。实体建模利用了一些基本体素，如长方体、圆柱体、球体、锥体、圆环体及扫描体，并通过布尔运算生成了复杂的形体。

实体建模不仅描述了实体所有的几何信息，而且定义了所有点、线、面、体的拓扑信息。实体建模与线框建模的主要区别是实体建模定义了表面外环的棱线方向。实体建模与表面建模的区别在于，表面建模所描述的面是孤立的，没有方向，也没有与其他面或体的关联；而实体建模提供了面和体之间的拓扑关系，具有方向性，其外法线方向遵循右手螺旋定则，由该面的外环走向确定（外环按逆时针走向、内环按顺时针走向）。

实体建模方法有体素法（通过基本体素的集合运算构造几何实体的建模方法）、轮廓扫描法（二维平面封闭轮廓在空间内平移或旋转）、实体扫描法（刚体在空间内运动）。

2. 纹理映射

纹理映射（Texture Mapping）通过将数字化的纹理图像覆盖或投射到物体表面，从而为物体表面增加细节[33]。纹理映射技术最早是 Catmull 于 1974 年提出的，他找到了以（u,v）表示的双实数变量纹理空间和以参数（s,t）表示的三维曲面之间的映射关系，可以通过给定的纹理函数将纹理映射到物体表面上。Catmull 提出的纹理映射技术经 Blinn 和 Newell 改进后得到了广泛的应用，成为计算机图形学中的一种重要方法。

1）基本概念

① 纹理

纹理是指物体表面的细小结构，可以较好地表达模型表面的细节，而无须考虑其他（几何和材质）细节，能够使景物更真实。

② 映射

映射是一种将纹理图像值映射到三维物体表面的技术。

③ 3 个空间[34]

- 纹理空间：纹理通常定义在二维空间（u,v）的一个矩形区域中。
- 景物空间：物体表面是在三维空间（x,y,z）中的一个曲面，是二维空间的一个矩形区域。
- 图像空间：图像空间依赖于显示器的分辨率，如 $N_x \in [0,1024]$，$N_y \in [0,768]$，也是二维空间的一个矩形区域。

物体表面的纹理可以分为两类：颜色纹理和几何纹理。

- 颜色纹理：物体表面呈现的各种花纹、图案和文字等，如桌面的木纹、墙面。其实现方法有二维纹理映射和三维纹理映射。
- 几何纹理：物体表面微观几何形状的表面纹理，如树皮、岩石等粗糙的表面。其实现方法有凹凸纹理映射（Bump Mapping）和位移纹理映射（Displacement Mapping）。

2）二维纹理映射

二维纹理映射是从二维纹理平面到三维物体表面的映射，又称图像纹理映射。二维纹理平面实际上是二维数组，数组元素是一些颜色值（纹理元素或纹理像素）。每个纹理像素在纹理空间中都有唯一的地址，该地址可以被认为列和行的值，分别由 u 和 v 来表示。二维纹理平面一般是有范围限制的，在这个范围的平面区域内，每个点都可以用数学函数表达，从而离散地分离出每个点的灰度值和颜色值。这个平面区域被称为纹理空间，一般将纹理空间的平面区域定义为[0,1]×[0,1]。

纹理映射的实质是建立两个映射关系：一是从纹理空间到景物空间的映射，二是从景物空间到图像空间的映射，如图 2-14 所示。

映射方法如下。

- 建立物体空间坐标（x,y,z）和纹理空间坐标（u,v）之间的对应关系。
- 对物体表面进行参数化，在反求出物体表面的参数后，根据（u,v）得到该处的纹理值，并用该值取代光照模型中的相应值，实现纹理映射。

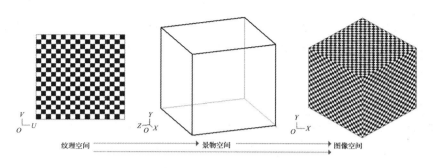

图 2-14　纹理映射示意图

多级渐远纹理（Mipmap）是二维纹理最常用的技术之一，可以为处于不同距离的对象提供自适应的纹理映射[35]。Mip 一词源于拉丁文 multum in parvo，意为多个相同的个体，而 Mipmap 的本质就是用一张纹理生成一系列纹理，如图 2-15 所示。我们先假设原本的纹理是 $n×n$（纹理大小也就是纹理像素的数量，后省略像素单位），为第 0 层；然后用它增加更多层的纹理，每一层的长和宽都是上一层的一半，那么总共就会有 $\log n$ 层。例如，原始纹理为 256×256，则后续的三级纹理依次为 128×128、64×64、32×32。我们只需要提前生成 Mipmap，在使用时直接查询，即可节省很多的计算时间并保证效果。

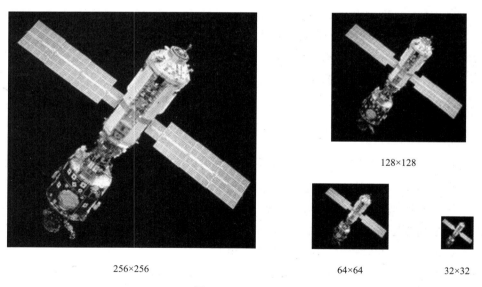

256×256

128×128

64×64

32×32

图 2-15　Mipmap

3）凹凸纹理映射

凹凸纹理映射是 Blinn 于 1978 年提出的，其基本思想是用纹理修改物体的法向量而不是颜色。

- 对物体表面各采样点做微小的移动，改变表面的微观几何形状，进而引起物体表面法向量的变动。
- 物体表面的亮度是法向量的函数：法向量的变动会导致物体表面亮度的突变，从而产生表面凹凸不平的真实效果。

bump map 是一个二维数组，数组中的每个元素都是物体表面的点比其实际位置略高或略低的偏移向量。这些微小的偏移向量在被映射到物体表面的一个点后，会修正该点处的法向量，并通过修正后的法向量进行光照计算。物体表面的几何法向量保持不变，只改变光照计算中的法向量。

假设物体表面上任意一点 $P(u,v)$ 沿该点处法向量的方向移动 $F(u,v)$ 个单位长度（N 为附加的微小增量），从而生成一个新的表面，形式如下。

$$\tilde{P}(u,v) = P(u,v) + F(u,v) \times N(u,v) \tag{2-11}$$

F 是用户定义的扰动函数，图案中较暗的颜色对应较小的 F 值，较亮的颜色对应较大的 F 值，示例如图 2-16 所示。

贴图　　　　映射前　　映射后（有凹凸感）

图 2-16　凹凸纹理映射示例（橘子皮）

凹凸纹理映射是一种模拟物体表面粗糙纹理的技术，无须对物体的粗糙表面在几何上进行建模就可以改变物体表面的微观结构，如大理石纹理表面、混凝土墙面等效果。此外，更高级的真实感图形效果，如人脸上流淌的汗水，也可以通过随时间变化的凹凸纹理映射来模拟。

3．基于几何图形绘制的建模方法的优缺点

基于几何图形绘制的建模方法实质上是基于计算机图形学的三维几何模型建模和绘制的，主要优点如下。

- 构造的模型精细、准确，结合纹理处理方法可以生成较逼真的虚拟场景。
- 交互性好，便于用户与虚拟场景中的虚拟对象进行交互，支持用户自由控制视点和视角，多方位地观察虚拟场景。
- 能直接获取虚拟对象的深度信息。

但是基于几何图形绘制的建模方法在生成复杂场景时存在以下缺陷。

- 硬件要求高：由于几何模型三维场景的真实感建立在对几何体表面材质的光照模型上，其阴影和纹理要在某种光照模型的计算下，通过硬件绘制并配以图形加速性能才能显示出来。
- 计算量大：在场景比较复杂的情况下，如几何图形多、过程烦琐、工作量大、计算量大，用户可能无法与虚拟场景实时交互，也无法得到虚拟对象操作的实时反馈，难以给人较好的沉浸感。
- 绘制速度较慢：现实世界中的真实景物都比较复杂，这使得建模和表达的难度加大，如树木等较为复杂的对象，虽然可以利用分形来建模，但是其计算量较大，会降低显示速度，增加显示时延。

2.2.2 基于图像绘制的建模方法

虽然几何模型能够全面表现物体的特点并且满足灵活多变的视角变化需求，但是随着场景规模及复杂度的加大，建模的复杂度迅速加大，同时对硬件设备提出了更高的要求。为了弥补基于几何图形绘制的缺陷，人们提出了基于图像绘制（Image-Based Rendering，IBR）的建模方法。该方法通过利用场景的图像（照片、渲染图像等）来建立场景的几何模型。更准确地说，基于图像绘制的建模方法就是利用图像来确定场景的外观、几何结构、光照模型等。利用该方法建模更快、更方便，同时可以获得更快的绘制速度和更强的真实感。传统图像绘制过程与 IBR 过程的区别如图 2-17 和图 2-18 所示[36]。

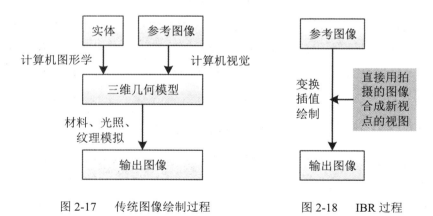

图 2-17　传统图像绘制过程　　　图 2-18　IBR 过程

1．IBR 的主要方法

根据对图像处理方式的不同，基于图像绘制的方法主要有以下几类。

1）基于立体视觉的方法

基于立体视觉重建三维几何模型是计算机视觉领域的经典问题。立体视觉的基本原理是三角测量原理：对于已知摄像机的内部和外部参数的两幅图像，假设我们在这两幅图像上找到了一对对应点（它们是场景中物体表面上同一点的投影），则从两幅图像的投影中心出发，分别经过这一对对应点，两条直线在空间中交于一点，从而得到场景中物体表面上某一点的对应坐标。这样从 2D 图像中恢复形体的 3D 几何特征和光照等特征，并将其合成为不同视角的图像信息，能够实现在 VR 环境中从不同的角度来观察物体，从而实现漫游。

2）基于全光函数的方法

Adelson 和 Bergen 的全光函数（Plenoptic Function）描述了给定场景中所有可能的环境映射的集合，从空间中的任意视点，选择某一方位角、仰角、波长，同时指定某一时刻。基于全光函数的方法会先从给定的全光函数的离散的几何样本中重构连续的全光函数，然后在新视点的位置上重新采样该函数来绘制新的视图，其实质是全光函数的采样、重建和重采样的过程。该方法是基于图像的、具有水平 360° 及上下空间的图形组织环境，可以完整地表达周围环境的信息。

3）基于拼图的方法

基于拼图的方法是指先把具有重叠区域的采样图像投影到某一个曲面（如圆柱面、球面等）上，然后确定两个相邻图像间的重叠范围，最后按照特定的算法将它们拼接起来。该方法最典型的应用是全景图。全景图技术一方面要求的数据量不大且绘制的速度较高，另一方面有一定的交互能力，能在一定程度上模拟用户的现场视觉感受，具有重要的应用价值。

4）基于视图插值的方法

基于视图插值的方法是指利用存储好的相邻点的图像生成它们中间的图像。该方法可以使图像发生变形和扭曲，以产生特殊的效果。例如，Chen 和 Wiliams 的视图插值方法能够利用各参考图像间的对应信息来重构期望的视图，通过一个基于几何绘制的预处理过程来建立各参考图像像素点之间的对应关系。

5）基于深度图像重建的方法

深度图像类似于一幅具有 $m{\times}n$ 个像素点的普通图像，像素点位置上存储的是场景中物体表面各个采样点的深度值。对于场景中只有单一物体的情形，一般通过配准和合并两个步骤将多幅深度图像合并起来，其中配准是指通过旋转、平移等坐标变换对两幅深度图像中的重叠部分进行匹配；对于场景中有多个物体的情形，在经过配准后，先对深度图像中的物体进行分割，再对分割后的物体进行合并操作。

2．全景图技术

全景图技术是基于图像绘制的方法中最成熟、最接近实际应用的技术，主要通过对图像的拼接实现对场景的环视。通常有两种方式来获得全景图：直接的方式和图像拼接的方式。前者主要通过特殊鱼眼相机、全景相机等特殊器材来获得，这些器材价格昂贵；后者通过将普通相机拍摄的多幅有重叠区域的图像利用一定的拼接算法合并起来。全景图技术广泛应用在航空照片处理、碎片图像合成、全景虚拟展示等领域。

从三维造型的原理上看，全景图技术是一种基于图像的三维建模与动态显示技术，克服了几何建模过程中绘制计算烦琐复杂、工作量大等缺点。全景图技术最基本的功能是实现对三维空间和三维物体全方位的观察，利用鼠标、键盘就可以完成对三维形体的控制并从任意角度进行观察，以及放大或缩小观察效果。全景图技术在性能上具备良好的兼容性、高度的现实性，远比计算机生成的图像的真实感强，而且制作简单、数据量小。

1）全景图的分类

根据全景图采取的投影平面的不同，通常将全景图分为 3 类：球面全景图、立方体全景图、柱面全景图。

① 球面全景图

球面全景图是指以摄像机视点为球心，将图像投影到球面的内表面上。当视点位于球面全景图球心处时，视点前后、左右、上下的景物都是连续的，而且全景图是球面图像，符合人体视觉的结构特征，能方便地实现俯视、仰视、360°环视，因此中心位于视点处的球面映射通常是描述一幅全景图的理想选择。但是在获得球面全景图的过程中存在以下问题：因为球面映射是一个平面图像水平和垂直方向的非线性投影过程，所以会导致场景图像扭曲变形，在两极尤为严重；并且球面映射缺少一种适合计算机存储的表示方法。为了快速而准确地获得球面全景图，人们设计出了鱼眼镜头。采用鱼眼镜头，一次摄像获得的鱼眼图像能够覆盖整个视点空间 180° 以上的范围。为了避开困难的球面全景拼接，只需要拍摄 2～3 张鱼眼图像，就可以很方便地生成精度很高的球面全景图。

② 立方体全景图

球面作为映射表面，图像在其两极会产生严重的扭曲变形，于是人们又采用了立方体面作为映射表面。立方体全景图由 6 个平面投影图像组成，但是对随意拍摄的照片采用计算机图形技术生成立方体全景图是比较困难的，原因是拍摄角度很难确定，就算通过精确的摄像机定位技术获得拍摄角度，立方体边角处的衔接处理也是相当困难的。立方体全景图可以实现水平方向 360° 旋转、垂直方向 180° 仰视的视线观察。

③ 柱面全景图

柱面全景图实际上是球面全景图和立方体全景图的简化形式。它可以用全景相机直接拍摄得到，或者通过计算机绘制得到，还可以由普通相机拍摄的照片拼接而成。由于它没有顶盖和底盖的场景，所以限制了用户在垂直方向的观察角度，但是在水平方向上能够实现 360°的环视。它有两个明显的优点：一是取单幅照片的方式比球面全景图和立方体全景图要简单许多，所需的设备只有摄像机和一个允许连续"转动"的三脚架；二是容易展开为一个矩形图像，可以直接用计算机常用的图像格式进行存储和访问。在柱面全景图中，虽然用户的视线在垂直方向上的转动角度小于 180°，但是在绝大多数应用中，水平方向的 360°环视场景已经足够表达空间信息，因此 360°的柱面全景图是目前生成虚拟场景较为理想的选择。

综上所述，3 种全景图的优缺点如表 2-1 所示。

表 2-1　3 种全景图的优缺点

全景图	优点	缺点
球面全景图	环视 360°和垂直 180°俯仰的大视角范围，能完整反映虚拟场景	缺乏有效的计算机存储方式，拼接过程困难
立方体全景图	环视 360°和垂直 180°俯仰的大视角范围，图像数据易存储和显示	图像采集和摄像机定位较为困难，同时图像校正较麻烦
柱面全景图	图像采集简单，易于计算机存储和控制访问，拼接过程相对简单	垂直方向俯仰角小于 180°，无法完整反映虚拟场景

2）全景图的应用

全景图技术是基于图像绘制的方法中最成熟、最接近实际应用的技术。一方面，全景图的获得相对简单，可以用摄像机拍摄多张实景图像，并通过一定的拼接算法拼接得到完整的全景图像；另一方面，作为一种场景存储和显示方式，全景图技术要求的数据量小、实时性好。借助网络和全景图技术，人们可以体验交互式全景漫游，在一定程度上体验身临其境的感觉。目前全景图技术已经被广泛应用到诸多领域中。

① 旅游景点展示

高清晰度全景三维展示景区的优美环境，结合景区浏览图导览，让游客自由穿梭于各个景点之间，是旅游景区、旅游公司宣传推广的最佳创新手法。

② 房地产虚拟展示

房地产公司可以利用全景图展示楼盘的外观，以及房屋的结构、布局、室内设计。购房者可以通过网络查看并选择自己满意的房屋。更重要的是，采用全景图技术可以在楼盘建好前将其虚拟设计出来，方便房地产开发商进行期房的销售。

③ 宾馆、娱乐休闲中心

宾馆、娱乐休闲中心可以利用网络展示建筑的外观，以及大厅、客房、会议厅等服务场所，宣传宾馆舒适的环境，同时展示美容会所、健身中心、咖啡、酒吧等消费场所，吸引更多的顾客。

④ 博物馆

博物馆建筑平面结合全景的导览应用，可以使观众自由穿梭于各个场馆之中，实现全方位的参观；同时配以音乐和解说，使观众更加身临其境。

⑤ 教育

三维虚拟校园全景可以展现优美的校园环境，展示学校的实力，提高学校的知名度，吸引更多的生源。在建筑工程学教育中，学生可以借助全景图技术参观世界各地的经典建筑，寻找建筑设计的灵感；在导游培训教育中，学生可以借助全景图技术参观世界各地的风景名胜，并学习这些名胜的历史、特点、文化等。

2.2.3 基于图形与图像的混合建模方法

由于几何建模非常复杂，并且具有建模开销大、实时绘制慢等缺点，因此用图像输入进行建模和图像合成更被用户喜爱。图像建模和绘制（Image Base Modeling and Rendering，IBMR）技术，顾名思义，是指用预先获取的一系列图像（合成的或真实的）来展示场景对象的外观，而新图像的合成是通过组合和处理原有的一系列图像实现的。

基于图像的建模技术注重虚拟场景的真实感，但由于虚拟场景中的对象是二维的，用户很难与之交互，而且用户希望与之产生交互的场景对象必须是几何模型实体，因此需要进行混合建模。混合建模的基本思想是：先绘制几何模型，得到若干幅具有深度及几何拓扑关系的图像；再修正模型；最后得到以图像形式表示的几何模型。这样既增强了场景真实感，保证了实时性与交互性，又增强了用户沉浸感。运用基于图像绘制的建模方法，将真实环境转变为虚拟环境的过程被称为实物虚化；运用基于图形绘制的建模方法，将主观意义上的概念对象转变为虚拟世界中可感知和操作的对象的过程被称为虚物实化。实物虚化和虚物实化是虚拟场景混合建模中具有不同目的、矛盾又统一的两个方面，只有虚实结合才能创建既有真实感，又可交互的复杂虚拟场景。

计算机视觉和计算机图形学在某种意义上是一个互逆的过程。计算机视觉研究的是如何通过二维图像获得三维模型，感知三维环境中物体的几何信息，包括它的形状、位置、姿态、运动等，并对它们进行描述、存储、识别和理解；而计算机图形学研究的是如何通过三维模型得到二维图像。IBMR 在计算机图形学和计算机视觉之间搭起了一座桥梁，它与计算机视觉有相同的输入，它的结果又是计算机图形学要求解的，如图 2-19 所示。IBMR 的目的是从"图像-几何-图像"这条链中完全或尽可能多地消除几何建模部分（非自然因素影响最大的部分），从而使绘制更接近自然。

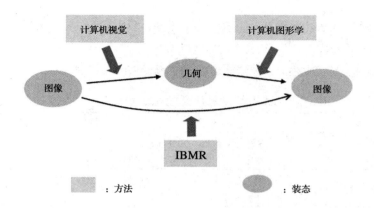

图 2-19　IBMR 与计算机图形学和计算机视觉的关系

IBMR 的过程可以表述为：从有限的已知图像（采样图像）中得到可以在任意视点上看到的新图像。与基于几何图形的建模和绘制方法相比，IBMR 有以下突出的优点[37]。

- 建模容易。使用 IBMR 不需要耗费大量的精力和技巧，因为拍摄照片是比较容易的。另外，摄像机这类光捕获设备不仅能直接体现真实环境的外观和细节，而且能从照片中抽取场景的几何特征、对象的运动特征、物体的反射特征等。IBMR 可以把不同视线方向、不同位置的照片数据按某种形式组织起来以表示场景，如全景图像（Panoramic Image）和光场（Light Field），这就是 IBMR 意义上的建模。

- 真实感强。图像既可以是由计算机合成的，也可以是由实际拍摄的画面缝合而成的，两者可以混合使用，能较真实地表现物体的形状、明暗、材料及纹理细节，获得较强的真实感。

- 绘制速度快。IBMR 复杂的计算支持直接从已有的视图中合成新的视图，只需根据不同的视线方向映射全景图像相应的部分即可。整个绘制过程都在二维空间中进行，绘制时间不依赖于场景的复杂度，只跟分辨率有关。另外，IBMR 只需要离散的图像样本，绘制时只对当前视点相邻的图像进行处理，其绘制的计算量不取决于场景的复杂度，而仅仅与生成画面所需的图像分辨率相关。因此 IBMR 对计算资源的要求不高，仅仅需要较小的计算开销，有助于提高系统的运行效率。

- 交互性好。绘制速度和真实感的保证，加上先进的交互设备和反馈技术，使 IBMR 有更好的交互性。

2.2.4　虚拟场景建模方法的对比

虚拟场景建模是 VR 的关键技术之一。基于几何图形绘制的建模方法充分利用计算机图形学进行虚拟场景的建模和渲染，交互性强，但是计算量大，对硬件的要求高；基于图像绘制的建模方法计算简单，真实感强，但是交互性差；基于图形与图像的混合建模方法结合前两者的优点，实物虚化，虚物实化，真实感强，交互性强，但是还有很多技术问题待解决。综上所述，3 种建模方法的优缺点如表 2-2 所示。

表 2-2　3 种建模方法的优缺点

建模方法	优点	缺点
基于几何图形绘制的建模方法	模型精细、准确；交互性强，能自由控制视点和视角，多方位观察	计算量大，对硬件的要求高，复杂场景建模与表达困难
基于图像绘制的建模方法	建模容易，绘制速度快，真实感强，计算量小，对硬件的要求低	图像预处理时间长，交互性差，自由漫游困难
基于图形与图像的混合建模方法	真实感强，交互性强	场景无缝连接及交互时场景交换等问题尚待解决

2.3　VR 内核引擎与开发平台

内核（Kernel）技术也称引擎（Engine）技术，一般指的是用于实现某个特定功能的开发包，能够提供便捷、高效的 API 供外部应用调用。开发平台是基于多个内核技术构成的复杂系统，能够为应用的开发提供全流程的支持，方便开发者快速构建和部署应用[38]。本节将主要介绍 VR 和 AR 用到的内核引擎及常用的开发平台。

2.3.1　内核引擎

对于 VR 应用的开发，常用的内核引擎包括几何内核、绘制引擎和物理引擎。

1. 几何内核

几何内核是建模软件最核心的部分。目前主流的商业三维几何内核有 ACIS、Parasolid[39]，开源的几何内核有法国马特拉公司推出的 Opencascade（OCC）。

1）ACIS

ACIS 是美国 Spatial Technology 公司的产品，是应用于 CAD 系统开发的几何平台。它不仅能够提供从简单实体到复杂实体的造型功能，以及实体的布尔运算、曲面裁剪、曲面过渡等多种编辑功能，还能够提供实体的数据存储功能和 SAT 文件的输入/输出功能。

ACIS 的特点是采用面向对象的数据结构，用 C++语言编程，支持线架造型、曲面造型、实体造型任意组合和灵活使用。线架造型仅用边和顶点定义物体；曲面造型类似线框造型，只不过多定义了物体的可视面；实体造型用物体的大小、形状、密度和属性（重量、容积、重心）来表示。

ACIS 产品使用软件组件技术，用户既可以使用已有的部件，也可以使用自己开发的部件来替代 ACIS 的部件。ACIS 产品包括一系列 ACIS 3D Toolkit 几何造型和多种可选择的软件包，一个软件包类似于一个或多个部件，用于提供一些高级函数，可以单独出售给需要特定功能的用户。ACIS 产品可以向外出售接口源程序，同时鼓励其他软件公司在 ACIS 核心开发系统的基础上发展与 STEP 标准兼容的集成制造系统。

2）Parasolid

Parasolid 是一个几何建模内核，可以用于 3D 计算机图形软件产品的开发。最初由英国 ShapeData 公司开发。

Parasolid 的功能包括创建模型和编辑应用程序，如：布尔建模操作，特征建模支持，高级曲面的设计、加厚和挖空、混合和切片及图纸建模。Parasolid 具备直接编辑模型的工具，包括逐渐变细、偏移、几何替换及通过自动再生周围数据来移除特征细节。此外。Parasolid 可以提供广泛的图形和渲染支持，包括隐藏线、线框和绘图、曲面细分和模型数据查询。

ACIS 和 Parasolid 这两个三维内核都具备加强的底层内核功能，ACIS 偏向于 CAD/CAE/CAM 等客户应用领域，而 Parasolid 偏向于加强西门子自身业务的支撑。在 CAD 功能上，Parasolid 要优于 ACIS。两者的区别如表 2-3 所示。

表 2-3　ACIS 和 Parasolid 的区别

内核	特点与优势	典型软件	注释
ACIS	平面造型；对比较简单的三维模型具有节省计算资源和存储空间的优势	AutoCAD、CATIA、Fluent、Nastran 等	从平面造型发展起来
Parasolid	对造型复杂、碎面较多的实体具有优势	UG、Solid Edge、ANSYS、Adams 等	最成熟，应用最广泛的几何内核

3）Opencascade

Opencascade（OCC）是法国 Matra Datavision 公司开发的开源几何引擎。基于该引擎发展了若干个 CAD/CAE/CAM 软件，如国外的 FreeCAD、HeeksCAD 和国内的 AnyCAD。OCC 是开源社区中比较成熟的、基于 BREP 结构的内核引擎，能够满足二维、三维实体造型和曲面造型，国内研究和使用它的单位也越来越多。

OCC 是一个源码 CAD 内核，支持定制和扩展（添加新的功能组件，类的进一步继承），并提供对主流 CAD 数据格式的支持，以及对高级建模函数（拟合、有理样条曲线、拉伸、旋转、层叠拉伸、倒角、修剪等）、参数化模型、几何模型的特征提取。

OCC 主要用于开发二维和三维几何建模应用，包括通用和专业的计算机辅助设计 CAD 系统、制造和分析领域的应用、仿真应用、图形演示工具。

2．绘制引擎

绘制引擎是用于绘制场景，实现基本的光照、纹理、阴影、光线追踪等高级绘制效果的内核引擎。绘制引擎是对 OpenGL 函数的封装，可以提供高级接口，方便开发者使用。在仿真应用领域，目前主流的开源绘制引擎有 OpenSceneGraph、VisualizationToolKit。

1）OpenSceneGraph

OpenSceneGraph（OSG）是一个开源的三维引擎，被广泛地应用于可视化仿真、游戏、虚拟现实、科学计算、三维重建、地理信息、太空探索、石油矿产等领域。OSG 采用标准 C++语言和 OpenGL 编写而成，可以运行在所有的 Windows、OSX、GNU/Linux、IRIX、Solaris、HP-UX、AIX、Android 和 FreeBSD 操作系统上。OSG 在各个行业中均有丰富的扩展，能够与使用 OpenGL 书写的引擎无缝结合。

OSG 的设计目标是提供一个可扩展和可定制的框架，以满足不同应用的需求。它采用了面向对象的设计模式，将场景中的对象表示为一种叫作"节点"的数据结构。每个节点都可以包含其他节点，进而形成一个层次结构，组织和管理复杂的场景。

在 OSG 中，节点可以是几何体、纹理、光源、摄像机等，它们都有各自的属性和行为。通过设置这些属性和行为，开发者可以控制节点在场景中的位置、旋转、缩放等，从而实现所需的渲染效果。除了基本的渲染功能，OSG 还支持一些高级特性，如碰撞检测、动态模拟、动画等。开发者可以利用这些功能，创建更加逼真和交互性强的三维应用。

OSG 是对 OpenGL 绘制函数的进一步封装，采用模块化的方式组织代码，不管是使用 OSG 开发 VR 应用，还是从底层学习 OSG 设计架构，都能为用户提供一种很好的方式。

2）VisualizationToolKit

VisualizationToolKit（VTK）是一套免费的、源代码公开的软件工具包，是由美国通用（GE）公司的 3 位研究人员——Will Schroeder、Ken Martin 与 Bill Lorensen 共同开发的，他们在 1998 年创建了 Kitware 公司来维护 VTK。VTK 是基于面向对象的编程技术设计和开发的，可以用于图像处理、三维图形学及可视化程序设计。VTK 被设计成一个工具包（Toolkit）而非系统，它是一个独立的目标库，可以很容易地嵌入到任何一种开发工具中，并在此基础上开发库函数，从而建立独立的大型应用系统。VTK 由 C++类库和包括 Tcl/Tk、Java 及 Python 的编译界面组成。这种层次结构能够使开发者根据需要选择自己熟悉的工具和语言进行开发，并且使用这些语言的 GUI。

VTK 把图形图像和可视化领域中许多常用的算法封装了起来，并屏蔽了可视化开发过程中经常遇到的问题，这极大地方便了广大研究者和开发者。在图像处理和可视化方面，VTK 具有其他软件包无法比拟的优点。它作为一种流行的图像应用软件开发平台，被广泛应用于科学研究和工程领域。

VTK 是一套优秀的三维可视化图形系统，近年来受到广泛的关注和应用，具有以下特点。

- VTK 最突出的特点是源代码公开，可以满足不同用户的需求。因此世界各地的许多研究机构和个人在用 VTK 进行教学、研究和可视化系统的开发，其受到广泛的支持。这也促使其代码持续更新，进而得到不断的完善和改进。
- VTK 支持 C++、Tcl/Tk、Java、Python 等多种语言环境，并具有多种语言的代码转换功能。
- VTK 封装了许多优秀的三维数据场可视化算法，提供了全面的功能支持，使用户可以方便地对数据集进行各种操作和变换，实现任何图像的处理功能，如二维和三维图形图像的可视化计算、绘制、分割、配准等。
- VTK 生成的三维图像便于交互，代码编写量少且重用性好。
- VTK 既可以在 Windows 操作系统中使用，也可以在 UNIX 操作系统中使用，具有平台无关性和良好的可移植性。
- VTK 支持丰富的数据类型，可以对多种数据类型进行处理。

VTK 采用的是流水线（Pipeline）机制，支持有规则或无规则的点阵（Point Sets）、图像、体元数据（Volume）等多种数据类型，可以很方便地实现这些数据类型之间的相互转换。

3．物理引擎

物理引擎简单地说就是计算 2D 或 3D 场景中，物体与场景之间、物体与角色之间、物体与物体之间的运动交互和动力。在 VR 开发中，为了更好地模拟模型在现实世界中的运动，需要引入物理引擎（动力学引擎），通过对模型赋予真实的物理属性（质量、速度、加速度等）来计算模型在场景中的运动、碰撞等。随着 VR 技术的发展，物理引擎开始被广泛应用于游戏、动画、电影、军事模拟等领域。目前常用的物理引擎有 ODE、PhysX、Havok 等。

1）ODE

ODE（Open Dynamics Engine）是一个用于模拟刚体动力学的开源高性能库，具有功能齐全、稳定、成熟且独立于平台的特点，提供了易于使用的 C/C++ API；具有先进的关节类型和集成的摩擦碰撞检测，能够很好地模拟真实环境中的可移动物体，而且有内建的碰撞检测系统。ODE 对于模拟真实环境中的车辆、物体非常有用，目前被用于许多计算机游戏、3D 创作工具和模拟工具中。ODE 支持常见的物理运动模拟，如单摆运动、汽车运动、球体碰撞、抛物线运动（主要体现刚体方向和速度具体处理方法）等。

2）PhysX

PhysX 是世界三大物理运算引擎之一（另外两个是 Havok 和 Bullet），最初由 5 名年轻的技术人员开发，他们成立了 AGEIA 公司。2008 年，英伟达公司收购了 AGEIA 公司。英伟达公司在 PhysX 的基础上推出了 NVIDIA PhysX 物理加速引擎，并将其功能移植到了 NVIDIA GPU 中。

所谓 PhysX 物理加速，是指相对于 CPU 来讲，GPU 加快了 PhysX 引擎的计算速度，并不是说 PhysX 引擎只能由 NVIDIA GPU 处理。

NVIDIA PhysX 在 NVIDIA CUDA 的基础上，允许用户执行物理运算。物理运算效果对计算性能的要求极高，以一整套独特的物理学算法为基础，需要大量同步运算的能力，在游戏中的实现绝非易事。

3）Havok

Havok 的全称为 Havok 游戏动力开发工具包（Havok Game Dynamics SDK），一般称为 Havok，是一个物理引擎，最初是为游戏开发设计的，注重在游戏中对于真实世界的模拟。2007 年，Havok 公司被 Intel 公司收购。商业物理引擎领域形成了 Havok 与 NVIDIA 支持的 PhysX 两强相争的局面。

自从 Havok 引擎发布以来，它已经被应用到超过 150 个游戏中。最早，使用 Havok 引擎的游戏大多数是第一人称射击类别的，但随着游戏开发的复杂度与规模越来越大，其他类型的游戏也想要有更加真实的物理表现，大量 PS2、Xbox 平台的游戏采用 Havok 引擎。此外，Havok 引擎被广泛用于设计学（3D Max）和游戏开发中，是早期支持 DirectX 9 的物理引擎之一，是目前世界上最快、最方便的跨平台游戏图形解决方案之一，也是应用最为广泛的物理引擎之一。

Havok 引擎用 C/C++语言编写而成。目前，Havok 引擎可以在微软的视窗操作系统，Xbox 与 Xbox360，任天堂的 GameCube 与 Wii，新力的 PS2、PS3 与 PSP，苹果电脑的 macOS，Linux 等操作系统或游戏主机上使用。

2.3.2 开发平台

1. Unity 3D

Unity 3D（也称 Unity）是一款全面的专业商业游戏引擎，能够让用户快速创建三维视频游戏、可视化建筑、实时三维动画等，被广泛应用于 VR、AR 应用的开发。Unity 是实时 3D 互动内容创作和运营平台，其开发环境采用交互图形化的方法，能够即时调试、运行正在开发的 VR 应用，还能通过编写脚本实现复杂的逻辑。Unity 采用插件技术，能够对 VR 应用进行多方位扩展。Unity 插件的功能非常强大，可以支持整个 XR 基础架构，因此在 VR、AR 方面表现出色。Unity 能够实现一次开发、多端部署，并将 VR 应用方便地发布到 Windows、Mac、WebGL 系统平台，以及手机、平板电脑、游戏主机、AR 和 VR 设备中。

Unity 3D 对 2D 和 Web 开发的游戏十分友好。自由度比较高，几乎支持所有主流平台，可以充分发挥开发者的想法和思路并用于开发创意类型的游戏。大概有 70% 的手游是使用 Unity 开发的。Unity 游戏有《纪念碑谷》《炉石传说》《杯头》《永恒之柱》《火警》《暗影奔跑》《战技》《奥里和盲人森林》《喀布尔太空计划》《复核》《城市：天际线》《王者荣耀》《球球大作战》等。

2．Unreal Engine

虚幻引擎（Unreal Engine，UE）是美国 Epic 游戏公司研发的一款 3A 级次时代游戏引擎，与 Unity 占据了目前一大半的 VR 应用开发市场。自 1998 年正式诞生至今，虚幻引擎经过不断的发展，已经成为整个游戏领域中运用范围最广、整体运用程度最高、次时代画面标准最高的一款游戏引擎。

与 Unity 一样，虚幻引擎也采用交互图形化的方法进行开发，同样支持丰富的脚本开发，支持目前市场上的主流平台，有丰富的资源和第三方插件。2015 年，Epic 公司宣布将虚幻引擎开源，用户可以免费使用虚幻引擎进行高度定制化开发。虽然虚幻引擎相比 Unity 开发难度较大，但是虚幻引擎具有更高的灵活性，并且能够根据显卡的性能，创建高品质的应用。使用虚幻引擎的游戏有《绝地求生》《堡垒之夜》《王牌实战 7》《方舟：生存进化》《蝙蝠侠：阿卡姆城/庇护》《战争机器 4/5》《王国之心》《盗贼之海》《街头霸王 V》《无主之地 3》《染血：夜晚的仪式》《星际大战 绝地：组织陨落》等。

3．Vuforia

目前市场上主流的 AR SDK 提供厂商，国外的主要是 Vuforia、Metaio，国内的主要是 EasyAR。

Vuforia 的全称为 Vuforia 增强现实开发工具包（Vuforia Augmented Reality SDK），适用于移动设备，可以用于创建 AR 应用。它使用计算机视觉技术实时识别和跟踪平面图像和 3D 对象。这种图像配准功能使开发者能够在通过移动设备的摄像头查看虚拟对象（如 3D 模型和其他媒体）时，相对于真实对象定位和定向虚拟对象，使虚拟对象实时跟踪图像的位置和方向，以便观察者的视角、物体上的视角与目标上的视角相对应，从而使虚拟对象看起来似乎是真实场景的一部分。

Vuforia 是被广泛使用的 AR 开发平台，支持智能手机、平板电脑和智能眼镜。目前全球开发者已经基于 Vuforia 平台开发了超过 45 000 款 AR 应用。Vuforia 一直是开发者最青睐的 AR SDK，其众多的功能及高质量的识别技术早已深入人心。

4．Metaio

作为 AR 引擎领域的支柱企业之一，Metaio 是从 2003 年大众的一个子项目衍生出来的一家增强现实初创公司，专门从事增强现实和机器视觉解决方案的研发，公司创始人为 Thomas Alt 和 Peter Meier。

2005 年，Metaio 公司发布了第一款终端 AR 应用 KPS Click & Design，让用户把虚拟的家具放到自家客厅的图像中。此后，Metaio 陆续发布了多款 AR 产品，并于 2011 年赢得了国际混合与增强现实会议追踪比赛（ISMAR Tracking Contest）的大奖。

Metaio 公司一直专注于基于计算机视觉的增强现实解决方案，包括 Metaio Creator 在内的多项 AR 技术已经被用于零售、汽车等多个行业中，为奥迪、宝马、乐高玩具、微软等知名企业提供服务。Metaio 公司的产品涵盖了整个 AR 价值链的需求，包括产品设计、工程、运营、市场营销、销售和客户支持。

2015 年 5 月，Metaio 公司被苹果公司收购。

本章小结

本章介绍了在计算机屏幕上显示三维环境中实体对象所需的视图变换、渲染管线等计算机图形学基础知识，以及虚拟场景建模方法、VR/AR 用到的内核引擎和常用的开发平台。

习题

1．请简要叙述三维物体显示流程。
2．顶点着色器和片元/片段着色器的区别是什么？
3．请简要叙述常用的三维几何建模方法。
4．请简要叙述基于几何图形绘制的建模方法。
5．对于 VR 应用的开发，常用的内核引擎有哪些？

第**3**章

Unity 的开发环境

Unity 3D 是 Unity Technologies 公司推出的一款综合开发工具。Unity 在游戏开发、建筑、汽车设计、影视制作、教育培训等行业中都有一整套的软件解决方案，能够使用户在 Unity 中轻松创建 3D 场景、三维游戏、三维动画、虚拟仿真实验等互动性较好的内容。Unity 支持 PC、手机、VR 和 AR 设备。

3.1 Unity 的简介

本节将介绍 Unity 开发工具的发展历史、特色，并呈现汽车运输制造、工程建设、数字城市，以及游戏领域的常见开发实例。

3.1.1 Unity 的发展历史

Unity 始创于 2004 年，最初由 Over The Edge Entertainment 公司开发。该公司的开发者最初仅仅开发出了 *GooBall* 游戏，可以在 macOS 上运行。第二年，该游戏的大热使得公司开发者意识到他们使用的工具的巨大价值，因此他们决定从软件开发转行做游戏引擎开发。至此，Unity 1.0 版本诞生了。

2007 年，第一代 iPhone 发布，当时的游戏引擎中只有 Unity 支持 iOS，并且在很长一段时间里，Unity 成为唯一支持 iOS 的游戏引擎。2007 年 10 月，Unity 2.0 版本发布，该版本增加了地形引擎，支持实时动态阴影功能、DirectX 9，并具有多人网络联机功能。

2008 年，Over The Edge Entertainment 公司正式更名为 Unity Technologies，这个名字也沿用至今。2009 年 3 月，Unity 2.5 版本发布，全面支持 Windows 操作系统的开发工作，并将所有 macOS 上的开发功能迁移到 Windows 操作系统中，实现同步互通。

2010 年 9 月，Unity 3.0 版本发布，该版本支持面向 Android 系统的游戏开发。同年 11 月，Unity Asset Store 模块发布，实现了 Unity 优质开发资源与原型的互通和共享。

2012 年 4 月，Unity Technologies 在上海成立分公司，宣布正式进入中国市场。同年 11 月，Unity 4.0 版本发布，该版本引入了 Mecanim 动画系统，可以在引擎中设计三维动画效果。

2012 年之后，Unity Technologies 在游戏引擎领域中占据重要位置，很多知名的大型游戏均采用 Unity 游戏引擎。同时，为了激发广大游戏开发者的开发热情，分享游戏开发灵感，Unity Technologies 公司成功举办了多届 Unity 游戏及应用大赛。其中，第二届大赛在上海成功举办。

3.1.2　Unity 的特色

Unity 具有以下特色。

1．跨平台

Unity 支持在 macOS、Windows、Android 等系统中开发游戏项目。即使在不同的操作系统中，Unity 的项目也可以进行跨平台分享与合作，实现跨平台项目开发。

2．综合编辑

Unity 提供了面向基本三维图形（如正方体、球体、胶囊体等）的位置移动、大小变换、颜色更改等功能，以及面向复杂地形和动画的编辑，真正实现了使用一个引擎实现多样化编辑功能的需求。

3．资源导入

Unity 中的 Asset Store 汇集了世界各地 Unity 专业人士和爱好者开发的仿真模型，包括山川、河流、建筑、生活物品、人物、动物等多个种类，方便用户使用。这些资源都能够通过免费和付费的方式导入到项目中进行编辑再利用。Unity 也支持本地资源导入，用户可以将本地的优质资源导入到系统中进行设计。

4．一键部署

Unity 是一个综合性的游戏引擎，支持用户一键导入视频和音频，实现场景的多元化。同时，Unity 支持动画编辑功能，用户可以通过简单操作，对人物或建筑的动画效果进行部署。

5．脚本语言

Unity 中常用的脚本语言为 C#和 JavaScript（Unity 2018 版本之后不再兼容 JavaScript）。用户可以使用相关语句实现游戏中常见的交互功能，如点击跳转、人物行走、摄像机角度转换、物体运动等。在 Unity 中，交互功能的核心是将脚本添加到指定的物体对象上，实现面向对象的程序控制。

6．物理特效

Unity 引擎配备了物理系统，允许场景中的物体通过简单设定具有和生活中一样的物理运动规律，如自由落体、碰撞反弹、摩擦力、空气阻力等。这些虚拟场景中的物理特效无须代码控制，只需要通过给物体添加规定组件即可实现。

3.1.3　Unity 的应用领域

Unity 最开始是一个为了方便开发游戏而制作的游戏引擎，后来向 VR/AR 领域、建筑设计等领域拓展，并在这些领域中都有成熟的应用。

1．汽车运输制造领域

Unity 引擎凭借对现实世界场景的高度还原，以及实时渲染技术的加持，在汽车设计、制造人员培训、制造流水线的实际操作、无人驾驶模拟训练等领域中有着广泛的应用[40]。很多智能物流虚拟仿真系统都是基于 Unity 开发的，如洛阳师范学院主持开发的"电商物流智慧仓储虚拟仿真实验教学项目"。该项目包含电商智慧仓储总体认知、电商智慧仓储单项训练、电商智慧仓储综合训练、电商智慧仓储设计、电商智慧仓储综合训练 5 个模块，最大限度地发挥了资源优势，提升了教学效果，满足了学生的实践需求，如图 3-1 所示。

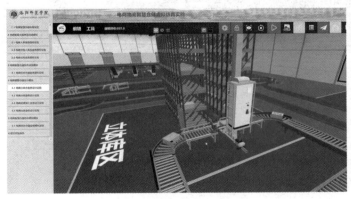

图 3-1　电商物流智慧仓储虚拟仿真实验教学项目（来自洛阳师范学院）[41]

Unity 在汽车运输制造领域中有很多客户。例如，宝马（BMW）公司使用 Unity 实时光线追踪技术实现汽车设计可视化和自动驾驶技术的开发测试；沃尔沃公司使用 VR 技术实现安全驾驶功能；奥托立夫（Autoliv）公司使用 Unity 实时 3D 技术提高营销效率。

数字孪生技术是一种将物理资产数字化、模拟化的技术手段。目前 Unity Technologies 公司已经成功开发出一款数字孪生软件，名为 Perspective。Perspective 软件架起了一座沟通 Unity 和自动化设备及软件的桥梁。通过这个外置的 Unity 工具包，开发者可以连接主流的工业数据协议和工业软件，进行各种复杂、精确的仿真模拟，并在此基础上构建面向虚拟原型、智慧产线、数字工厂等情境下的工业数字孪生应用场景。

2．工程建设与数字城市领域

在建筑设计领域中，Unity 凭借实时渲染和逼真效果的优势备受关注。虚拟仿真系统首先可以让用户非常直观地认识建筑的仿真结构，同时允许用户与仿真结构进行互动，了解其内部细节。此外，虚拟仿真系统能够在建筑设计教育方面起到非常好的作用，帮助学生认识基本建筑结构、掌握基本建筑知识。例如，同济大学开设了一门国家级一流虚拟仿真实验教学课程，名为"基于虚拟现实技术的传统木构认知与建造"。该课程能够帮助学生认识中国古代木构建筑的结构与构建，同时允许学生建造虚拟的古代帝王大殿，如图 3-2 所示[42]。

图 3-2　"基于虚拟现实技术的传统木构认知与建造"课程（来自同济大学）

Unity 在工程建设与数字城市领域中有许多客户。例如，建筑公司斯堪雅（Skanska）通过 Unity 实现 VR 原型快速设计推进员工安全培训，著名工程建设公司 Mortenson 使用 Unity 创建的交互式 VR 体验环境来改善酒店、大学等建筑设计。

3．游戏领域

目前市面上所有的游戏，有近一半是使用 Unity 开发出来的，如我们熟知的《神庙逃亡》《炉石传说》等，如图 3-3 和图 3-4 所示。

图 3-3　《神庙逃亡》　　　　　　　　　　图 3-4《炉石传说》

随着 VR 技术的异军突起，目前国内外以 VR 眼镜为载体的 VR 游戏正在游戏市场中占据越来越多的份额。玩家更愿意利用 VR 眼镜与 VR 手柄进行沉浸式的游戏体验。目前大多数 VR 游戏的开发平台是 Unity，STEAM 中的 VR 游戏大部分也是由 Unity 开发出来的。

2018 年，"实验空间"虚拟仿真实验教学平台上线，如图 3-5 所示。该平台汇集了国内诸多高校的虚拟仿真实验项目，允许学生在线体验一些复杂性高、危险性高、可接触性差的实验项目，达成相应的实验教学目标。这些虚拟仿真项目也均源自 Unity。

图 3-5　"实验空间"虚拟仿真实验教学平台[43]

3.2　Unity 的下载与安装

3.2.1　Unity 的主要版本

Unity 面向 3 类开发者或开发团队，发布了"学生和业余爱好者""个人和团队"以及"Enterprise"（企业）的 Unity 版本，如图 3-6 所示。

图 3-6　Unity 的 3 个版本

其中，学生和业余爱好者版本的 Unity 要求用户为在过去 12 个月整体财务规模未超过 10 万美元的个人、Unity 建模爱好者和小型组织。用户可以在 Unity 引擎中进行基本操作，访问并导入 Unity Asset Store 中的各项资源。对初学者而言，个人版本已经非常适合开发使用了。

面向个人和团队的 Unity Pro 专业版本是付费使用的。Unity Pro 专业版本包含了 Unity Plus 加强版的所用功能和服务，允许用户将自己设计好的游戏发布到游戏主机中，同时获得来自 Partner Advisors 的全程指导。

面向企业的 Enterprise 版本适用于团队级专业开发。该版本包含 Unity Enterprise 版本的所有功能，并引入了 Pixyz 插件，支持用户按照自己的开发需求获得相应的培训服务。同时，该版本可以支持专属的 Unity Advisor 服务并提供 1 个月的产品激活支持服务，以及 3 个月的客户入门支持服务。

3.2.2　Unity Hub 的下载与安装

Unity Hub 是一个连接不同版本 Unity 的桌面级应用，是一个集成了社区、项目管理、学习资源、安装于一体的工作平台。Unity Hub 的核心目的在于整合不同版本的 Unity，使其在同一个应用下运行，帮助用户简化使用 Unity，以及制作游戏项目的流程。Unity Hub 提供了一个用于管理 Unity 项目、简化下载、查找、卸载及管理多个 Unity 版本的工具，能够帮助用户了解并快速上手，如新出的模板功能。

下载 Unity Hub 首先需要登录 Unity 官方网站，单击右上角的"下载 Unity"按钮，进入下载界面。用户可以根据自己的系统情况，选择相应的 Windows、macOS 或 Linux 版本进行下载。

在下载完成后，双击程序文件启动安装流程。Unity Hub 的安装过程与传统软件的安装过程类似，在此不做赘述。

在安装完成后，用户可以看到如图 3-7 所示的 Unity Hub 界面。在界面左上角有一个登录区域，显示的是已经登录的状态。用户初次登录 Unity Hub 需要注册一个 Unity 账号，在注册好后即可登录账号，使用 Unity Hub 的各项功能。

图 3-7　Unity Hub 界面

在 Unity Hub 界面的上方出现了一个感叹号，提示"没有激活的许可证"，表明用户并没有获得使用 Unity 的许可证。

单击"管理许可证"按钮，跳转到如图 3-8 所示的"偏好设置"界面。单击"添加许可证"按钮，跳转到如图 3-9 所示的"添加新许可证"界面，选择"获取免费的个人版许可证"选项，单击"同意并获取个人版授权"按钮，如果领取成功，则会出现许可证的激活和到期时间，如图 3-10 所示。

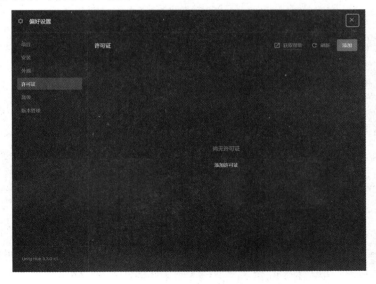

图 3-8　"偏好设置"界面

图 3-9　"添加新许可证"界面

图 3-10　许可证领取成功

3.2.3　Unity 的版本选择

在安装好 Unity Hub 后，用户可以根据自己的需求，选择适合的 Unity 版本，推荐使用 Unity 2022.2.0 版本，在 Unity 的安装过程中单击"Next"按钮即可。Unity 软件相对较大，大概需要 10 分钟的安装时间。

3.2.4　首次运行 Unity 软件

在首次运行 Unity 软件时，首先要做的是注册账号。用户可以通过微信作为 Unity 的联合登录账号。在登录完成后，会出现如图 3-11 所示的"License management"界面，选中"Unity Personal"单选按钮。

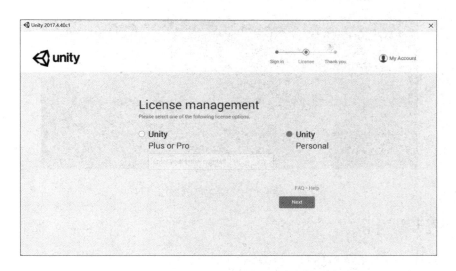

图 3-11　"License management"界面

在选择个人版 Unity 使用权限后，会自动跳出图 3-12 所示的"License agreement"界面。此时用户应该选中第三个单选按钮"I don't use Unity in a professional capacity"，单击"Next"按钮，会跳出一份调查问卷，如实填写即可。

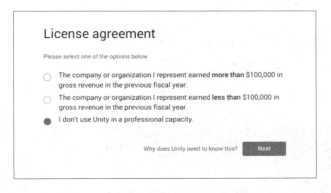

图 3-12　"License agreement"界面

接下来可以看到两个按钮，分别是"New"和"Open"，单击"New"按钮会自动创建一个新的 Unity 项目，单击"Open"按钮会打开既有项目。

1. 新建项目

新建 Unity 项目都是从 Unity Hub 软件开始的。在 Unity Hub 界面（见图 3-7）中，单击"新项目"按钮，新建项目。由于 Unity Hub 可以兼容不同版本的 Unity，因此用户需要选择版本，即先选择编辑器版本，再设置项目名称，然后选择 3D 核心模板，最后创建新项目，如图 3-13 所示。

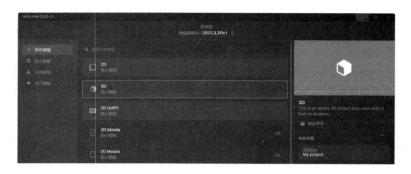

图 3-13　创建新项目的方法

2．打开新项目

打开新项目与创建新项目的方法类似，其核心操作是打开用户在本地的项目文件。用户需要在 Unity Hub 界面（见图 3-7）中单击"打开"按钮，并在弹出的对话框中选择所需的项目文件夹。此时要注意，Unity Hub 打开的是文件夹，而不是单个文件。

3.3　Unity 的窗口布局

Unity 的窗口布局十分直观明了，开放式的布局设计可以让用户自由地分配面板，找到属于自己的风格。Unity 窗口主要由状态栏、菜单栏及常用的视图等组成，如图 3-14 所示。

图 3-14　Unity 窗口

3.3.1　窗口布局

1．软件内置的窗口布局

Unity 的视图可以自由摆放。Unity 内置了 5 种窗口布局，单击窗口右上角的"Layers"下拉按钮，展开下拉列表，如图 3-15 所示。

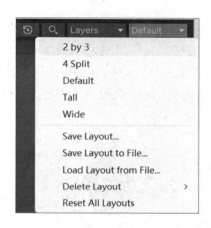

图 3-15　Unity 内置的窗口布局

用户可以根据自己的喜好和设计习惯选择不同的窗口布局进行游戏开发。Unity 内置的 5 种窗口布局分别是 2 by 3、4 Split、Default、Tall 和 Wide，具体描述如表 3-1 所示。

表 3-1　Unity 的窗口布局

布局名称	布局描述
2 by 3	Unity 中的一种经典的布局，将 Game 视图和 Scene 视图上下并排放置，Inspector、Project 和 Hierarchy 视图横向分成三列进行排列
4 Split	呈现 4 个不同视角的 Scene 视图，控制 4 个场景，可以清楚地进行场景搭建
Wide	将 Inspector 视图放在最右侧，将 Hierarchy 视图和 Project 视图放置在一列
Tall	将 Hierarchy 视图和 Project 视图放置在 Scene 视图的下方
Default	在未经任何设置的情况下，进入系统的初始界面布局，即默认布局

2．自定义窗口布局

如果上述窗口布局不能满足开发需求，则用户可以在想要更换位置的视图上按住鼠标左键，将其拖动到指定位置上。这样的操作类似于在 Windows 界面中调整不同应用程序的位置。在布置好窗口布局后，选择"Layers"→"Save Layout"选项，保存这个窗口布局。接下来，用户可以对自己"独特"的窗口布局进行命名，如图 3-16 所示。在命名结束后，单击"Save"按钮，即可在"Layers"下拉列表中看到自定义的窗口布局。

图 3-16　自定义窗口布局命名界面

3.3.2　工具栏

工具栏提供了常用功能的快捷访问方式，主要由 Transform Tools（变换工具）、Transform gizmo Tools（变换辅助工具）、Play（播放控制工具）等控制工具组成。其中，Transform Tools 的核心功能是改变 Scene 视图中各个物体的形状和位置。图 3-17 所示为常见变换工具的功能介绍。

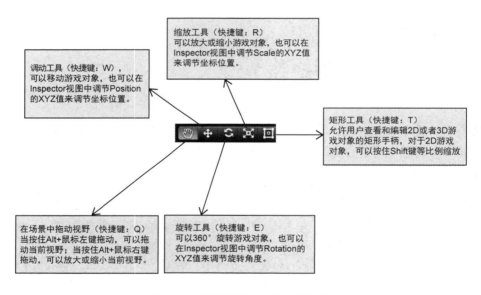

图 3-17　常见变换工具的功能介绍

Unity 窗口正上方的 3 个按钮是播放控制工具，如图 3-18 所示，控制着场景的运行和暂停。最左边的按钮是"播放"按钮，单击这个按钮会运行项目（将所设计的项目场景进行渲染并以游戏运行的状态呈现），Unity 会从 Scene 视图切换到 Game 视图，用户可以在 Game 视图中查看和运行游戏原型。如果用户发现游戏原型中出现问题或想更改某些细节，则可以单击中间的按钮，暂停项目运行，Unity 会从 Game 视图切换到 Scene 视图，让项目从运行状态变为非运行状态。最右边的按钮是逐帧运行按钮。用户在单击此按钮后，可以逐帧查看游戏的细节运行状态。

图 3-18　播放控制工具

3.3.3　常用工作视图

Unity 提供了 5 种不同的视图，用于实现不同类型的功能控制（见图 3-14），分别是 Hierarchy 视图、Scene 视图、Game 视图、Inspector 视图和 Project 视图。

1．Hierarchy 视图

Hierarchy 视图也称层级视图。用户创建的 2D 和 3D 物体都会在 Hierarchy 视图中进行呈现。同时，如果一个 3D 物体由多个子模块组成，那么 Hierarchy 视图中也会展示其层级关系，如图 3-19 所示。

图 3-19　Hierarchy 视图

在 Hierarchy 视图中，用户可以单击"+"按钮创建一些基本的 2D 和 3D 物体，创建 3D 物体的方法如图 3-20 所示。"3D Object"菜单中包含常见的 3D 物体，如 Cube（正方体）、Sphere（球体）、Capsule（胶囊体）等。

当用户选择其中一个 3D 物体时，在 Scene 视图中会出现相应形状的物体模型。用户在选择"Capsule"命令后，Scene 视图中会出现一个胶囊体，如图 3-21 所示。

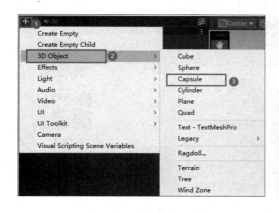

图 3-20　创建 3D 物体的方法

图 3-21　在 Scene 视图中查看创建的胶囊体

2．Scene 视图

Scene 视图也称场景视图，是游戏最终画面的自由视角，会将所有项目中的 2D 和 3D 物体以合适的方式进行呈现。Hierarchy 视图中的所有物体都会在 Scene 视图中进行呈现。在 Scene 视图中，有一些需要注意和掌握的操作。

1）标题栏

Scene 视图的幕后工作离不开标题栏。标题栏如图 3-21 所示，下面从左到右依次介绍。

- Shaded：控制 Scene 视图中的显示，如 GI（Global Illumination，全局光照）、模型网格、渲染等。
- 2D：设置 Scene 视图是 2D 模式还是 3D 模式的。对于 2D 游戏，由于没有 Z 轴的概念，所以无须旋转，这样查看会更方便。
- 太阳图标：是否需要光源。当 Scene 视图太暗时，打开它即可。
- 声音图标：如果 Hierarchy 中有音频（Audio）对象，则在非运行模式下单击此按钮即可听到音频。
- 图片图标：设置与游戏视图相同的渲染信息，如天空盒、雾、动画等。通常不建议打开，因为会造成一定的开销。
- Gizmos：启动或隐藏一些图标，如摄像机图标。
- 搜索框：根据名称模糊搜索游戏对象。

2）Scene 视图中的快捷操作

Scene 视图中的快捷键及操作方法如表 3-2 所示。

表 3-2　Scene 视图中的快捷键及操作方法

基本操作	快捷键/操作方法	Scene 视图按钮
物体平移	按住物体的 3 个坐标轴或者中心位置，进行拖动。按住并拖动坐标轴可以沿着该轴平移，而按住并拖动物体的中心位置可以在三维空间中平移	
物体旋转	单击此按钮，会在物体周围出现 3 条不同颜色的线，选择不同的线条，物体会沿着该线条所在的轴进行旋转	
物体放大/缩小	单击此按钮，会在物体中出现 3 条线，每一条线的终端都是一个小立方体，用户按住并拖动每一条轴的立方体，会在该方向进行单向放大或缩小；按住并拖动物体的中心位置，可以等比例将物体放大或缩小	
视角平移	按住鼠标滚轮，拖动屏幕进行旋转，或单击此按钮进行物体旋转	
视角放大/缩小	滚动鼠标滚轮，往前滚动，视角放大；往后滚动，视角缩小	/
Scene 视角旋转	按住鼠标右键，在屏幕中滑动，实现视角旋转	/

3）坐标系控制器

Scene 视图的右上角是坐标系控制器，如图 3-22 所示。单击 "x" "y" "z" 3 个按钮，会切换 Scene 视图的摄像机朝向；下方的 "Persp" 按钮用来切换摄像机的透视与正交。右上角有个小锁，单击后即可锁定，此时坐标系控制器将无法操作。

图 3-22　坐标系控制器

3．Game 视图

当用户单击窗口正上方的 "播放" 按钮时，会进入 Game 视图，如图 3-23 所示。因为摄像机的缘故，Scene 视图和 Game 视图的观察与呈现视角不同。每个项目都有一个 Main Camera（主摄像机）。主摄像机照射的位置就是 Game 视图需要呈现的画面。Scene 视图不会按照摄像机的拍摄情况呈现，用户可以在 Scene 视图中找到摄像机。那么，如何让 Scene 视图和 Game 视图的视角一致呢？用户可以使用 Hierarchy 视图中的 Main Camera，选择 "Game Object" → "Align With View" 选项实现视角统一。

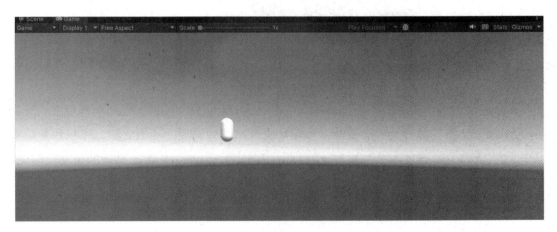

图 3-23　Game 视图

4．Inspector 视图

Inspector 视图也称检视视图，承载着所有游戏对象及资源组件参数的编辑工作。在

Project 视图或者 Hierarchy 视图中任意选择一个游戏对象或者资源，Inspector 视图都会列出它的详细属性，如图 3-24 所示。选择的游戏对象不同，Inspector 视图中呈现的内容也不同。其中，大部分游戏对象都有标题栏，Inspector 视图也有（见图 3-24 中标示的①处）。标题栏上下分为两行，下面按照从左到右、从上到下的次序介绍。

- 立方体下拉按钮：用于给游戏对象选择一个特殊的标志，可以在 Scene 视图中快速定位到它。
- "Capsule"复选框：设置激活状态。如果未勾选，则此游戏对象不会显示在 Scene 视图或者 Game 视图中。
- 输入框：设置游戏对象的名称。
- "Static"复选框：设置游戏对象是否为静态属性。静态属性包括烘焙、遮挡剔除、剔除等。
- Tag：给游戏对象设置标签，用于动态获取代码或者判断逻辑。
- Layer：给游戏对象设置一个层，用于设置摄像机是否显示某个层，或者单击事件不响应在某个层上。

Inspector 标题栏的下方是组件栏（见图 3-24 中标示的②处）。每个组件上都有一些参数可以选择或者设置，如 Transform 组件，所有游戏对象都有这个组件，并且无法删除，用来记录游戏对象在 3D 世界中的坐标、旋转和缩放信息。

用户也可以通过 Inspector 视图中的"Add Component"按钮来添加其他组件，如刚体（Rigidbody）。

5．Project 视图

Project（项目）视图也称资源视图，用于存放 Unity 整个项目工程的所有资源。资源分为两部分，第一部分为外部资源，如图片资源、模型资源、动画资源、视频和音频资源。这些资源的特点是：它们并非使用 Unity 创建的，而是由外部工具做的模型及贴图，或者业内达成共识的通用格式资源。第二部分是内部资源，即必须使用 Unity 创建，并且这部分资源只有放在 Unity 中才能被识别。

创建内部资源的方法是：在 Project 视图中单击"Create"按钮，弹出资源菜单，如图 3-25 所示。在该菜单中可以创建的资源有脚本、场景、预制体、材质、动画控制器等，这些资源在游戏中都发挥着非常重要的作用。

在 Project 视图中，可以通过搜索框搜索资源（见图 3-25 中标示的②处）。

图 3-24　Inspector 视图

图 3-25　资源菜单

3.4　实例演示：创建静态虚拟人物

在 Unity 中创建虚拟人物是很多初学者的必修课。通过学习本节，用户可以使用 Unity 中自带的基本 3D 物体进行人物设计，同时学习如何将摄像机与基本物体绑定从而形成第一人称视角。

3.4.1　利用基本物体创建静态虚拟人物

在 Unity 中创建一个新项目，在 Hierarchy 视图中先添加一个 Capsule（胶囊体）和一个 Cube（正方体）。具体操作步骤为：在 Hierarchy 视图中，单击"+"按钮，选择"3D Object"→"Cube"命令，再次单击"+"按钮，选择"3D Object"→"Capsule"命令。Scene 视图中会出现一个正方体和一个胶囊体，它们都处于初始状态，没有任何外观或贴图改变。适当调整正方体和胶囊体的大小和位置，并将其做成图 3-26 所示的简易小人造型。这个小人的身体和脸部是分开的，并不是一个整体，如果想改变小人的位置，则必须逐个移动物体，这样操作非常麻烦。

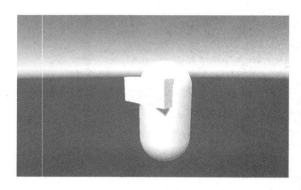

图 3-26　简易小人造型

在 Unity 中，创建空物体（Create Empty）能够帮助用户将两个分散的物体合并成一个物体。在 Hierarchy 视图中，单击"+"按钮，选择"Create Empty"命令，会自动生成一个"GameObject"空物体。通过在 Scene 视图中观察这个物体可以发现，这个物体并没有任何可视化呈现，但是可以进行位置移动。

选中 Hierarchy 视图中的正方体和胶囊体，按住鼠标左键并将其拖动到空物体的下方，正方体和胶囊体就成了空物体的子对象，如图 3-27 所示。在完成物体拖动后，用户可以在 Scene 视图中发现，两个物体现在已经合并为一个整体，调整这个整体的位置、大小和形状比例。

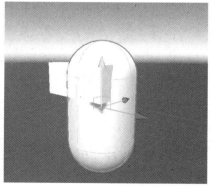

图 3-27　将多个物体合并为一个整体

3.4.2　绑定摄像机以实现第一人称视角的简单运动

通过上面的例子不难看出，利用空物体来将多个物体进行结合，这里面就包含主摄像机。在 Unity 开发的诸多成功游戏案例中，大多数游戏场景都以第一人称视角出现，用户通过鼠标和键盘的配合进行游戏。第一人称视角的实现离不开摄像机与物体的联动配合。接下来让我们看看如何绑定摄像机，实现第一人称视角的简单移动。实现的代码会在第 7 章中讲解，本章只做简单介绍。

首先，将 Main Camera 移动到 GameObject 下方，使 Main Camera 成为 GameObject 的一个子对象；然后调整 Main Camera 的具体位置，将其放在简易小人的头部，如图 3-28 所示。通过主摄像机发出的射线可以看出目前摄像机正对着屏幕的左边。

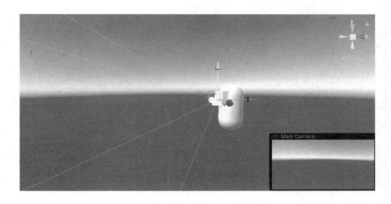

图 3-28　Main Camera 与简易小人的整合

接下来创建简易场景，如一个简易的迷宫。使用平面、正方体创建一个简易的场景，并将创建完成的 GameObject 拖动到场景中的合适位置上，第一人称视角下的 Scene 视图和 Game 视图如图 3-29 所示。

图 3-29　第一人称视角下的 Scene 视图和 Game 视图

接下来，为 GameObject 添加代码。首先在 Project 视图中选择"Create"→"C# Script"命令，创建 Move.cs 脚本；然后系统会根据目前用户的系统状态，打开 Visio Studio 或者记事本，在相应软件中添加代码。请注意，下方代码一定要添加在 Update()方法中。

```
if (Input.GetKeyDown(KeyCode.W))
{
    this.transform.Translate(0, 1, 0);
}
if (Input.GetKeyDown(KeyCode.A))
{
    this.transform.Translate(-1, 0, 0);
}
if (Input.GetKeyDown(KeyCode.D))
{
    this.transform.Translate(1, 0, 0);
}
if (Input.GetKeyDown(KeyCode.S))
{
    this.transform.Translate(0, -1, 0);
}
```

上述代码的意思是，如果用户单击了"W""A""D""S" 4 个按钮，则系统会自动识别并根据相应的分支代码进行操作。this.transform.Translate(x, y, z)的意思是让接收这个代码的物体沿着某个方向移动若干个单位的距离。这里的 x,y,z 具有正负值的区别，数值为正表示物体向某个轴的正方向移动，反之则向负方向移动。

代码编写完成之后，可以将其添加到 GameObject 中。方法是将代码整体拖动到 Inspector 视图的 GameObject 中。在运行 Unity 时，用户单击相应按钮，执行相应代码，即可实现第一人称视角的移动（详见附录 A）。

3.5 在 Unity 项目中导入资源

在 Unity 中，资源可以表示 Unity 项目中用来创建游戏或应用的任何项，代表项目中的视觉或音频元素，如 3D 模型、纹理、精灵、音效或音乐。此外，资源还可以表示更抽象的项目，如任何用途的颜色渐变、动画遮罩、文本或数据。资源可能来自 Unity 外部创建的文件，如 3D 模型、音频文件、图像。用户可以在 Unity 编辑器中创建一些资源类型，如 ProBuilder Mesh、Animator Controller、Audio Mixer（混音器）或 Render Texture
（渲染纹理）。

在 Unity 中，为了快速创建丰富多彩的 VR 场景，用户需要善于利用现有的资源。
Unity 支持两种不同的资源导入方式，分别是本地导入和在线导入。

3.5.1　本地资源导入

本地资源导入很简单，用户可以右击"Assets"菜单，在弹出的快捷菜单中选择
"Import New Asset"命令，并对本地资源进行导入。导入的资源会出现在 Project 视图中，
如图 3-30 所示。部分预制体或贴图可以可视化预览，用户可以快速找到相应的资源。如
果要在 Scene 视图中使用相关的资源，则可以直接选中某一个资源，并将其拖动到 Scene
视图中。当然，部分资源不支持该导入方式，后续章节会有专门的操作讲解。

图 3-30　本地资源导入

3.5.2　在线资源导入

Unity 自带大量免费或付费的在线资源，用户可以在 Asset Store 中选择相应的资源
进行在线导入。在"Window"菜单中选择"Asset Store"命令，在弹出的新网页中显示
Unity Asset Store 的相关内容，如图 3-31 所示。资源商店中包含 3D 和 2D 素材，以及在
VR 设计过程中用到的功能插件、音频、模板等资源。其中，3D 素材包括道具、动画、
环境、交通工具、角色、植物、GUI 等。用户也可以在 Unity Asset Store 界面的最上方，
用中文或英文的方式输入关键词，对想获得的素材主题进行搜索。

目前 Unity Asset Store 中共有 8000 多种免费资源，如果用户需要免费资源，则可以

在筛选条件中选择"免费资源"或者将费用调整到"0-0"。

图 3-31　Unity Asset Store

在选择好资源后,单击"添加至我的资源"按钮,如图 3-32 所示,即可将资源下载并添加到 Unity 项目中。当然,有的时候用户会发现部分资源无法添加到资源列表中,原因在于用户当前计算机的 Unity 软件版本过低,或者不支持这个资源的运行或渲染。

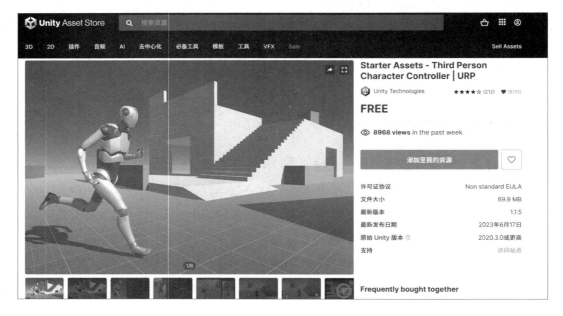

图 3-32　单击"添加至我的资源"按钮

本章小结

　　本章重点讲解了 Unity 的下载、安装和基本用法。请读者重点关注 Unity 中物体的移动、大小变换、空物体使用，以及资源导入等操作方法。通过对本章的学习，读者能够掌握 Unity 的基本方法，在 Unity 中创建新项目，并在新项目中创建若干个有层次的基本物体的方法，以及导入在线资源或本地资源的方法。

习题

1．请下载安装 Unity Hub 和相应的 Unity 编辑器。
2．请利用 Cube 创建一个简易的房间，并导入 3.4 节中的代码，在创建的房间中漫游。

第 **4** 章

Unity 中的地形

在 Unity 中最重要的部分是场景设计，包括场景的规划、地形设计、河流山谷设计、森林设计等。Unity Editor 包含一组内置的地形组件，可以创建多个地形瓦片，调整景观的高度或外观，并为景观添加树或草。在运行时，Unity 会优化内置的地形渲染以提高效率。本章将介绍地形组件可用的各种内置选项，以及制作地形的常用插件。

4.1 Unity 地形编辑工具

Unity 内置的地形（Terrain）组件可以支持开发者创建非常复杂的地形，包括山脉、山谷、河流、湖泊等。开发者可以通过调整地形的大小和高度，添加纹理、树木、植物和水体来实现想要的效果。Terrain 组件允许开发者根据自己的设计需求，使用非代码、可视化的方法编辑地形的外形、高度、贴面，以及地形上方的树木花草。

4.1.1 在 Unity 中创建地形

在 Unity 中创建一个新的项目，项目名称可以自主命名。在新项目中，创建 Terrain 的方法是：单击菜单栏中的"GameOject"按钮，选择"3D Object"→"Terrain"命令，或者在 Hierarchy 视图中单击"+"按钮，选择"3D Object"→"Terrain"命令，如图 4-1 所示。

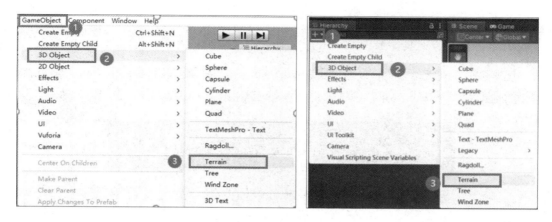

图 4-1　Terrain 的创建方法

在 Scene 视图中，调整场景中摄像头的角度，正对创建的 Terrain，Terrain 对象就可视化呈现出来了，其外观为灰白相间的格子，如图 4-2 所示。

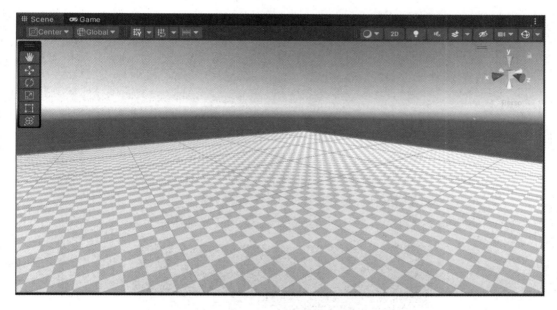

图 4-2　Terrain 的可视化呈现效果

补充:

在 Unity 场景编辑器中控制模型移动的方法如下。

模型的旋转: Alt/Option+鼠标左键。

模型的平移: Alt/Option+鼠标中键。

模型的缩放: Alt/Option+鼠标右键。

4.1.2　地形编辑工具

选中创建的地形，Inspector 视图提供了许多工具，开发者可以使用这些工具创建细节化的地形特征。Inspector 视图中的地形编辑工具如图 4-3 所示[44]。

图 4-3　地形编辑工具

图 4-3 中的编辑工具说明如下。

（Create Neighbor Terrains）：创建相邻的地形，可以向前、后、左、右拓展。

（Paint Terrain）：雕刻和绘制地形，可以提高/降低地形高度、刷贴图、提高平滑度等。

（Paint Trees）：绘制树木。

（Paint Details）：绘制花、草、岩石等细节。

（Terrain Settings）：更改所选地形的常规设置。

4.1.3　地形设置

在创建地形后，Unity 会采用默认地形的大小、宽度、厚度、图像分辨率、纹理分辨率等。这些数值是可以通过地形设置工具（Terrain Settings）修改的。

单击"Terrain Settings"按钮，打开地形参数菜单，如图 4-4 所示。

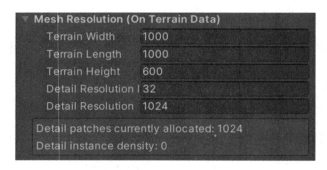

图 4-4　地形参数菜单

地形参数的功能如表 4-1 所示。

表 4-1　地形参数的功能

参数	功能
Terrain Width	地形的宽度（地形对象在 X 轴上的大小，以世界单位表示）
Terrain Length	地形的长度（地形对象在 Z 轴上的大小，以世界单位表示）
Terrain Height	地形的高度（可能高度贴图的最低值与最高值之间的 Y 轴差异，以世界单位表示）
Detail Resolution Per Patch	单个面片（网格）中的单元格数量。该值经过平方后形成单元格网格，且必须是细节分辨率的除数
Detail Resolution	细节分辨率，控制草和细节网格地图的分辨率。数值越高，效果越好，相对也越消耗机器性能，开发者可以根据情况进行适当的调节

开发者可以动态地修改相关参数（把 Terrain Length、Terrain Width 设置成 200，Terrain Height 设置成 60），看一下地形发生了什么样的变化。

4.1.4　绘制地形

单击"Paint Terrain"按钮，显示其工具列表，如图 4-5 所示。

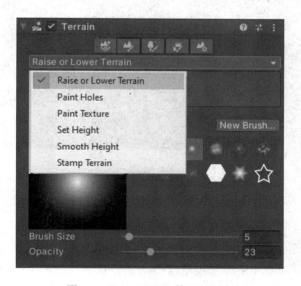

图 4-5　Paint Terrain 的工具列表

Terrain 组件提供了以下工具。

- Raise or Lower Terrain：使用画笔工具绘制高度贴图。
- Paint Holes：隐藏地形的某些部分。
- Paint Texture：应用表面纹理。

- Set Height：将高度贴图调整为特定值。
- Smooth Height：平滑高度贴图以柔化地形特征。
- Stamp Terrain：在当前高度贴图上标记画笔形状。

1. Raise or Lower Terrain 工具

单击"Paint Terrain"按钮，在下拉列表中选择"Raise or Lower Terrain"选项，如图 4-6 所示。从面板中选择画笔，在地形对象上按住鼠标左键并拖动鼠标可以提高地形的高度，在按住 Shift 键的同时拖动鼠标可以降低地形的高度。

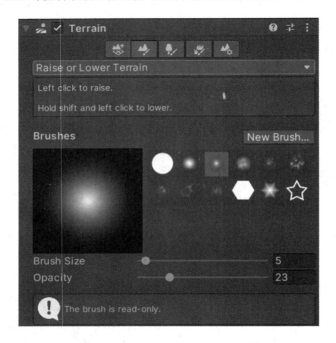

图 4-6　Raise or Lower Terrain 工具

利用 Raise or Lower Terrain 工具，开发者可以设置画笔的形状、大小和地形的不透明度。

- Brushes：定义画笔的形状和影响强度。Unity 有一组内置的画笔，包括用于快速草绘设计的简单圆圈和用于表现细节与自然外观特征的随机的散射形状。
- Brush Size：控制画笔的大小以创建从庞大的山脉到微小细节的不同效果。
- Opacity：确定将画笔应用于地形时的强度。Opacity 值为 100 表示将画笔设置为全强度，值为 50 表示将画笔设置为半强度。

下面绘制山脉地形。选择"Raise or Lower Terrain"选项，选择 Brushes 下的不同笔刷样式，设置不同的 Brush Size。在 Scene 视图中，单击或者按住鼠标左键拖动 Terrain

对象，以绘制不同的山脉和细节。

2．Set Height 工具

在选中 Terrain 对象后，单击"Paint Terrain"按钮，在下拉列表中选择"Set Height"（设置高度）选项，将 Height（高度）设置成 5，Brush Size（笔刷大小）设置成 50，单击"Flatten"按钮，此时整个地形会向上抬高 5 个单位。将地形抬高的目的是在地形上创造深度。

下面降低地形高度以制作湖泊。选择"Raise or Lower Terrain"选项。在 Scene 视图中，在按住 Shift 键的同时按住鼠标左键拖动 Terrain 对象可以降低地形的高度，从而制作出一个湖泊。

在使用 Set Height 工具进行绘制时，当前高于目标高度的地形区域会降低，而低于该高度的区域会升高。Set Height 可以在场景中创建平坦的水平区域，如高原或人造地形特征（道路、平台和台阶）。

3．Smooth Height 工具

Smooth Height 工具可以平滑高度贴图并柔化地形特征。在选中地形对象后，在 Inspector 视图中单击"Paint Terrain"按钮，在下拉列表中选择"Smooth Height"（平滑高度）选项，选择 Brushes 下的不同笔刷样式。在 Scene 视图中，按住鼠标左键并拖动 Terrain 对象，柔化地形的高度差，使地形的起伏更加平滑。

4．Paint Texture 工具

Paint Texture 工具是绘制地形纹理的工具。在选中 Terrain 对象后，在 Inspector 视图中单击"Paint Terrain"按钮，在下拉列表中选择"Paint Texture"（绘制地形纹理）选项。单击"Edit Terrain Layers"按钮，选择"Create Layers"（添加地形图层）选项，在弹出的"Select Texture2D"对话框中选择相应的地形纹理。添加的第一个地形图层将使用配置的纹理填充地形。开发者可以添加多个地形图层。

5．导入环境资源包

地形编辑工具使用的地形纹理、树木、花草、水体等资源在环境资源包中，开发者需要导入环境资源包，导入方法是：单击"Assets"按钮，选择"Import Package"→"Environment"命令，如图 4-7 所示。如果没有环境资源包，则可以选择"Import Package"→"Custom Package"命令，在文件浏览窗口中导入离线的 Environment.unitypackage 即可。在导入后

如果报错，则双击错误提示，修改相应的脚本（修改方法详见本章补充资料）。在修改完成后，游戏能够运行即成功。

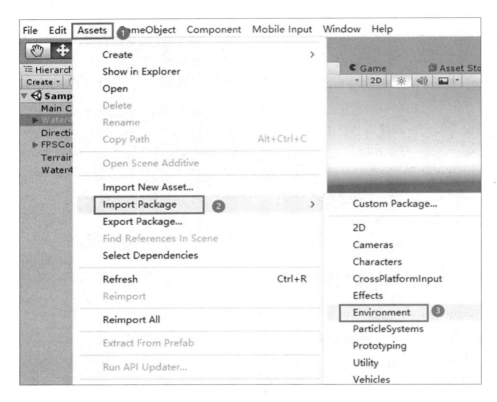

图 4-7　导入环境资源包

4.1.5　绘制树木与花草

在选中 Terrain 对象后，在 Inspector 视图中，单击"Paint Trees"按钮，单击"Edit Trees"按钮，选择 "Add Trees"选项，在弹出的"Add Trees"对话框中选择相应的树木预制体，完成树木预制体的添加。开发者可以调整绘制树木的笔刷大小（Brush Size），以及种植树木的"Tree Density"，如图 4-8 所示。返回 Scene 视图，按住鼠标左键并拖动预制体即可在地形上添加树木。

在 Inspector 视图中，单击"Paint Details"按钮，单击"Edit Details"按钮，选择"Add Grass Texture"选项，在弹出的"Add Grass Texture"对话框中选择相应的花草预制体，完成花草预制体的添加。返回 Scene 视图，单击或者按住鼠标左键并拖动预制体即可在地形上添加花草。

图 4-8　添加树木

4.1.6　添加水效果

在 Project 视图中，选择"Assets"→"Standard Assets"→"Environment"→"Water"→
"Prefabs"选项，将名为 WaterProDaytime 的水效果预制体拖动到 Scene 视图中地形的坑
中，调整水效果预制体的位置，使其覆盖整个坑。整体的地形和湖泊效果如图 4-9 所示。

图 4-9　整体的地形和湖泊效果

4.2 Unity 制作地形的常用插件

4.2.1 Gaia

Gaia 是一款一站式地形制作插件，能够基于灰度图算法自动生成所需的地形场景，使地形和景观的生成变得更快、更有趣。此外，Gaia 还是一个功能强大的世界生成、优化和流媒体系统，可以在几分钟内为移动设备、虚拟现实、控制台和桌面创建令人惊叹的地形，示例如图 4-10 所示。

图 4-10 Gaia 制作的地形

Gaia 中最新的批量化内容生成技术，让刚接触游戏开发的新手们也能高效地创造出理想的环境与场景。这款由 Adam Goodrich 打造的插件已成为 Asset Store 中最受欢迎的地形资源之一。

Gaia 能够为开发者提供从艺术家驱动到完全程序化的工作流程，以及简单、快速、漂亮的地形成型、贴图、种植和摆放，适用于从低端多边形风格化环境到高端照片写实环境的各种环境。

Gaia 将许多昂贵而复杂的系统集成到一个简单的向导式系统中，能够自动完成制作可玩关卡所需的大部分工作，节省时间和成本。

Gaia 支持 AI/ML（人工智能/机器学习）。Procedural Worlds 公司与 Intel 公司合作发布了 Gaia ML，作为 Intel 人工智能游戏开发工具包的一部分，制作了《天顶星》、《最后纪元》和 *Crowfall* 等多款游戏，与 Gaia Pro 2021 直接兼容。Gaia 被广泛应用于教育、国防，甚至美国国家航空航天局（NASA）也在使用 Gaia。Gaia 一直是 Asset Store 中最受欢迎的工具之一，并在 2020 年 Unity 大奖中被评为"最佳艺术工具"。

4.2.2　TerrainComposer2

TerrainComposer2（简称 TC2）是一款利用节点制作地形的收费插件，也是一个功能强大的、基于节点的多地形图块生成器，可以在 Asset Store 中下载[45]。开发者可以很容易地用它制作惊艳的地形。

TC2 利用最新的 GPU 技术为开发者提供实时结果，使创建地形比以往更快、更容易。TC2 的文件夹（如图层系统和工作流程）与 Photoshop 相似，可以实现完全控制并在工作流程中的任何时间进行快速更改。

TC2 不仅对简洁性、可用性等方面给予了极大的关注，而且在功能、自由度、扩展能力、多样性等性能方面都有极大的提升。TC2 是真正的"下一代"地形工具，可以在 GPU 上生成地形，使其能够以每秒多帧的速度创建和更新地形，甚至将地形制作成动画。这为实时传输打开了大门。

TC2 是一个无限制的混合工具。有了 TC2，开发者可以创造出令人身临其境的多样性场景。在 TC2 中，一切都可以分组，分组后又可以分组，每个组都可以进行遮罩和变换。任何组或节点都可以先拖动到项目中保存为预制件，再拖动到 TC 节点窗口的任何地方。因此，开发者在工作流程中可以随时对任何组进行调整，无须等待。

TC2 可以制作具有统一纹理和位置的漂亮地形，但地形的与众不同之处在于它的多样性。为了不让用户感到无聊，开发者需要动态开发地形，而使用 TC2 可以创建无限的小型和大型生物群落，使得一切皆有可能。

4.2.3　WorldComposer

WorldComposer 是一个从真实世界提取高度贴图数据和卫星图像的工具，使用必应地图，和微软模拟飞行 2020（Microsoft Flight Simulator 2020）一样。WorldComposer 是一款收费插件，可以单独运行或者作为 TerrainComposer 的扩展。开发者可以在 Asset Store 中下载 WorldComposer[46]。

WorldComposer 允许用户自行创建地形，导出的高度贴图（如图章）和卫星图像也可以用于其他地形编辑工具，如 TerrainComposer 2、Gaia、WorldMachine、MapMagic、WorldCreator 等。WorldComposer 功能强大，开发者通过简单的操作即可创建高分辨率 AAA 质量的近乎真实的地形。

WorldComposer 有一个独一无二的阴影删除工具。卫星图像总是有阴影的，如果在游戏或模拟器中直接使用卫星图像，为配合此阴影，则需要把太阳放在一个固定的位置。WorldComposer 的阴影删除算法有更好的效果，而且允许有白天和黑夜周期。

WorldComposer 能够像 Google 地图一样提供滚动和缩放功能，开发者可以创建多个区域，每个区域显示真实世界的几千米。卫星图像可以导出到缩放级别 19，每个像素的分辨率为 0.3 米；海拔数据可以导出到缩放级别 14，每个像素的分辨率为 10 米。

WorldComposer 仅输出海拔高度图（Elevation Heightmaps）和卫星图像（Satellite Images），可以用于创建看起来像真实世界的地形，如图 4-11 所示。

图 4-11　官方展示的 WorldComposer 插件内容图片

WorldComposer 与 TerrainComposer 组合使用可以混合/修改海拔高度图或者增加 perlin 噪点以增强细节，如把卫星图像与图片纹理混合、增加云的阴影等；还可以在上面放置树木、花草及其他对象，以进行无限制的调整和编辑。

4.2.4　利用在线资源商店构建地形

对初学者来说，设计一个复杂的地形非常困难，此时可以借助在线资源商店（Asset Store）中现有的地形系统，对其进行适当的优化或改造来达成设计目标。Asset Store 为开发者提供了诸多免费或付费的地形系统，开发者可以根据自己的需求，选择适合的地形系统来丰富自己的 VR 场景。本节将以"走进森林系统"为主题，运用 Asset Store 中的"MicroSplat"地形系统设计一个虚拟的森林系统。

首先，创建一个新的项目，在"Window"菜单中选择"Asset Store"选项，Asset Store 目前全部为网页版本，不直接在 Unity 中嵌入。在新网页中，开发者可以将"Terrain"或者"地形"作为关键词进行资源搜索，搜索结果如图 4-12 所示。

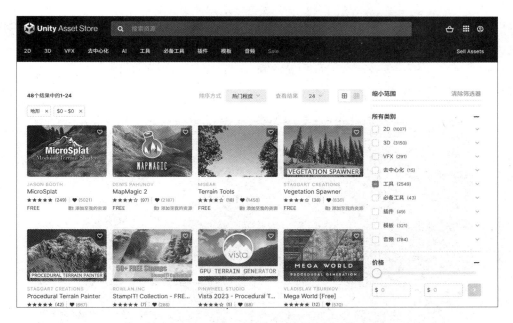

图 4-12　在 Asset Store 中搜索"Terrain"的结果

单击"添加至我的资源"按钮，将相应的地形系统资源添加到 Unity 项目中。在弹出的"Package Manager"界面中，开发者可以查看该地形系统的相关信息，包括发布时间、支持 Unity 系统的版本及资源简介。开发者在确认无误后，单击界面右上方的"Download"按钮下载资源，如图 4-13 所示。在下载完成后，单击"Import"按钮，将下载好的资源全部导入到 Unity 项目中。

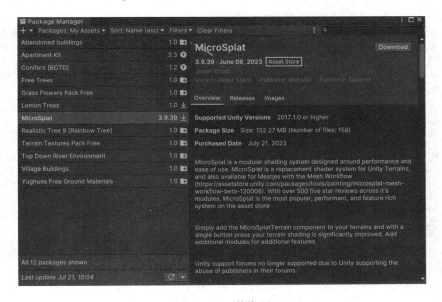

图 4-13　下载资源

在所有资源导入成功后，开发者就可以在 Unity 项目的 Project 视图中看到相关资源列表了。列表会按照资源的类型将其分为 Prefab（预制体）、Texture（贴图）等，开发者可以根据自己的需求选择适合的素材搭建场景。图 4-14 所示为运用 MicroSplat 搭建的一个地形场景。

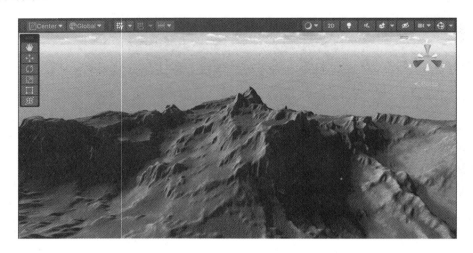

图 4-14 运用 MicroSplat 搭建的一个地形场景

开发者可以将自己在 3D Max 中创建好的地形或其他资源导入到系统中，选择"Assets"菜单中的"Import Packages"或者"Import Assets"命令，即可对需要的资源进行导入与使用。图 4-15 所示为"chapter4terrain"项目利用导入的废旧建筑资源搭建的场景，可以通过资源列表进行查看。

图 4-15 整合其他资源进行场景搭建

MicroSplat 的地形混合模块允许开发者将对象与地形平滑混合，无须使用自定义着色器、自定义网络或者复杂设置，只需向对象添加一个组件，即可与其下方的地形混合。

本章小结

本章重点讲解了 Unity 软件中的地形编辑工具——Terrain。地形系统使虚拟环境中的山峰、峡谷、高原、盆地等虚拟地形得以实现。通过对本章的学习，读者能够掌握基本的地形创建方法、地形美化方法，如抬升地形、降低地形、柔化地形、给地形添加图层等操作，以及借助现有的在线或离线资源来进行地形系统的设计。从整体上看，本章的学习难度不大，但需要读者掌握的操作步骤较多。

习题

1. 请按照图 4-16 所示的界面，创建一座山，并在山上"挖掘"一个"深坑"。

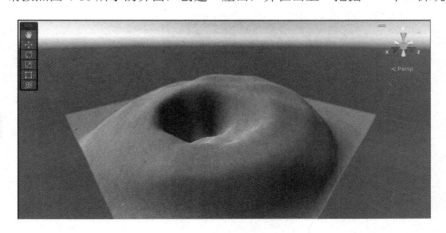

图 4-16 习题样例

2. 请以"郊外森林别墅"为主题，利用 Asset Store 及其他资源，设计一套地形系统。

补充：导入环境资源包错误处理

Unity 2019 及以上版本不再提供环境资源包，开发者需要通过"Assets"菜单中的"Import Package"→"Custom Package"命令，在文件浏览窗口中选择离线的 Environment.unitypackage。导入后的错误提示如图 4-17 所示。

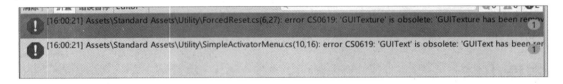

图 4-17 导入环境资源包后的错误提示

双击第一条错误提示，打开相应的脚本进行修改。图 4-18（a）所示为错误原因，即 GUITexture 已过时，需要将其修改为 Image，如图 4-18（b）所示。

```
using UnityEngine;
using UnityEngine.SceneManagement;
using UnityStandardAssets.CrossPlatformInput;

[RequireComponent(typeof (GUITexture))]
⊕ Unity 脚本 | 0 个引用
public class ForcedReset : Mon
{
    ⊕ Unity 消息 | 0 个引用
    private void Update()
    {
        // if we have forced a reset ...
        if (CrossPlatformInputManager.GetButtonDown("ResetObject"))
        {
            //... reload the scene
            SceneManager.LoadScene(SceneManager.GetSceneAt(0).name);
        }
    }
}
```

⚡ [弃用的] class UnityEngine.GUITexture
CS0619: "GUITexture"已过时:"GUITexture has been removed. Use UI.Image instead."

（a）错误原因

```
using System;
using UnityEngine;
using UnityEngine.SceneManagement;
using UnityEngine.UI;
using UnityStandardAssets.CrossPlatformInput;

[RequireComponent(typeof (Image))]
⊕ Unity 脚本 | 0 个引用
public class ForcedReset : MonoBehaviour
{
    ⊕ Unity 消息 | 0 个引用
    private void Update()
    {
        // if we have forced a reset ...
        if (CrossPlatformInputManager.GetButtonDown("ResetObject"))
        {
            //... reload the scene
            SceneManager.LoadScene(SceneManager.GetSceneAt(0).name);
        }
    }
}
```

（b）修改后的脚本

图 4-18 第一条错误提示

双击第二条错误提示，打开相应的脚本进行修改。图 4-19（a）所示为错误原因，即 GUIText 已过时，需要将其修改为 Text，如图 4-19（b）所示。

114

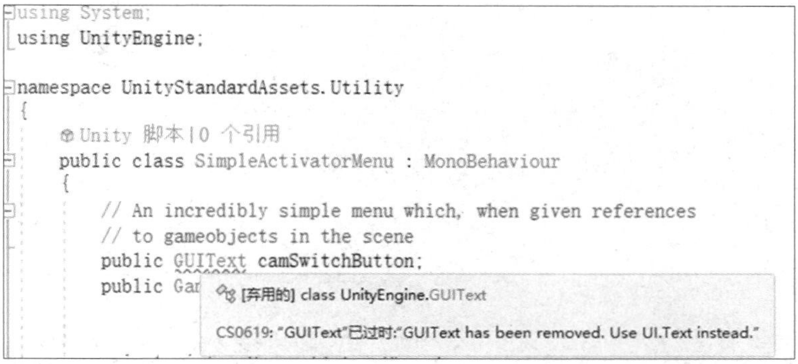

```
using System;
using UnityEngine;

namespace UnityStandardAssets.Utility
{
    @Unity 脚本 | 0 个引用
    public class SimpleActivatorMenu : MonoBehaviour
    {
        // An incredibly simple menu which, when given references
        // to gameobjects in the scene
        public GUIText camSwitchButton;
        public Gar
```

⚙ [弃用的] class UnityEngine.GUIText

CS0619: "GUIText"已过时:"GUIText has been removed. Use UI.Text instead."

（a）错误原因

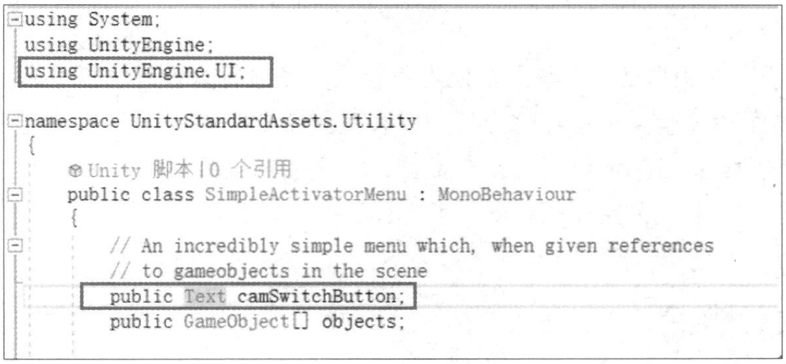

```
using System;
using UnityEngine;
using UnityEngine.UI;

namespace UnityStandardAssets.Utility
{
    @Unity 脚本 | 0 个引用
    public class SimpleActivatorMenu : MonoBehaviour
    {
        // An incredibly simple menu which, when given references
        // to gameobjects in the scene
        public Text camSwitchButton;
        public GameObject[] objects;
```

（b）修改后的脚本

图 4-19　第二条错误提示

第 **5** 章

材质基础

Unity 开发的 VR 项目，除了需要使用户看到的场景符合设计者的意图，还需要使场景中的物体表面和环境发生特定的交互，以表现出特定的外观颜色。材质通过对所用纹理的引用、平铺信息、颜色色调等来定义物体表面的渲染方式，即材质确定了物体表现应该如何被渲染。本章主要介绍材质与着色器。

5.1 基本概念

Unity 的实际操作过程（如烘焙光照贴图、PBR 材质制作等）会经常涉及材质、着色器、纹理，Unity 编辑器的参数设置也会经常出现与其相关的操作。本节将介绍这 3 个基本概念及其之间的关系。

5.1.1 材质的概念

材质（Material）用于描述物体的形态和表面，而在 Unity 中，使用网格（Mesh）描述形态，使用材质描述表面，包括外观、色彩、纹理等。

材质就像现实世界中的材料，不同的材料具有不同的物理属性，如颜色、纹理、光滑度、发光度、透明度等。在数字世界中，材质也具有对应不同维度的描述，相当于一个数据的集合，包括纹理和数值。材质将数据交由着色器处理，并由着色器在游戏引擎中进行呈现。讨论材质本质上是讨论其应用的着色器对材质的属性设置，即为着色器提供的数据。

5.1.2 着色器的概念

着色器（Shader）是一种用于渲染 3D 图形的技术，开发者可以自定义显卡渲染画面的算法，使画面达到想要的效果。着色器是一段嵌入到渲染管线中的程序，可以控制 GPU 运算图像效果的算法。

着色器就像材质的滤镜，决定了材质的表现形式。着色器由包含数学计算和算法的脚本组成，根据光照输入和材质来计算每个像素渲染的颜色。对于大多数表面的渲染（如角色、景物、环境、实体和透明游戏对象、硬表面和软表面），标准着色器通常是最佳选择。这是一种高度可定制的着色器，能够以高度逼真的方式渲染多种类型的表面。

5.1.3 纹理的概念

纹理（Texture）是附加在物体表面的贴图，是应用在网格表面上的位图图像。在 Unity 中，开发者可以从常见的图像文件格式中导入纹理，支持的文件格式有 GIF、HDR、JPG、PNG、IFF、TGA、PSD 等。

纹理是材质的基本单位，能够提供某一物理维度的数据（如颜色、粗糙度等）。纹理由像素组成，而图像通常具有 RGBA（红色、绿色、蓝色、Alpha）4 个通道，每个通道中的每个像素都有其像素值（0～255），所以每个像素点都可以用来描述模型对应区域的物理属性。

材质可以包含对纹理的引用，因此材质的着色器可以使用纹理来计算游戏对象的表面颜色。除了游戏对象表面的基本颜色（反照率），纹理还可以表示材质表面的其他属性，如反射率和粗糙度。

5.1.4 基于物理的渲染：PBR 理论

PBR（Physically Based Rendering）即基于物理的渲染，是一套能够使光线在物体表面更加精确呈现的着色和渲染方法，能够使虚拟物体达到接近真实世界中的材质表现。

由于 PBR 基于物体在现实世界中的物理属性对材质进行描述，所以在材质构建过程中，开发者需要为 PBR 着色器提供不同物理维度的数据，这些数据通常使用纹理来承载，包括颜色、光滑度、反射率等。在得到这些物理数据（纹理）后，物体就能在不同的光照环境下正确地呈现出与之匹配的表现了。

使用 PBR 进行材质制作的优势如下[47]。

- 对材质的制作不再基于估测,因为 PBR 的理论和算法基于物理上的精确公式,更容易创建真实的材质资源。

- 模型材质在任意光照条件下都能准确反映其光照表现,开发者只需对材质进行一次创作,物体便能呈现与之对应的光照表现。

- PBR 为材质的制作提供了一个标准工作流程,即无论是专门的材质制作软件(Substance Painter、Marmoset Toolbag),还是 Unity 中的材质设置,都能基于 PBR 的理论制作材质。

开发者在使用 PBR 时,无须掌握其背后复杂的机制和算法,只需认识到要创作一个真实的 PBR 材质,需要为材质提供不同物理维度的贴图即可。这种认识体现在 Unity 材质上,是指在设置材质参数时为其指定 Metallic Map、Normal Map 等贴图,提供的贴图类型越多、越精确,得到的材质表现越真实。Unity 有一个最标准的内置 PBR 着色器,包含许多重要的参数,将在 5.2 节展开介绍。

5.1.5 材质、着色器与纹理的关系

图形资源可以分为纹理、着色器和材质,其中,纹理和着色器应用于材质,材质是应用于模型的着色器和纹理的容器,材质的着色器在计算模型的表面颜色时要使用纹理。

假设有一块木头,木头的物理性是其网格,颜色和可见的元素是它的纹理。现在往木头上浇一些水,木头的网格还是原来的网格,但现在看上去木头稍微暗了一点且富有光泽。这个假设中有两个"着色器":干木头和湿木头。虽然湿木头"着色器"使它看起来有些不同,但实际上并没有改变。

在实际操作中会存在多种材质使用相同纹理,或者多种材质使用一种或多种着色器的情况。例如,两辆汽车使用了 3 种材质、两种着色器和一种纹理,如图 5-1 所示[48]。

该案例为车身设置了两个不同的材质球,名为 Red car Material(红色汽车材质)和 Blue car Material(蓝色汽车材质)。这两种车身材质使用同一个自定义着色器"Custom Bodywork Shader"(车身着色器),该着色器专门为汽车添加了独特的属性,如金属磨砂渲染。这种车身材质均引用了"Car Texture"(汽车纹理),包含车身的所有细节,但不包含具体颜色的纹理贴图。车身着色器可以接收不同的颜色并将两辆汽车设置为红色与蓝色,但用同一种汽车纹理。两辆汽车的车轮也设置了单独的材质"Wheel Material",两辆汽车共用相同的车轮材质。车轮材质使用标准着色器,并引用汽车纹理。

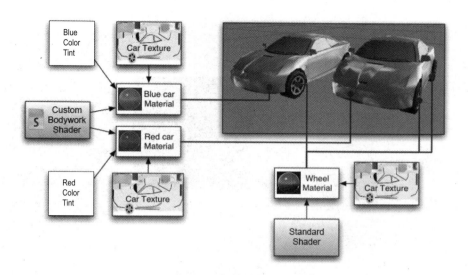

图 5-1 汽车案例着色器

> **注意**：此处的纹理图像包括车身和车轮的纹理信息，是一个纹理图集，在使用时需要通过编写代码来将纹理图像的不同部分准确映射到模型上，即车身使用的纹理图像虽然包括车轮的纹理图像，但车轮的细节不会出现在车身上，因为代码设计并未让车轮的纹理图像映射到车身上。

5.2 使用方法

材质和着色器紧密相连，总是通过着色器使用材质。在 Unity 中，开发者需要配合使用材质和着色器才能实现需要的效果。一个最常见的流程如下。

- 创建一个材质。
- 创建一个 Unity Shader，并把它赋给上一步创建的材质，或者在材质的 Inspector 视图中选择 Standard Shader 来实现 PBR 渲染。
- 把材质赋给要渲染的对象。
- 在材质的 Inspector 视图中调整属性，以实现满意的效果。

图 5-2 显示了 Unity Shader 和材质是如何一起工作来控制物体渲染的。首先，创建需要的 Unity Shader 和材质；然后，把 Unity Shader 赋给材质，并在材质的"Inspector"面板中调整属性（如使用的纹理等）；最后，将材质赋给相应的模型来查看最终的渲染效果。

可以发现，Unity Shader 定义了渲染所需的各种代码（如顶点着色器和片元着色器）、属性（如使用哪些纹理）和指令（如渲染和标签设置），而材质则允许开发者调节这些属性，并将其最终赋给相应的模型。

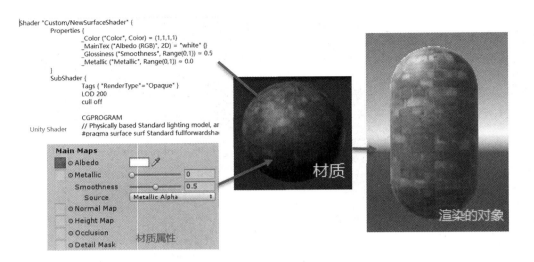

图 5-2　Unity Shader 和材质

5.2.1　材质的使用方法

材质定义了用于渲染此材质的着色器及着色器参数（如要使用的纹理贴图、颜色和数值）的具体值。在 Unity 中，材质是一种资源，开发者可以在 Project（项目）视图的 Assets 目录下对其进行管理。

1．创建材质

创建一个新的材质，单击"Assets"按钮，选择"Create"→"Material"命令，或者在 Project 视图中单击"Create"按钮，选择"Material"命令。在默认情况下，一个新建的材质会使用 Unity 内置的标准着色器，将在 5.2.2 节中重点介绍。

2．设置材质属性

在创建材质后，开发者可以在 Inspector（检视）视图中查看和调整其所有属性。

Unity 中的材质和许多建模软件中的材质功能类似，它们都提供了一个面板来调整材质的各个参数，这种可视化的方法使得开发者无须在代码中设置和改变渲染所需的各种参数。

3．将材质应用于游戏对象上

在创建材质后，开发者可以把它赋给一个游戏对象。要将材质应用于对象，只需将材质直接拖动到 Scene（场景）视图或 Hierarchy（层级）视图的对象上即可，或者在该对象的 Mesh Renderer 组件中直接赋值。

5.2.2 标准着色器的使用方法

标准着色器（Standard Shader）是一个 Unity 内置的着色器，具有丰富、完整的功能。标准着色器可以将大量着色器类型（如漫反射、镜面反射等）组合到一个可处理所有材质类型的着色器中。这样做的好处是，在场景的所有区域都能够使用相同的光照计算，从而在使用该着色器的所有模型中提供逼真、一致且可信的光照和着色分布。

在使用标准着色器创建材质时，开发者可以选择 Standard 或者 Standard(Specular setup)着色器。两者接收的数据不同，具体表现如下。

- Standard 能够显示"Metallic"值，表示材质是否为金属性，使用金属工作流。在使用金属性材质的情况下，Albedo（反照率颜色）用于控制镜面反射的颜色，且大多数光线会以镜面反射的形式反射。非金属性材质具有与入射光颜色相同的镜面反射，并且在正面观察表面时几乎不会反射。

- 选择 Standard (Specular setup)着色器意味着使用传统方法，即镜面工作流。使用镜面反射颜色来控制材质中镜面反射的颜色和强度，可以使镜面反射具有与漫反射不同的颜色。

使用上述任意着色器都能很好地表示最常见的材质类型，因此在大多数情况下，具体选择哪种方法要看个人喜好。图 5-3 所示为使用 Standard 和 Standard(Specular setup)创建的材质。

渲染模式->
主贴图区域->

（a）将 Metallic 设置为零（非金属性）　　　　（b）将镜面反射设置为接近黑色

图 5-3　使用 Standard 和 Standard(Specular setup)创建材质

标准着色器的标准（Standard）模式和标准镜面反射（Standard Specular）模式的属性略有不同，但大多数属性是相同的。标准着色器的材质属性"Inspector"面板会显示与材质有关的所有参数，包括纹理、渲染模式、贴图等。以下是标准着色器的"Inspector"面板中的部分参数。

1. Rendering Mode（渲染模式）

（1）Opaque（不透明）：适用于没有透明区域的普通固态物体，如墙体或者石头。

（2）Cutout（镂空/切边）：适用于没有半透明区域，只有不透明与镂空部分，纹理中有完全不透明和不可见区域（空白区域）的物体，经常用于渲染有镂空的物体，如带孔洞的布料或者草丛。

（3）Transparent（透明）：用于渲染有透明效果的材质，如透明塑料或玻璃。在该模式下，材质本身将承担透明度（基于纹理的 Alpha 通道值和色调的 Alpha 通道值），反射和照明亮度将保持可视的全透明度，但与真实的透明材质一样，反射和高光将保持完全清晰可见。

（4）Fade（渐淡）：根据材质的透明度（基于纹理的 Alpha 通道值）值来计算像素的颜色，允许设置透明度为完全淡出对象，包括任何镜面高光或者反射。如果要对某个渐隐渐显的物体进行渲染，则该模式将非常有用。该模式不适合渲染真实的透明材质，如透明塑料或玻璃，因为反射和高光也会淡出。

图 5-4（a）所示为上述 4 种渲染模式的示意图（使用的是同一个纹理，所有基于纹理的 Alpha 通道值都设置为 120）。在将 Transparent 和 Fade 渲染模式基于纹理的 Alpha 通道值都设置为 0 后，Transparent 渲染模式仍然有对象模型，但 Fade 渲染模式会完全消失，如图 5-4（b）所示。

（a）4 种渲染模式的示意图　　　　　　　　（b）Fade 和 Transparent 两种渲染模式的区别

图 5-4　渲染模式

2. Main Maps（主要贴图）

（1）Albedo（反照率）：控制材质的基色。在一般情况下，开发者需要为 Albedo 参数分配纹理贴图。需要注意的是，纹理贴图上不要包含任何光照（如亮点或者阴影）。此外，开发者也可以为 Albedo 指定颜色，这代表对象表面的颜色。

要实现透明效果，开发者可以通过带有 Alpha 通道的纹理贴图来控制材质的透明度，如图 5-4 所示。Alpha 通道值在透明度上的映射是白色完全不透明、黑色完全透明的。利用这种映射可以让材质具有不同透明度区域的效果。

（2）Metallic（金属度）：定义物体表面的金属程度，同样可以用纹理进行采样，对应的是纹理的 R 通道值。如果该值为 0，则表示该物体为一个绝缘体；如果该值为 1，则表示该物体完全是一个金属材质，反照率将变得不可见。当物体为全金属时，其表面颜色完全由环境的反射驱动；当物体表面的金属少时，其反照率颜色会更清晰。

（3）Smoothness（平滑度）：定义物体表面的光滑/粗糙程度。平滑度由纹理的 Alpha 通道值控制，介于 0 和 1 之间，值越小平滑度越低，值越大平滑度越高。该属性非常重要，在涉及光照计算时要作为参数使用。Smoothness 作为 Metallic 的附属属性，如果在定义 Metallic 时使用纹理进行取值，那么该纹理的 A 通道值会作为 Smoothness 的值。

如果给 Metallic 贴上一张纹理贴图，则金属度和平滑度滑块都将消失。图 5-5 所示为不同金属度和平滑度的材质。

图 5-5　不同金属度和平滑度的材质

（4）Normal Map（法线贴图）：是一种凹凸贴图（Bump Map）。这是一种特殊的纹理，可以将表面细节（如凹凸、凹槽和划痕）添加到模型中，从而捕捉光线，使物体表面像真实的几何体表面一样。该属性适用于具有凹凸质感的物体，如带有螺丝的钢板，可以将表面细节添加到模型中，从而捕捉光线，呈现逼真的效果。

图 5-6 所示为法线贴图纹理示例（车牌号及其对应的法线贴图纹理），原始法线贴图文件中可见的颜色通常具有蓝紫色调，并且不包含任何实际的浅色或深色，这是因为这些颜色本身不会按原样显示。实际上，纹理像素的 RGB 值表示方向矢量的 X、Y 和 Z 值，并作为对多边形表面的基本内插平滑法线的修改而应用。

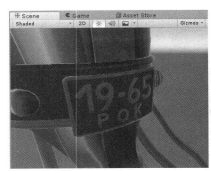

图 5-6　法线贴图纹理示例

（5）Height Map（高度贴图）：也称视差贴图。高度贴图要配合法线贴图使用，是一种比法线贴图更有立体感的贴图方式。一般来说，当纹理贴图负责渲染表面较大的凸起时，如凹凸不平的地形或者墙面，高度贴图可以为其提供细致、丰富的表现。高度贴图应为灰度图像，白色表示纹理的高区域，黑色表示纹理的低区域。

法线贴图和高度贴图都是凹凸贴图的类型。二者都包含一些数据，用于表示较简单的多边形网格表面上的明显细节，但分别以不同的方式存储这些数据。高度贴图是一种简单的黑白纹理，其中每个像素表示该点在表面上凸起的程度，像素颜色越白，该区域看起来越凸。法线贴图使用 RGB 纹理，其中每个像素表示表面方向的差异（相对于其未经修改的表面法线）。基于矢量存储在 RGB 值中的方式，这些纹理往往为蓝紫色调。

（6）Occlusion（遮挡贴图）：用于提供模型哪些区域应接收高或低间接光照的信息。由于间接光照来自环境光照和反射，因此模型的深度凹陷部分（如裂缝或折叠位置）实际上不会接收太多间接光照的信息。

遮挡贴图是灰度图像，其中以白色表示应接收完全间接光照的区域，以黑色表示没有间接光照的区域。对于简单的表面，遮挡贴图就像高度贴图一样简单。遮挡贴图通常由 3D 应用程序使用建模器或第三方软件直接从 3D 模型中进行计算。

（7）Tiling 和 Offset：Tiling 定义了纹理在一个模型上可以重复多少次，既可以在 X 轴上也可以在 Y 轴上重复（记住纹理是平面的，它没有轴）；Offset 定义了纹理在 X 轴或者 Y 轴上的偏移。

3．Secondary Map（辅助贴图）

在现有纹理的基础上添加第二组纹理，实现更细致、真实的物体效果。与主要贴图相比，辅助贴图（细节贴图）将映射到对象表面上重复多次且小得多的范围。这样做的目的是允许材质在近距离观察时具有清晰的细节，同时在从更远处观察时具有正常的细节，而无须使用单个极高的纹理贴图来实现这两个目的。辅助贴图的优势在于可以以相对低的成本、性能来增加物体呈现效果。

细节纹理的典型用途如下。

- 为角色的皮肤添加细节，如毛孔和毛发。
- 在砖墙上添加微小的裂缝和地衣生长效果。
- 为大型金属容器添加小划痕和磨损。

更多内容详见 Unity 官方手册。

5.2.3　纹理的使用方法

纹理是应用于网格表面上的标准位图图像。开发者可以在数字内容创作应用程序（如 Photoshop）中创建纹理，并将其导入 Unity。

1．导入纹理

在 3D 项目中，Unity 会将 Assets 文件夹中的图像和视频文件导入为纹理；在 2D 项目中，Unity 会将 Assets 文件夹中的图像和视频文件导入为精灵。只要图像满足指定的大小要求，Unity 就可以导入并优化图像。

要在 Unity 中将图像和视频文件导入为纹理或精灵，需要执行以下操作。

- 在 Project（项目）视图中选择图像文件。
- 在 Inspector（检视）视图中设置纹理属性。
- 单击"Apply"（应用）按钮以保存更改。

要在 3D 项目中使用导入的资源，只需创建材质并为新材质分配纹理即可。

Unity 支持的文件格式有 BMP、EXR、GIF、HDR、IFF、JPG、PICT、PNG、PSD、TGA、TIFF，但 3D 图形硬件（如显卡或移动设备）在实时渲染期间不会使用这些格式，而是要求纹理以专门的格式进行压缩。这些格式针对快速纹理采样进行了优化。不同的平台和设备分别有自己的专有格式。在默认情况下，Unity Editor 会自动将纹理转换为最合适的格式，以匹配构建目标，而且构建中仅包含转换后的纹理，其源文件仍保留为原始格式，位于项目的 Assets 文件夹中。大多数平台支持多种纹理压缩格式供开发者选择。

2．纹理尺寸

在理想的情况下，纹理的每条边应该是 2 的 n 次幂（2、4、8、16、32、64、128、256、512、1024、2048，以此类推）。纹理可以不是正方形，即宽度与高度可以不同。

在 Unity 中，开发者可以使用 NPOT 纹理（非 2 的 n 次幂）。但是 NPOT 纹理通常需要占用更大的内存，并且 GPU 的采样速度可能更慢。因此，如果有可能，则最好使用 2 的 n 次幂的纹理以提高性能。

如果平台或 GPU 不支持 NPOT 纹理，则 Unity 会对纹理进行缩放和填充以达到 2 的 n 次幂。此过程会使用更多内存并使加载速度变慢（尤其是在较旧的移动设备上），因此通常只将 NPOT 纹理用于 GUI。

开发者可以选择纹理属性"Advanced"选区中的"Non-Power of 2"选项，在导入时放大 NPOT 纹理。

3．Mipmap

Mipmap 是图像逐渐减小版本的列表。如果纹理使用 Mipmap，则当纹理远离摄像机时，Unity 会自动使用较小版本的纹理。这样可以降低渲染纹理的性能成本，而且不会造成明显的细节损失。Mipmap 还可以减少纹理锯齿和闪烁。

启用 Mipmap 会让内存使用量增加 33%。因此，仅当纹理与摄像机之间的距离将发生改变时，才应该对纹理使用 Mipmap。如果纹理与摄像机之间的距离不会改变（如用于 UI、天空盒等对象的纹理），则不应该对这种纹理使用 Mipmap。

4．纹理的属性

在 Unity 中导入一张纹理图像后，开发者可以设置其导入属性，如图 5-7 所示。在默认情况下，Unity 会隐藏一些不太常用的属性，展开 Advanced 列表即可查看这些属性。

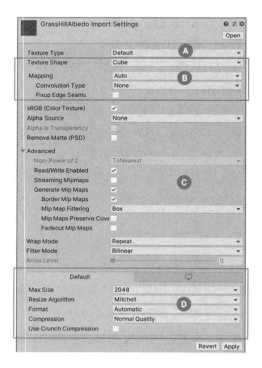

图 5-7　设置纹理导入属性

（1）Texture Type：选择要创建的纹理类型，图 5-7 中使用的是 Default（默认）类型。之所以要为导入的纹理选择合适的类型，是因为只有这样才能让 Unity 知道开发者的意图，为 Unity Shader 传递正确的纹理，并在一些情况下让 Unity 对该纹理进行优化。Unity 中的纹理类型如表 5-1 所示。

表 5-1 纹理类型

类型	功能
Default	默认最常用的纹理类型
Normal map	法线贴图
Editor GUI and Legacy GUI	编辑器 GUI 和传统 GUI
Sprite(2D and UI)	精灵，用于 2D 对象和 UGUI 贴图
Cursor	将纹理用作自定义光标
Cookie	通过基本参数来设置纹理，从而将其用于场景光源的剪影
Lightmap	光照贴图，将贴图编码成特定的格式，并对纹理数据进行后处理
SingleChannel	如果在纹理中只需要一个通道，则选择此选项

（2）Texture Shape：选择形状并设置该形状的特定属性。

（3）Advanced：特定纹理类型的设置和高级设置。根据所选择的 Texture Type，该列表中可能会显示其他属性。使用 Advanced 设置可以更好地调整 Unity 处理纹理的方式。

- Read/Write Enabled：从脚本中使用 Texture2D.SetPixels、Texture2D.GetPixels 和其他 Texture2D 方法访问纹理数据。在内部，Unity 使用纹理数据的副本进行脚本访问，这会使纹理所需的内存增加一倍。因此，在默认情况下应该禁用该属性，仅在需要脚本访问权限时才启用。

- Wrap Mode：设置当纹理坐标超过 1 时将被平铺。Wrap Mode 有两种模式：Repeat 和 Clamp。在 Repeat 模式下，如果纹理坐标大于 1，那么它的整数部分会被舍弃，而直接使用小数部分进行采样，这样的结果是纹理将会不断重复。在 Clamp 模式下，如果纹理坐标大于 1，那么将会截取到 1；如果小于 0，那么将会截取到 0。

（4）特定于平台的覆盖。在为不同平台进行构建时，开发者需要考虑每个目标平台的分辨率、文件大小与相关内存大小、纹理质量与要使用的压缩格式。如果导入的纹理大小超过了 Max Texture Size 的值，那么 Unity 会把该纹理的分辨率压缩为这个值。Format 决定了 Unity 内部使用哪种格式来存储该纹理，不同的 Format 会影响纹理的存储大小、内有使用、渲染性能及其他特性。需要知道的是，使用的纹理格式的精度越高，占用的内存空间越大，得到的效果越好。

5.3　Unity 的内置着色器

Unity 的内置着色器是实现游戏图形渲染的重要组成部分。除了标准着色器，Unity
还有以下内置着色器，用于特定用途。

- FX：灯光和玻璃效果。
- GUI 和 UI：用于用户界面图形。
- Mobile：简化移动设备的高性能着色器。
- Nature：用于树和地形。
- Particles：粒子系统效果。
- Skybox：用于渲染背景环境。
- Sprites：用于 2D sprite 系统。
- Legacy：被标准着色器取代的旧着色器。

5.3.1　天空盒

天空是摄像机在渲染帧之前绘制的一种背景类型，可以提供深度感，使环境看上去
比实际大得多，对于 3D 游戏和应用程序非常有用。天空本身可以包含任何对象（如云、
山脉、建筑物及其他无法触及的对象）以营造遥远的三维环境的感觉。Unity 还可以用天
空在场景中产生真实的环境光照。

1．天空盒的概念

天空盒（Skybox）是一个每个面上都有不同纹理的立方体。在使用天空盒渲染天空
时，Unity 会将场景放置在天空盒立方体中，先渲染天空盒，因此天空总是在背面渲染。
开发者可以使用天空盒执行以下操作。

- 在场景周围渲染一个天空盒。
- 配置光照设置，根据天空盒创建逼真的环境光照。
- 使用天空盒组件覆盖由单台摄像机使用的天空盒。

2．天空盒着色器

Unity 提供了 4 种天空盒着色器，每个着色器都使用一组不同的属性和生成技术。
这些着色器可以分为以下两类。

- 纹理化：用一个或多个纹理生成一个天空盒。源纹理代表各个方向的背景视图。

此类别中的天空盒着色器有 6 Sided（6 面）、Cubemap（立方体贴图）、Panoramic（全景）。

- 程序化（Procedural）：不使用纹理，而使用材质的属性来生成天空盒。

6 面天空盒着色器使用 6 个单独的纹理生成一个天空盒，每个纹理都代表一个沿特定世界轴的天空视图。因此，要创建一个 6 面天空盒，需要 6 个单独的纹理，每个纹理都代表立方体的一个内表面，这 6 个纹理结合在一起形成一个目标无缝环境，可以映射到图 5-8 所示的布局上。

图 5-8　6 面天空盒的纹理组合布局

3．制作 6 面天空盒

（1）单击"Assets"按钮，选择"Create"→"Material"命令，创建一个新的材质 skybox_1。

（2）在"Inspector"面板的"Shader"下拉列表中选择"Skybox"→"6 Sided"选项。

（3）创建与 6 面天空盒相对应的纹理图像，并将其放入 Assets 文件夹。调整每幅图像的 Wrap Mode 属性，将其设置为 Clamp，如图 5-9 所示，从而解决天空盒接缝过渡不自然的问题，使每个边的过渡合理自然。

（4）将 6 幅图像分配给材质 skybox_1，如图 5-10 所示。将每幅图像从 Project 视图中拖动到相应的纹理上，注意摆放顺序，可以借助下方的预览视角进行调整。

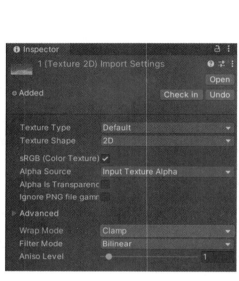

图 5-9　设置 Wrap Mode 属性

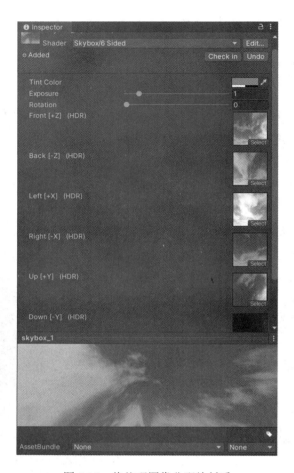

图 5-10　将纹理图像分配给材质

（5）应用天空盒。选择"Window"菜单中的"Rendering"→"Lighting Settings"命令，打开"Lighting"面板，在"Environment"下拉列表中为 Skybox Material 属性选择刚才制作的天空盒，如图 5-11 所示，应用效果如图 5-12 所示。

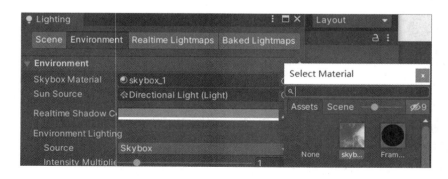

图 5-11　应用天空盒

图 5-12　天空盒的应用效果

4．使用 HDR 文件制作天空盒

为了生成最佳的环境光照，纹理可以使用 HDR（High Dynamic Range）。在 Unity 中，开发者可以将 HDR 图像用于内部渲染计算，该功能称为 HDR 渲染。在启用 HDR 渲染功能后，Unity 会将场景渲染到 HDR 图像缓冲区中，并使用该 HDR 图像执行渲染操作，如后期处理。

（1）找到合适的 HDR 贴图（可以从网站上下载），并导入到 Unity 的 Assets 文件夹中。

（2）选中 HDR 文件，调整其 Texture Shape 属性，将 2D 切换成 Cube，并单击"Apply"（应用）按钮，2D 图形就变成了 Cube 图形，如图 5-13 所示。

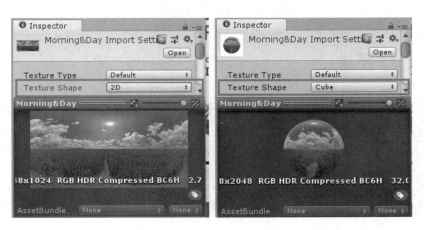

图 5-13　调整 HDR 贴图的 Texture Shape 属性

（3）创建对应的天空盒材质。将 Shader 设置为 Skybox/Cubemap，并赋值给对应的 HDR 贴图。另外，Exposure（曝光度）用于控制天空盒的亮度，Rotation（旋转）用于控制天空盒的旋转角度，使之与场景中的光线一致。天空盒材质的属性设置如图 5-14 所示。

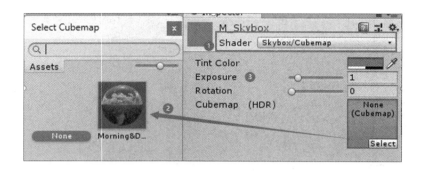

图 5-14　天空盒材质的属性设置

（4）将天空盒材质拖动到场景中，应用效果如图 5-15 所示。

图 5-15　HDR 贴图的应用效果

5.3.2　粒子系统

在游戏中经常需要使用一些很绚丽的场景来实现更加丰富的效果，如烟雾、爆炸、火焰等，普通的模型很难实现这些效果。Unity 提供了强大的粒子系统和模块化的设计，有上百个参数可供使用和调节，足以创造出非常震撼的效果。本节主要讲解 Unity 粒子系统方案的选择，粒子系统的结构和模块等内容[49]。

1．粒子系统方案

Unity 在创建粒子系统（Particles）时提供了两种解决方案：一种是 Particle System（内置粒子系统），粒子系统一般是指内置粒子系统；一种是 Visual Effect Graph 粒子系统，可以将其理解为更加高级的粒子系统，用于创作出更加绚丽的视觉特效。表 5-2 所示为两种粒子系统方案的区别。

表 5-2　两种粒子系统方案的区别

区别	Particle System（内置粒子系统）	Visual Effect Graph（VFX Graph）
基于××运行	CPU	GPU
粒子数量	数千	数百万
渲染管线	支持全部渲染管线	不支持内置渲染管线
物理系统	可与 Unity 物理系统交互	特定元素交互
创作使用	模块化，修改预定义的模块参数	节点可视化，节点连线，修改节点参数

这里主要学习内置粒子系统。

2. 粒子系统的结构

在 Unity 中创建粒子特效。选择"GameObject"菜单中的"Effects"→"Particle System"命令；或者在 Hierarchy（层级）视图中右击，在弹出的快捷菜单中选择"Effects"→"Particle System"命令；或者创建一个空物体，为其添加 Particle System 组件。

在近距离观察基本粒子系统时，可以发现粒子系统的基本组成元素是一些漂浮的简单个体对象，它们能以不同的方式组合在一起模拟多种效果，如图 5-16（a）所示。

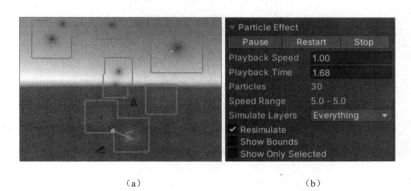

（a）　　　　　　　　　　　　（b）

图 5-16　基本粒子系统和粒子播放控制界面

修改 Particle Effect 组件中的属性，如图 5-16（b）所示，只会影响 Scene 视图中的粒子显示效果，并不会影响实际粒子运行效果。表 5-3 所示为 Particle Effect 组件中的属性及其说明。

表 5-3　Particle Effect 组件中的属性及其说明

属性	说明
Playback Speed	播放速度
Playback Time	粒子开始播放的累计时间，在重新播放时可重置该参数
Particles	当前存在的粒子数量

属性	说明
Simulate Layers	在一般情况下，Scene 视图只会播放选中的粒子特效，如果想要播放场景中所有的粒子特效或者个别粒子特效，则需要选择相应的层级或者 Everything（全都播放）
Resimulate	若启用，则粒子系统会立即将属性更改应用于已生成的粒子；若禁用，则粒子系统仅将属性更改应用于新生成的粒子（仅在 Scene 视图的预览模式下生效）
Show Bounds	显示包围体积
Show Only Selected	隐藏所有未选中的粒子特效

3. 粒子系统的模块

粒子系统组件拥有非常多的属性可供开发者调整。为了方便起见，Unity 将它们进行了分类，一类代表一个模块，开发者可以对每个模块进行单独的启用或禁用。不同的模块具备不同的功能，模块选择和参数调整能使粒子特效呈现多样的效果。粒子系统的模块如图 5-17 所示。

图 5-17　粒子系统的模块

1）主模块

主模块是粒子系统最基础的属性，可以定义粒子时间、速度、位置等属性，通过控制粒子状态影响粒子系统的呈现效果。表 5-4 所示为主模块的常用属性及其说明。

表 5-4　主模块的常用属性及其说明

属性	说明
Duration	粒子发射持续时间，粒子系统只在限定时间内运行
Looping	勾选则表示循环粒子发射，在一个周期结束之后自动开始循环
Start Lifetime	粒子的生命周期，即粒子从出现到消失的时间段
Start Speed	每个粒子的发射速度
Start Rotation	每个粒子的水平旋转角度
Start Color	每个粒子的颜色
Gravity Modifier	粒子的重力的物理效果

2）默认模块

Unity 会默认启动 Emission、Shape 和 Renderer 模块，这些模块是发射粒子的基础模块，就像每个 GameObject 都必须拥有一个 Transform 组件一样，不勾选这些模块，粒子系统就无法发射了。

① Emission

Emission（发射）模块用于控制粒子的发射速率和时间。开发者可以通过设置 Rate over Time 属性来控制粒子在一定时间周期内的发射数量变化，调节粒子发射速率，也可以通过设置 Bursts 属性在某个时间节点涌出大量粒子。设置 Rate over Time 为初始慢逐渐快，转慢再转快，同时设置 Bursts，在 4.81 秒涌出大量粒子，如图 5-18 所示。

图 5-18　Emission 模块

② Shape

Shape（形状）模块主要用于定义粒子发射器的形状，如球形、正方形等，以及根据需求控制粒子起始发射方向和位置。将粒子发射器的形状设置为球形，修改发射角度为 180°，同时在 Z 轴上平移 1 个单位，调整发射器的位置，如图 5-19 所示。

③ Renderer

Renderer（渲染）模块用于设置粒子渲染属性，如图 5-20 所示。该模块对粒子直接渲染或者借助网格渲染，与材质光照渲染相关，能够使粒子表现得更绚丽。

图 5-19　Shape 模块

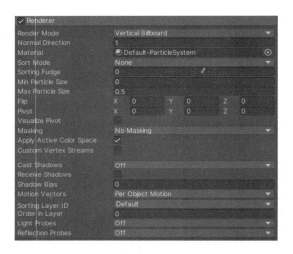

图 5-20　Renderer 模块

粒子系统的更多内容详见 Unity 使用手册。

5.3.3　Unlit 渲染管线

1．Unlit 渲染管线的概念

Unlit 渲染管线是一种不经过任何光照计算，就可以直接将材质颜色输出到屏幕上的渲染方式[50]。这种渲染方式适用于一些不需要光照效果的场景，如 UI 界面、粒子效果等。

2．Unlit 渲染管线的使用方法

在 Unity 中，开发者可以通过以下步骤来使用 Unlit 渲染管线。
- 创建一个新的材质，并将其 Shader 属性设置为 Unlit/Color。

- 将材质的颜色属性设置为所需的颜色值。
- 将材质应用到游戏对象上。

3．Unlit 渲染管线的实现原理

Unlit 渲染管线的实现原理非常简单，无须任何光照计算，只需将材质的颜色值直接输出到屏幕上即可。

在 Unity 中，每个游戏对象都有一个 MeshRenderer 组件和一个 Material 组件。MeshRenderer 组件用于渲染游戏对象的网格模型，Material 组件则用于指定游戏对象的材质。

在使用 Unlit 渲染管线时，开发者需要创建一个新的材质，并将其 Shader 属性设置为 Unlit/Color。这个 Shader 会将材质的颜色值直接输出到屏幕上，不需要进行任何光照计算。

本章小结

本章主要介绍了材质、纹理、着色器的基本概念及三者的关系，以及 Unity 编辑器中材质的创建、纹理的导入和纹理属性；重点介绍了标准着色器；简单介绍了天空盒和粒子系统。

习题

1．创建材质，体验标准着色器的 4 种渲染模式。
2．制作 6 面天空盒并渲染场景。
3．使用 HDR 文件制作天空盒。
4．利用粒子系统实现雪花飘落的效果。

第6章

Unity 中的光照

光照系统又称照明系统，用于为场景带来光源，照亮场景。要让场景变得更漂亮，照明系统是必不可少的。本章将介绍 Unity 场景中光照系统的使用方法，并从概念理论、参数设置和实际制作等方面介绍烘焙光照贴图技术。

6.1 Unity 光照

光照是游戏场景的一部分，虽然场景工程师会将光照调整好，但是开发者需要知道光照有哪些参数及如何调整。

Unity 场景中默认有 4 种基本灯光，分别是平行光、点光源、聚光灯和区域光；另外还有两种探针，分别是反射探针（Reflection Probe）和光照探针组（Light Probe Group）。

6.1.1 基本灯光的共有属性

由于区域光（Area Light）在运行时不可用，只能烘焙到光照贴图中，因此本节只介绍另外 3 种基本灯光的共有属性。考虑到所有灯光都使用同一个组件，但所属灯光类型不同，下面介绍 3 种基本灯光的共有属性，如图 6-1 所示。

3 种基本灯光的共有属性如下。

（1）Color：灯光颜色。

（2）Mode：灯光照明模式，对应光照烘焙的模式。每种模式都对应 Lighting 中的一组设定。

- Realtime：实时模式，可以实时显示灯光效果。在该模式下，光照和阴影会参与实时计算，场景中无论是光影变化还是色彩变化，都会实时地显示变化后的内容。

- Mixed：混合模式，可以显示直接照明，并将间接照明烘焙到光照贴图和光探测器中。
- Baked：烘焙模式，只有在灯光烘焙完成后，才会显示灯光效果。

（3）Intensity：光照强度。

（4）Shadow Type：阴影贴图的类型。灯光组件上的阴影参数会随着灯光照明模式（Mode）而更改。阴影贴图有以下 3 种。

- No Shadows：无阴影。
- Hard Shadows：硬阴影，边缘锯齿比较明显，耗费资源较少。
- Soft Shadows：软阴影（阴影模糊效果），对边缘锯齿处理得较好，边缘柔和，效果更加贴近现实生活中的阴影，同时计算消耗也会更大。

图 6-1　3 种基本灯光的共有属性

6.1.2　平行光

平行光（Directional Light）是使用最多的一种光源，效果相当于现实世界中的太阳光。在 Unity 中新建场景之后，会默认在场景中放置平行光，平行光不会衰减，而且是最节省资源的一种光源。

平行光光源的位置和大小不会影响物体的渲染效果，但是光源的方向会有影响，即平行光的 Transform 组件中的 Position 和 Scale 属性值不会影响场景中的平行光效果，而平行光的 Transform 组件中的 Rotation 属性值会影响平行光的方向，进而影响场景中的平行光效果。

案例：平行光光源的方向会影响渲染效果

1. 在场景中创建两个游戏对象，分别为 Plane 和 Cube，如图 6-2（a）所示。
2. 调整平行光的 Transform 组件中的属性，观察 Cube 的阴影：

调整 Transform 组件中的 Position 属性，Cube 的阴影没有发生改变，如图 6-2（b）所示；

调整 Transform 组件中的 Rotation 属性，Cube 的阴影则发生了改变，如图 6-2（c）所示。

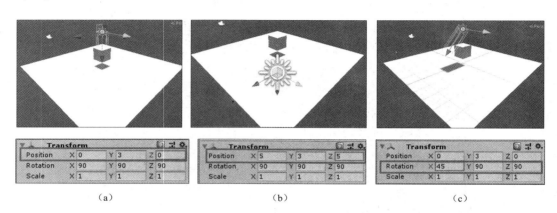

（a）　　　　　　　　　　（b）　　　　　　　　　　（c）

图 6-2　平行光的 Transform 组件中的属性对渲染效果的影响

6.1.3　点光源

点光源（Point Light）可以模拟一个小灯泡向四周发出光线的效果，亮度在照亮范围内随距离的增加而衰减。点光源比较消耗资源，对图形处理器的要求比较高，一般在灯光偏弱的地方使用。点光源的 Range 属性（平行光没有这个属性）表示光线射出的范围，用于控制点光源和聚光灯照射的范围，超过这个范围的物体不会被照亮。

6.1.4　聚光灯

聚光灯（Spotlight）是方向性光源（射灯），是指从一个点向某个方向发出光线，按照圆锥体范围照射，类似于手电筒，常用作汽车的车头灯或灯柱。聚光灯在图形处理器上是最耗费资源的。聚光灯的 Spot Angle 属性（只有聚光灯有这个属性）表示灯光射出的角度，用于控制聚光灯圆锥张角的大小。

一个场景中往往不止有一个光源，多种灯光相互配合才能达到想要的效果。例如，在方向光的相反方向加上一个强度小一点的方向光来补光,不会使物体背面显得特别暗;在黄昏的时候光的颜色需要偏黄一点。

6.2　光照贴图

光照贴图（Lightmap）由光照（light）和贴图（map）构成,能够用贴图的方式存储光照信息,一般是间接光信息和部分直接光信息。光照贴图本质上就是一种贴图,通过预计算存储场景中的光照信息。

6.2.1　什么是光照信息[51]

我们在讨论光照信息时,通常讨论的是直接光照、间接光照和阴影 3 个方面。这也是掌握烘焙光照贴图技术的主导思想,要在构建光照信息时考虑到。然而初学者在面对"Lighting"窗口中的众多参数时会感到无从下手。实际上,"Lighting"窗口中的参数多数是围绕以上 3 个方面展开的,尤其是间接光照和阴影。

光照贴图能够存储直接光照、间接光照和阴影的信息,但并不是每张光照贴图都包含这 3 个方面。决定存储几种光照信息,需要在"Lighting"窗口的照明模式（Lighting Mode）中进行设定,主要从以下角度进行考量。

1．贴图占用的内存

存储的光照信息的维度越多,产生的光照贴图越大,相应地在程序运行时占用的内存就越大。由于只有间接光照一定会被烘焙到光照贴图中,因此对于直接光照和阴影,开发者可以选择是否对其进行实时的计算和呈现,或者使其不被烘焙到光照贴图中。

2．场景的品质要求

被直接烘焙到光照贴图中的直接光照和阴影的品质相对较好,因此如果对场景的品质要求较高,则可以考虑将这两方面的光照信息烘焙到光照贴图中。

3．项目需求

不同的项目需求决定着光照贴图包含的光照信息类型。如果在场景中存在大量可移动的游戏对象,则此时的阴影需要通过实时计算来呈现,而无须烘焙到光照贴图中。对于一个 VR 展示类项目,如果场景中所有的道具均为静态的且没有任何交互功能,则此时的阴影和直接光照都可以烘焙到光照贴图中。在极端的情况下，如有日夜循环效果的项目，即所有物体均为动态的，直接光照、间接光照和阴影都需要通过实时计算来呈现，无须烘焙到光照贴图中。

6.2.2　直接光照与间接光照 [51]

直接光照是光源（如太阳、灯光等）发出的直接照射到物体表面的光照。间接光照是光源发出的经过反弹间接照射到物体表面的光照。

在现实世界中，光线具有波粒二象性。从粒子特性的角度来看，光线在接触到物体表面后会进行多次弹射，经过两次及以上弹射的光线被称为间接光线，但是光存在衰减性，在不断反弹的过程中能量会逐渐减少，所以没有被直接光照照射到的地方即使有间接光照，亮度也不会超过直接光照，如图 6-3 所示。

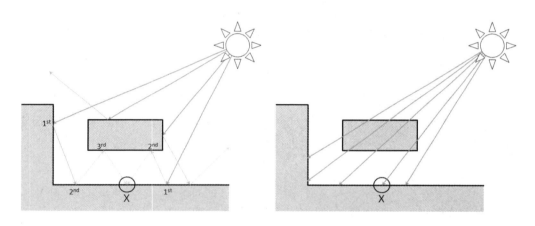

图 6-3　间接光照（左）与直接光照（右）示意图

间接光照在呈现真实的光照效果中起决定作用。例如，一个房间有几扇窗户，太阳光从窗口照射进来，我们能够看到阳光照射在地面上，此为直接光照，进而整个房间能够被太阳光照亮。这完全是由太阳光在房间中经过多次弹射产生的间接光照导致的。我们最后看到的是直接光照加间接光照后的场景，这两种光照结合就是俗称的全局光照（Global Illumination，GI）。

在虚拟场景中也存在同样的机制，如图 6-4 所示。图 6-4（a）所示为虚拟场景中只有直接光照的效果（现实世界中并不存在这样的物理现象）。光线从封闭空间的顶部发出，照射到物体上，部分光线照射到了没有被物体遮挡的地面上，除此之外没有其他光照信息。此时光线并没有进行二次弹射，因此周围环境无法被间接光线照亮。在图 6-4（b）中可以看到，光线在经过弹射后照亮了周围的环境。在有了间接光照后，这个空间上下左右都能够被间接光照照亮。

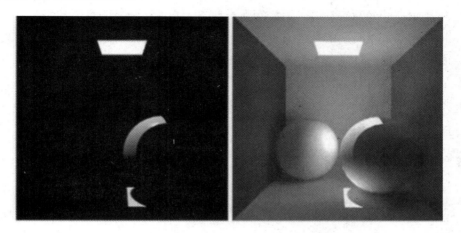

（a）虚拟场景中只有直接光照的效果　　　　　　　　（b）有间接光照的全局光照

图 6-4　直接光照与间接光照[52]

6.2.3　Unity 中的全局光照技术

全局光照是一种对直接光照和间接光照进行数学建模的技术，用于提供逼真的照明效果。通过对直接光照和间接光照的计算和呈现，全局光照能够提高场景的真实度。Unity 中的全局光照技术包括[53]实时光照、烘焙光照。

1．实时光照

实时光照的全称为预先计算的实时全局光照（Precomputed Realtime Global Illumination）。实时光照会在每一帧计算一次，对于场景中移动的物体和角色的响应性非常好。Unity 5.x～Unity 2018.3 的照明系统默认使用的就是实时光照。

实时光照的特点如下。

- 所有的灯光都真实地参与运算，可以动态地改变所有灯光的位置、颜色、强度……灯光对场景的影响也是实时的。
- 所有的场景模型同样真实地参与运算，真实地受到各种光源的影响。
- 实时光照的效果好，但是消耗资源较大，常在 PC、主机端运行。

2．烘焙光照

当场景变得越来越复杂时，实时的光照计算会消耗大量资源，影响性能。烘焙光照能减轻这个问题的影响，让较低配置的硬件也得到不错的运行效果。

烘焙光照的全称为烘焙全局光照（Baked GI），其特点如下。

- 将场景中的光源信息事先烘焙为光照贴图，并用这些贴图存储光照。引擎会自动地将这些"光照贴图"与场景模型相匹配。烘焙完光照贴图之后，在游戏运行过程中场景内的灯光是不会真正地参与实时运算的。
- 省去了在运行时计算的代价，但在运行时无法修改。
- 照明效果不错，消耗资源较少，在移动端运行。

6.3 "Lighting" 窗口

"Lighting"窗口是设置 Unity 全局光照的主要操作区域，在设置光照贴图过程中起关键作用。

选择"Window"菜单中的"Rendering"→"Lighting"命令，打开"Lighting"窗口，如图 6-5 所示。使用"Lighting"窗口调整与场景中光照有关的设置，并根据质量、烘焙时间和存储空间来优化预计算的光照数据。

"Lighting"窗口提供了 4 个选项卡，分别是"Scene""Environment""Realtime Lightmaps""Baked Lightmaps"，以对光照效果和优化进行设置和管理。

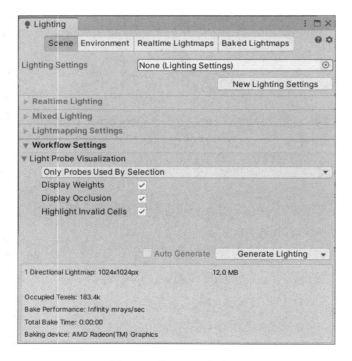

图 6-5 "Lighting"窗口

6.3.1　"Scene"选项卡

"Scene"选项卡显示了分配给场景的光照资源的信息。

在初始状态下，"Scene"选项卡中的参数显示为灰色，即不能对其进行设置，如图 6-5 所示。Unity 2020.1 及以后的版本将原来"Scene"选项卡中的参数改为由 Lighting Settings 类型的配置文件提供。若开发者要进行参数设置，则需要为"Scene"选项卡中的 Lighting Settings 参数指定一个该类型的配置文件。使用这种配置方法的优势在于，开发者可以针对同一个工序创建多个不同的配置方案，从而达到测试或发布的目的。

1. 创建光照配置文件

在"Scene"选项卡中，单击"New Lighting Settings"按钮，创建一个配置文件，并将其命名为 LightingScenedSetting。在创建完成后，该配置文件将自动被指定给 Lighting Settings 参数，同时"Scene"选项卡中的参数变为可编辑状态。

在 Project 视图中创建一个文件夹并将其命名为_LightingSettings，将创建的 LightingSceneSetting 配置文件放入此文件夹。在后续的配置过程中，开发者可以通过 LightingSceneSetting 配置文件对 Lighting Settings 参数进行设置，但需要确保该配置文件已经指定给了"Scene"选项卡的 Lighting Settings 参数。

2. "Mixed Lighting"选区

在"Mixed Lighting"选区中，只有两个选项可以设置。其中，默认勾选了"Baked Global Illumination"复选框，即烘焙全局光照。如果取消勾选该复选框，则"Lightmapping Settings"选区中的参数将变为不可编辑状态。Lighting Mode 参数决定了场景中所有使用了混合（Mixed）模式的光源使用哪一种光照模式，有 3 种模式可供选择，分别是 Baked Indirect、Subtractive 和 Shadowmask，如图 6-6 所示。

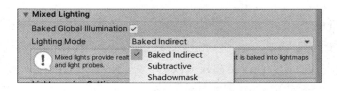

图 6-6　"Mixed Lighting"选区

（1）Baked Indirect 模式：使用混合模式的光源为场景提供实时的直接光照，其间接光照会被烘焙到光照贴图中，即只将间接光照烘焙到光照贴图中，对直接光照和阴影进行实时计算处理。

（2）Subtractive 模式：使用混合模式的光源为场景中的静态物体提供烘焙的直接光

照和间接光照。场景中的所有混合光都提供烘焙的直接和间接照明。Unity 同时会烘焙静态物体投射的阴影。除此之外，场景中的主光源（通常是平行光）可以为动态物体提供实时阴影。

（3）Shadowmask 模式：使用混合模式的光源为场景提供实时的直接光照，而间接光照则被烘焙到光照贴图中。从这一点看，Shadowmask 模式与 Baked Indirect 模式相似，不同之处在于两者对阴影的呈现。Shadowmask 模式除了烘焙间接光照效果，也会高质量地烘焙物体阴影，但只对直接光照进行实时计算处理。

3."Lightmapping Settings"选区

"Lightmapping Settings"选区如图 6-7 所示。

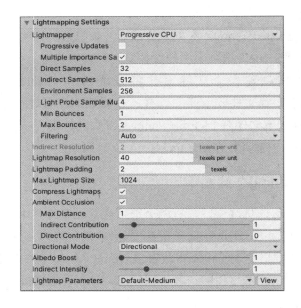

图 6-7 "Lightmapping Settings"选区

（1）Lightmapper：选择烘焙光照贴图用到的烘焙器，分为 3 种不同的烘焙方案，分别是 Enlighten、Progressive CPU 和 Progressive GPU。其中，Enlighten 在 Unity 2021.1 及以后的版本中被彻底移除。Progressive CPU 和 Progressive GPU 均为渐进式光照贴图烘焙器。不同的是，前者使用 CPU 进行烘焙计算，而后者使用 GPU。无论选择哪一种烘焙方案，参数设置都是相同的。

（2）Progressive Updates：决定是否在烘焙的过程中优先烘焙 Scene 视图所呈现的区域。若勾选该复选框，则能够在烘焙过程中优先查看容易出现问题的区域，以便及时发现场景中存在的问题并进行修改；若取消勾选该复选框，则 Unity 将在烘焙结束后一次性合成最终的光照贴图，从而提高烘焙速度。

（3）Lightmap Resolution：控制光照贴图的分辨率，参数值越大越能提高光照贴图的质量，但会延长烘焙贴图的时间。在开发阶段，一般不要将该参数值设置得太高，否则需要很长的时间来渲染光照贴图；但在最终发布的时候可以设置得高一点，渲染一个最佳的效果即可。在预览/测试时，将该参数值设置为 10～20，在输出时一般设置为 40～60 即可满足要求。

（4）Max Lightmap Size：设置光照贴图的大小（以像素为单位，即长宽），参数值越大细节越多，默认值为 1024，最大值为 4096。

其他参数可以参考 Unity 官方中文文档中关于光照贴图资源部分的介绍。

4．控件区域

"Lighting"窗口的最下方还有一个固定的控件区域，如图 6-8 所示。

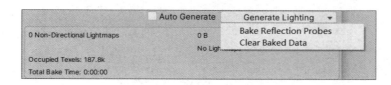

图 6-8　控件区域

该区域用于预先计算光照数据，主要有以下两个属性。

（1）Auto Generate：自动预先计算光照数据。当场景内容产生变化时，Unity 会实时进行 Lightmap 数据的更新，也就是实时进行烘焙，看起来很自动化，但实际上十分耗时，一般不建议勾选该复选框。开发者可以在场景修改后手动选择"Generate Lighting"选项进行烘焙，对光照贴图进行更新。

（2）Generate Lighting：只有在禁用 Auto Generate 时才会启用，可以为所有打开的场景预先计算光照数据，包括烘焙全局光照系统的光照贴图、实时全局光照系统的光照贴图、光照探针和反射探针。Generate Lighting 包括两个功能，第一个功能是 Bake Reflection Probes，只烘焙所有打开场景的反射探针；第二个功能是 Clear Baked Data，在保留 GI 缓存的情况下清除所有预先计算的光照数据。

6.3.2　"Environment"选项卡

"Environment"选项卡用于对环境内容和光照进行设置。该选项卡的参数不仅服务于烘焙光照贴图的工作流程，还负责场景环境（如天空盒、雾效等）的设置。即使不进行光照贴图的烘焙，也有必要在该选项卡中进行相关的设置。因为无论是室内场景还是室外场景，都要受到周围环境光照的影响。

"Environment"选项卡如图 6-9 所示。

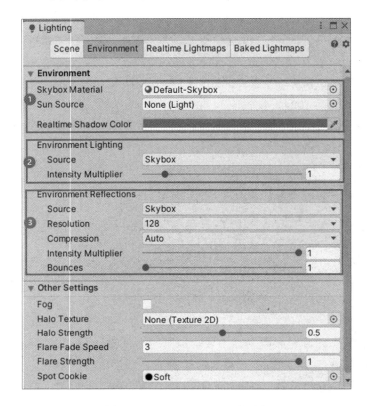

图 6-9 "Environment"选项卡

1. 场景环境的设置

（1）Skybox Material：选择要用于场景的天空盒材质，默认为预设的内置天空盒（Default-Skybox）。天空盒的创建可以参阅第 5 章的内容。

（2）Sun Source：指定场景中用于代表太阳的光源，一般为场景中的平行光。如果天空盒使用了 Procedural 类型的着色器，则一旦为 Sun Source 参数指定了代表太阳的光源，随着平行光角度的旋转，天空盒中的"太阳"就会随之进行位置的改变。该参数可以用于制作日月循环效果。

2. "Environment Lighting"选项

"Environment Lighting"选项中的 Source 参数用于指定场景中提供环境光的光源。环境光的光源可以选择 Skybox、Gradient 或 Color，默认为 Skybox，对应于 Skybox Material 参数指定的天空盒。此时，对应天空盒的 Intensity Multiplier 参数用于设置环境光强度，数值范围为 0～8，默认值为 1。

3．"Environment Reflections"选项

"Environment Reflections"选项中的相关参数用于对反射探针和反射效果进行全局设置。

（1）Source：指定反射效果的来源，包括 Skybox 和 Custom 两个选项。当设置 Source 参数为 Skybox 时，天空盒将作为反射效果的来源。同时，开发者可以在 Resolution 参数中设置其反射分辨率，参数值越大效果越细腻。当设置 Source 参数为 Custom 时，开发者需要为 Cubemap 参数指定一个自定义的立方体贴图。

（2）Compression：设置是否对反射效果的来源使用该功能，可以定义是否压缩反射纹理。默认设置为 Auto。

（3）Intensity Multiplier：设置天空盒或立方体贴图在作为反射效果的来源时，在反射对象中可见的程度。

（4）Bounces：设置反射探针与对象之间反弹的次数。

6.3.3 "Realtime Lightmaps"选项卡

"Realtime Lightmaps"选项卡显示了当前场景中由实时全局光照系统生成的光照贴图，如果未在项目中启用实时全局光照，则该选项卡为空。开发者可以在勾选"Baked Global Illumination"复选框后，在"Scene"选项卡中勾选"Realtime Global Illumination"复选框，调整全局光照，并再次烘焙。此时可以在"Realtime Lightmaps"选项卡中看到实时光源产生的实时间接光照效果贴图，如图 6-10 所示。

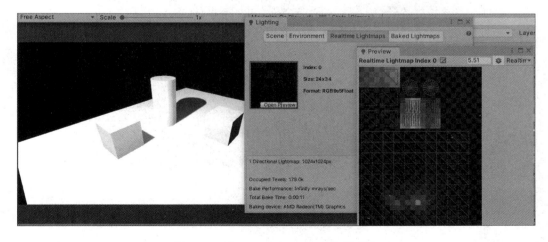

图 6-10 "Realtime Lightmaps"选项卡

6.3.4 "Baked Lightmaps"选项卡

"Baked Lightmaps"选项卡显示了当前场景生成的所有光照贴图和光照数据资源。单击每张光照贴图右下角的"Open Preview"按钮，可以对光照贴图进行放大查看。如果没有在"Scene"选项卡中勾选"Baked Global Illumination"复选框，则该选项卡为空。

综上所述，烘焙光照贴图的相关参数设置主要集中在"Scene"选项卡中，具体是对Lightmapping Settings 配置文件的设置。对于"Lighting"窗口参数的设置，建议以光照信息三要素（直接光照、间接光照、阴影）为核心进行考虑。

6.4 Unity 中烘焙光照案例的实现

6.4.1 搭建烘焙光照测试场景

（1）创建一个测试场景。

（2）将场景中的 Directional Light 删除。

（3）在场景中添加以下游戏对象：1 个 Plane、2 个 Cube（分别命名为 Cube 和 staticCube），并调整其位置。

（4）创建 4 个点光源，调整其相应的位置和颜色。

创建好的场景如图 6-11 所示。

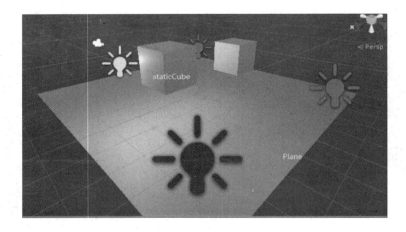

图 6-11　创建好的场景

（5）选中创建的 4 个点光源，在 Inspector 视图中，将 Mode 参数设置为 Baked，如图 6-12 所示。

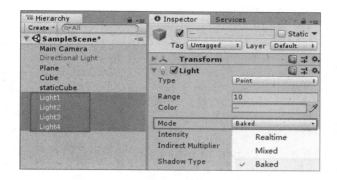

图 6-12　设置点光源的 Mode 参数

6.4.2　设置游戏对象参与烘焙光照贴图

在烘焙光照贴图前，首先要确定有哪些游戏对象参与烘焙光照贴图，并将这些游戏对象标记为静态。

场景模型为何要设置为静态的？因为只有静态的模型才能参与烘焙渲染。烘焙渲染的目的是生成光照贴图，生成的光照贴图和场景中的模型是一一对应的，而且光照贴图是固定的。如果场景中的模型是非静态的，则表示模型可以移动，这样光照贴图就偏了。为了避免这样的情况，Unity 只允许静态的模型参与光照贴图的烘焙过程。

将游戏对象标记为静态的方法是：选择需要设置为静态的游戏对象，本节在 Hierarchy 视图中选择 Plane 和 staticCube 两个游戏对象，在 Inspector 视图中勾选"Static"（静态）复选框，如图 6-13 所示。

图 6-13　勾选"Static"复选框

需要注意的是，一旦将游戏对象标记为静态的，则在后续的交互开发中，游戏对象将不能响应与其位置移动相关的交互。

6.4.3　设置 Lighting Settings 参数

打开"Lighting"窗口，选择"Scene"选项卡，单击"New Lighting Settings"按钮，创建一个配置文件，并将其命名为 LightingScenedSetting，如图 6-14 所示。

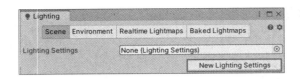

图 6-14　创建配置文件

取消勾选"Auto Generate"复选框，单击"Generate Lighting"按钮，开启烘焙流程。在烘焙过程中和烘焙结束后，"Lighting"窗口底部会显示此次烘焙的性能指标，包括光照贴图数量及大小、处理的纹素数量等信息，如图 6-15 所示。其中，烘焙性能（Bake Performance）表示每秒发送的射线数量。

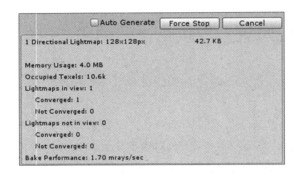

图 6-15　烘焙的性能指标

烘焙结束后的场景如图 6-16 所示，只有设置为静态的游戏对象受到了烘焙光照的影响，而非静态游戏对象（Cube）没有受到影响（可以与图 6-11 进行对比）。

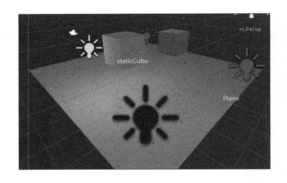

图 6-16　烘焙结束后的场景

6.5　光照探针

全局照明系统只对静态游戏对象有效，因为静态游戏对象的全局光照信息可以预先计算，而涉及动态游戏对象的全局光照信息则需要使用探针（Probe）处理，将空间中预先计算的信息保存下来。动态游戏对象使用最近的探针上的信息，可以具备类似静态游戏对象的光照或反射效果。

探针分为光照探针和反射探针两种。

（1）光照探针（Light Probe）：用于全局照明系统，可以保存光照信息。

（2）反射探针（Reflection Probe）：是指在探头位置生成反射贴图，用于保存空间中不同区域的反射信息，能够让场景有更好的反射效果。

6.5.1　光照探针的用途

与光照贴图类似，光照探针存储了有关场景中光照的烘焙信息。二者的不同之处在于，光照贴图存储的是有关光线照射到场景表面的光照信息，而光照探针存储的是有关光线穿过场景空白的信息。

光照探针是在烘焙期间测量（探测）光照的场景位置。在运行时，系统将使用距离动态游戏对象最近的探针上的信息来估算照射到这些游戏对象上的间接光。

光照探针主要有以下用途。

（1）为场景中的移动对象提供高质量的光照（包括间接反射光）。

（2）在静态游戏对象上使用 Unity 的 LOD（Levels of Detail，细节级别）系统时提供该游戏对象的光照信息。

6.5.2　光照探针组

要向场景中添加光照探针，可以通过创建光照探针组（Light Probe Group）来实现。

选择"GameObject"菜单中的"Light"→"light Probe Group"命令，创建一个光照探针组游戏对象。在默认情况下，该对象包含 6 个以立方体形状排列的光照探针，如图 6-17 所示（扫描二维码，可见黄色的探针头），每个探针都可以看作颜色采样器。当启用"Edit Light Probes"时（见图中标号为③处），开发者可以像操作游戏对象一样移动、复制和删除单个光照探针。

先启用"Edit Light Probes"，选择场景中的光照探针，或者单击"Select All"按钮；然后单击"Duplicate Selected"按钮，复制光照探针，在场景中放置更多的光照探针以便更好地采集场景中的光源，如图 6-18 所示。在设置好光照探针后，再次单击"Lighting"窗口中的"Generate Lighting"按钮，重新开启烘焙流程。在烘焙结束后，动态游戏对象也具备了类似静态游戏对象的光照效果，如图 6-19 所示。

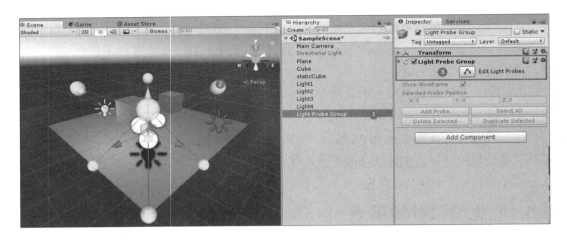

图 6-17　光照探针组

图 6-18　场景中的光照探针

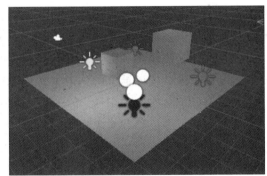

图 6-19　光照探针的效果

　　光照探针的位置取决于场景。首先，光照探针仅在动态游戏对象所在的位置被需要；其次，光照探针需要被放置在光照变化的地方，而每个探针都是插值的端点，因此它们需要被放置在光照过渡区域周围；再次，不要将光照探针放置在烘焙几何体内部，因为它们会变成黑色；最后，插值会穿过物体，所以如果墙壁的两侧光照不同，则应将探针靠近墙壁的两侧，这样就没有物体会在两侧之间进行插值了。

本章小结

　　本章介绍了 Unity 场景中灯光系统的使用方法，并重点介绍了"lighting"窗口中的选项卡。对于"Lighting"窗口参数的设置，建议以光照信息三要素（直接光照、间接光照、阴影）为核心进行考虑。在本节的最后通过一个简单案例讲解了 Unity 中烘焙光照的实现。

第 **7** 章

Unity 脚本编程

本章将介绍 C#语言的一些重要特性，以及 Unity 中的变量类型和组件，并从经典的"Hello World"项目开始练习。

7.1　C#程序设计基础

C#语言是一款面向对象的高级程序设计语言，由微软公司于 2000 年推出。它的基本语法结构和 C、C++语言类似，可以说 C#语言是这两种语言的衍生产品。基于 Microsoft.NET Framework，C#语言可以进行面向桌面级应用程序的开发。同时，Unity 也支持用 C#语言来开发场景中的游戏对象及 UI 的交互式编程。C#语言可以在 Visio Studio 集成开发环境中运行，开发者可以基于 Visio Studio 运行桌面级应用程序和整合 Unity 的交互式编程开发。

C#语言的基本数据类型、运算符、表达式、程序控制语句与 C 语言类似。C#语言的特征在于封装性、继承性和多态性。这些特征均表现在一个重要的概念上：类。

7.1.1　C#语言的数据类型

在 C#语言中，数据类型可以分为值类型和引用类型。其中，值类型可以是枚举类型或结构类型。值类型对应的值变量保存的是变量具体的值，而引用类型对应的变量保存的是对象的引用地址。

值变量可以直接分配一个值，它是从 System.ValueType 类中派生的。

引用类型不包含存储在变量中的实际数据，但包含对变量的引用。引用类型继承自

System.Object 类。Unity 内置的引用类型如下。

- 对象（Object）类型：可以被分配任何类型（如值类型、引用类型、预定义类型或用户自定义类型）的值，但在分配值前需要先进行类型转换。
- 动态（Dynamic）类型：在动态数据类型变量中可以存储任何类型的值，这些变量的类型检查是在运行时发生的。
- 字符串（String）类型：可以给变量分配任何字符串值，是 System.String 类的别名，从对象类型中派生。

1．简单类型

C#语言提供了一组预定义的结构类型，称为简单类型，通过关键字来识别。简单类型包括整数类型、浮点数类型、布尔类型和字符类型等，如表 7-1 所示。其中，整数类型可以使用 int 或者 long 进行标识。

表 7-1　常见的简单类型

类型名	占用字节	取值范围
int	4 字节/有符号	-2 147 483 648～+21 47 483 647
long	8 字节/有符号	-9 223 372 036 854 775 808～+9 223 372 036 854 775 808
float	4 字节/单精度	1.5e-45～3.4e+38
double	8 字节/双精度	5.0e-324～1.7e+308

1）布尔类型

布尔类型使用 bool 表示，只有两种取值，第一种是真（true），第二种是假（false）。其中，条件表达式的运行结果一定是布尔类型的两个值之一。如果条件表达式的结果为 1 或其他非零整数，则表示该表达式为真，如果结果为 0 则为假。

2）字符类型

字符类型也属于值类型，用 char 表示。在 C#语言中使用 Unicode 编码单个字符，每个字符的标准长度为 2 字节。

以下程序案例是用 C#语言创建值变量的方法。其中，标准格式为：数据类型+变量名=具体值。以第一行代码为例，等号的作用是将等号右边的数值放入等号左边的变量 a，也可以拆分为 int a; a=1。其他代码可以按照上面的拆分方式等效替代。

```
int a=1;
double b=12.50;
float c=12.50F;
char d='a';
```

2．枚举类型

枚举类型用 "enum" 表示，其作用是对一组整数常量进行批量命名。枚举类型的使用方法如下。

```
using System;
public class EnumTest
{
    enum Day { Sun, Mon, Tue, Wed, Thu, Fri, Sat };
    static void Main()
    {
        int x=(int)Day.Sun;
        int y=(int)Day.Fri;
        Console.WriteLine("Sun={0}", x);
        Console.WriteLine("Fri={0}", y);
    }
}
```

在上述代码中，enum Day 表示的是一组叫作 Day 的枚举类型，其中有 7 个枚举值，包括 Sun、Mon 等。Day.Sun 表示枚举类型中 Sun 的值。由于这些枚举类型的值都代表一个特定的整数，因此如果没有特殊的情况，在经过(int)强制转换后，则默认第一个值为 0，以此类推，Day.Fri 表示的是 5。综上所述，x 和 y 值分别是 0 和 5。

3．数组

数组是一个存储相同类型、固定大小和顺序元素的集合。在 C#语言中，数组是引用类型。按照数组的维度数，可以分为一维数组、二维数组和多维数组。下面仅介绍一维数组和二维数组。

1）一维数组

一维数组的声明方法如下。

```
datatype[] arrayName=new datatype[num];
```

参数说明如下。

- datatype：表示数组元素的类型。
- [ ]：指定数组的秩。秩决定数组的大小。
- arrayName：指定数组的名称。
- new：创建数组的实例。
- num：表示数组的元素个数。

创建一个叫作 array1 的、整数类型的数组，包含 5 个整数类型的元素，代码如下。

```
int[ ] array1=new int [5];
```

一维数组的赋值可以采用大括号和等号相配合的方式，代码如下。

```
int[ ] array1=new int[5] { 99, 98, 92, 97, 95};
```

通过执行上述代码，将 array1 这个整数类型数组的 5 个元素分别赋值为 99、98、92、97 和 95。

当然，C#语言也允许对单个数组元素进行赋值。此时要注意，数组元素的下标从 0 开始计数，即第一个数组元素应该为 array[0]。对单个数组元素进行赋值的代码如下。

```
array1[0]=10;
array1[4]=12;
```

2）二维数组

二维数组和一维数组类似，如果数组中的每个元素都是一个一维数组，那么该数组就是一个二维数组。二维数组的秩（表示数组的维度数）为 2。

二维数组的声明方法如下。

```
datatype[,] arrayName=new datatype[num1,num2];
```

参数说明如下。

- num1：表示该二维数组的行数。
- num2：表示该二维数组的列数。

举例如下。

```
int[,] array2=new int [3,5];
```

上述代码表示创建一个名为 array2 的二维数组，包含 3 行 5 列，共 15 个元素。

对二维数组中的元素进行赋值，代码如下。

```
int[,] array1=new int [3,5]{{1,2},{3,4,5,6},{7,8,9,10,11}};
```

赋值后的二维数组的第一行为 1 和 2，第二行为 3,4,5,6，第三行为 7,8,9,10,11。赋值策略是将每行的元素用大括号进行包裹，不同行之间用逗号进行分割。

4．字符串

字符串是由一个或多个 Unicode 字符构成的一组字符序列。在 C#语言中，字符串是引用类型。

在 C#语言中，有两种创建字符串的方法。第一种是使用 new 关键字和构造函数进行

string 类的实例化，代码如下。

```
string str=new string("hello");
```

上述方法比较传统，而由于字符串在日常编程中使用频繁，因此 C#语言的设计者提供了第二种创建字符串的简便方法，即直接将字符串内容通过等号的方式进行赋值。这种方法类似于给变量赋值。

```
string str= "hello";
```

对字符串来说，有很多对应的方法来支持字符串的处理。下面仅介绍两种基本的方法：Length()方法和 Compare()方法。

1）Length()方法

Length()方法的使用规则如下。

```
string num="1234567890";
int size =num.Length;
Console.WriteLine(a);
```

上述代码的含义是求出 num 字符串的长度，即该字符串包含多少单个字符。Length()作为一个方法，其返回的值是 num 字符串所包含的单个字符的个数。在本案例中，size 证书类型变量承接的是 10，即最终输出结果为 10。Length()方法可以用于判断一个字符串的长度，从而进行下一步的操作，如判断用户设置的密码长度是否符合要求。

2）Compare()方法

Compare()方法会精确比较两个字符串的大小，可以用 string.Compare(string s1, string s2)进行比较，其返回结果有 3 种。

- 如果 s1 大于 s2，则结果为 1。
- 如果 s1 小于 s2，则结果为-1。
- 如果 s1 等于 s2，则结果为 0。

示例代码如下。

```
string num1="1234567890";
string num2="0123456789";
int a=string.Compare(num1,num2);
if(a==0)
Console.WriteLine("两者相同");
```

上述代码的含义是通过 Compare()方法来比较 num1 和 num2 两个字符串中的内容。如果两个字符串中的内容完全一样，则 Compare 的返回结果为 0，输出结果为"两者相同"。

7.1.2　C#语言的运算符与表达式

与 C 语言类似，C#语言也有不同类型的运算符来支持简单/复杂运算。从逻辑功能上看，运算符可以分为算术运算符（如+、−、*、/）、关系运算符（如>=、<=、==）和逻辑运算符（如&&、||、!）。从运算数的个数来看，运算符可以分为单目运算符、双目运算符和三目运算符。表 7-2 所示为常见的运算符及其使用注意事项。

表 7-2　常见的运算符及其使用注意事项

运算符类型	常见运算符	使用注意事项
算术运算符	+、−、*、/、%	整数与整数相运算，得到整数；小数与整数相运算，得到小数
关系运算符	<、>、<=、>=、!=	<=与>=表示小于（大于）或等于
逻辑运算符	&&、||、!	A&B 表示 A 和 B，即 A 和 B 均成立，A&B 表达式才成立；A||B 表示 A 或 B，即 A 和 B 有一个成立，A||B 表达式就成立

由算术运算符、关系运算符和逻辑运算符连接的式子叫作表达式。其中，由关系运算符连接的式子叫作关系表达式，由逻辑运算符连接的式子叫作逻辑表达式。关系表达式和逻辑表达式的结果只有两种：1（表示真）和 0（表示假），示例代码如下。

```
2>=3                    //是关系表达式，结果为 0
2>=3&&4<=6              //是逻辑表达式，结果为 0
2>=3 || 4<=6           //是逻辑表达式，结果为 1
```

7.1.3　C#语言的程序控制语句

1. 判断语句与循环语句

C#语言的程序控制语句基本与 C 语言相同，包括判断语句 if、选择语句 switch、循环语句 while 和 for。下面用一个典型的编程案例来讲解判断语句和循环语句在 C#语言中的使用方法。

```
for(int i=1;i<=5;i++)
  {
      int a=int.Parse(Console.ReadLine());
      if(a>=10)
        {
            Console.WriteLine(a);
            break;
        }
```

```
                else
                    Console.WriteLine("比 10 小");
        }
```

代码解析如下。

for 循环中的变量 i 叫作循环变量，其作用是控制 for 语句的循环次数。从代码中可以看出，当进入循环时，变量 i 的值是 1，同时满足 i<=5 这个条件表达式，执行循环体（大括号）中的内容。

在循环体中，第一行代码 int a= int.Parse(Console.ReadLine())表示在控制台中读取一个数字，将其转化成 int 类型并赋值给整数类型的变量 a。第二行的 if(a>=10)表示如果输入的变量 a 大于或等于 10，则在控制台中输出 a 的值，并使用 break 跳出循环，执行 for 循环后面的语句，否则输出"比 10 小"（else 语句后面的代码）。

代码重要关系提示：

提示 1：无论是 for 循环还是 if 判断，都只执行语句后面的第一条语句。如果想要将多条语句合并交由 for 或 if 执行，则需要将这些语句用大括号的方式囊括起来。

提示 2：在循环语句 for 中，a++表示循环变量+1，在每次循环中都是最后被执行的，其作用是确保循环为有限次。

提示 3：break 语句表示跳出循环，不在循环体的内部。与 break 语句相对应的是 continue 语句，表示结束本次循环，进入下一次循环。如果碰到 continue 语句，则本次循环后面的代码都不执行，进入下一次循环继续执行循环体的内容。

2. foreach 语句

foreach 语句与数组连用，表示对数组中的一些元素进行批量操作。foreach 语句是 C#语言中一个比较特殊的语句，其循环可以用来遍历集合类型，如数组、列表、字典等。它是一个简化版的 for 循环，能够使代码更加简洁易读。foreach 语句的基本格式如下。

```
foreach ( 类型 标识符 in 表达式 )
{
        语句序列
}
```

示例代码如下。

```
int[] fibarray = new int[] { 0, 1, 1, 2, 3, 5, 8, 13 };
foreach (int element in fibarray)
    {
            Console.WriteLine(element);
    }
 Console.WriteLine();
```

```
//等效替代方法
for (int i = 0; i < fibarray.Length; i++)
                {
                        Console.WriteLine(fibarray[i]);
                }
Console.WriteLine();
```

代码解析如下。

在第一条 foreach 语句中，(int element in fibarray)语句表示 fibarray 数组中的所有元素都需要遍历。其中，element 表示数组 fibarray 中的每一个元素。每一次执行 foreach 语句，element 所代表的数值都不同。对每个数组元素都要进行 foreach 循环中的操作：Console.WriteLine(element)，即输出数组元素。

上述代码可以被等效替代成如下代码。

```
for (int i = 0; i < fibarray.Length; i++)
                {
                        Console.WriteLine(fibarray[i]);
                }
Console.WriteLine();
```

上述代码表示从数组下标为 0 的元素开始遍历，一直遍历到最后一个元素，并输出所有元素。

7.2 Hello World：你的首个程序

项目创建的标准流程是：创建一个新的项目，设置一个场景；创建一个新的 C#脚本，脚本内容是"Hello World"，将脚本附到场景中的 Main Camera 上。接下来展开讲解。

7.2.1 创建新项目

在 Unity 中创建新项目，实际上是创建了一个包含所有项目文件的文件夹。步骤如图 7-1 所示，开发者可以命名项目名称与存放路径。

在完成项目创建后，新项目自带一个包含主摄像机（Main Camera）和平行光（Directional Light）的空白场景。在做其他工作之前，开发者应该先单击"File"按钮，选择"Save Scene"命令保存场景。

在 Project 视图的空白处右击，选择"Show in Explorer"（在资源管理器中显示）命令，资源管理器会显示新创建的项目"Hello World"文件夹，如图 7-2 所示。

图 7-1　在 Unity 中创建新项目

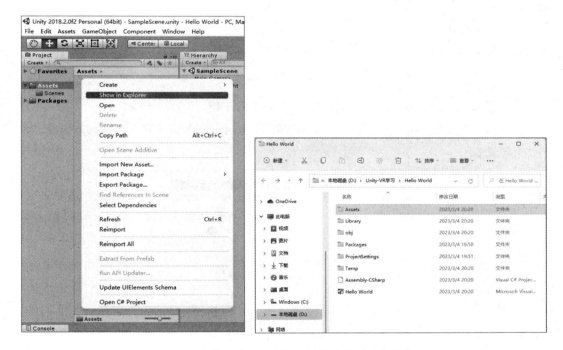

图 7-2　在资源管理器中打开新创建的项目文件夹

在运行 Unity 程序时，不要修改项目文件夹的名称。此时，如果修改了项目文件夹的名称，则 Unity 程序会崩溃，原因是 Unity 在运行程序时会在后台做很多文件管理工作。如果需要修改项目文件夹的名称，则需要先退出 Unity。另外，不要修改 Library、ProjectSettings、Temp 文件夹，否则可能会使 Unity 运行出现异常。

7.2.2　创建 C#脚本

（1）单击"Edit"按钮，选择"Create"→"C# Script"命令，或者在 Project 视图中

单击"Create"（创建）按钮，选择"C# Script"命令，如图 7-3 所示。此时 Project 视图中添加了一个新的 C#脚本，脚本名称自动处于选中状态，以便进行修改。

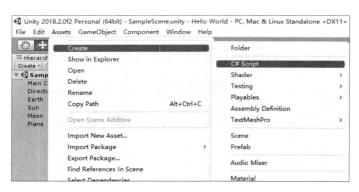

图 7-3 创建 C#脚本

（2）将脚本的名称修改为"HelloWorld"并按回车键。

（3）双击 HelloWorld 脚本，打开 C#编辑器——MonoDevelop 程序，查看脚本内容，如图 7-4 所示。

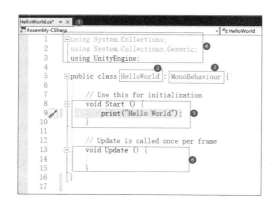

图 7-4 在 C#编辑器中查看脚本内容

（4）每行代码的前面都有一个行号（C#编辑器自动显示的），为了使代码片段更加清晰，在这里保留行号。

（5）将光标移动到代码的第 9 行，输入代码 print("Hello World")，并以分号结束。

（6）脚本中的双斜杠（//）表示注释语句，用于说明代码的作用或者使代码失效，在程序执行时会被忽略。

（7）在 MonoDevelop 程序中执行"File"→"Save"命令，保存这段脚本并切换回 Unity 程序。MonoDevelop 菜单栏中的"File"→"Save All"命令用于一次性保存所有修改过的文件。为了防止当修改多个文件时忘记保存，一般情况下推荐使用该命令保存。

建议在运行脚本前确认一下所有文件是否都已被保存。

> **脚本说明：**
>
> Unity 规定 C#脚本中的类名必须与文件名相同，即图 7-4 中①和②的名称必须保持一致。在新建 C#脚本时，类名会自动保持和 C#脚本文件名一致。但如果后续再修改文件名，则类名不会自动发生改变，因此需要自行变更类名。在创建脚本时没有重命名就直接保存的情况下要特别注意。
>
> MonoBehaviour（图 7-4 中的③处）是 Unity 中所有脚本的基类。
>
> 在当前脚本的引用（图 7-4 中的④处）中，using UnityEngine 是 Unity 编程中最重要的内容，用于让 C#脚本识别所有标准的 Unity 对象，包括 MonoBehaviour、GameObject、刚体、变换等。
>
> Unity 版 C#语言中的特殊方法 Start()和 Update()（图 7-4 中的⑤和⑥处）的区别将在 7.2.4 节中讲解。

7.2.3　运行 C#脚本

要运行 C#脚本，需要将其添加到相应的游戏对象上。

在 Project 视图中，将 HelloWorld 脚本拖动到 Hierarchy（层级）视图的主摄像机（Main Camera）上，如图 7-5 所示。这样就可以把脚本组件添加到游戏对象上了，在 Inspector（检视）视图中也能够看到 HelloWorld(Script)位于主摄像机的组件列表中，如图 7-6 所示。

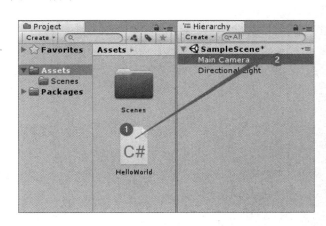

图 7-5　将脚本拖动到主摄像机上　　　　　　图 7-6　主摄像机的组件列表

在 Unity 窗口中单击"Play"按钮，这时这段脚本会在 Console（控制台）视图和屏幕左下角的状态栏中输出"Hello World"，如图 7-7 所示。

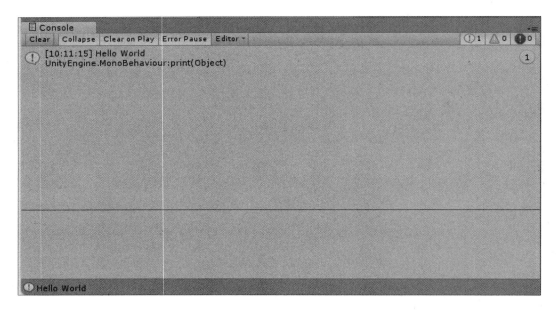

图 7-7　在 Console 视图和状态栏中输出"Hello World"

7.2.4　Start()与 Update()函数的区别

为了说明 Start()与 Update()函数的区别，把 print()函数调整到 Update()函数中，如图 7-8 所示。

```
1    using System.Collections;
2    using System.Collections.Generic;
3    using UnityEngine;
4
5    public class HelloWorld : MonoBehaviour {
6
7        // Use this for initialization
8        void Start () {
9            // print("Hello World");      ❶
10       }
11
12       // Update is called once per frame
13       void Update () {
14           print("Hello World");         ❷
15       }
16   }
```

图 7-8　Start()与 Update()函数的区别

保存修改后的脚本，回到 Unity 的主界面中，单击"Play"按钮，运行结果如图 7-9 所示。可以看到，"Hello World"被快速输出了很多次。

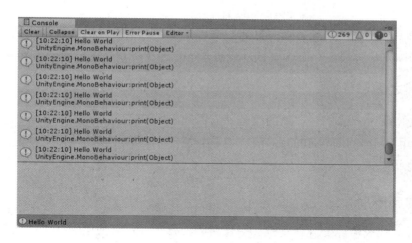

图 7-9　"Hello World"被快速输出了很多次

　　图 7-8 中的第 7 行和第 12 行的注释语句说明了 Start()与 Update()函数的区别，即 Start()函数会在每个项目的第一帧中被调用一次，而 Update()方法会在每一帧中都被调用一次。因此，图 7-7 中只显示了一条消息，而图 7-9 中显示了多条消息。

7.2.5　Unity 中默认函数的执行顺序

　　Unity 在运行脚本时会按照预定的顺序执行大量事件函数。接下来介绍这些事件函数及其执行顺序。

1．加载第一个场景

场景开始时将调用以下函数（为场景中的每个对象都调用一次）。

- Awake()：始终在任何 Start()函数之前、实例化预制件之后调用此函数。如果游戏对象在启动期间处于非活动状态，则在激活之后才会调用 Awake()函数。
- OnEnable()：在启用对象后立即调用此函数（仅在对象处于激活状态时调用）。在创建 MonoBehaviour 实例（如加载关卡或实例化具有脚本组件的游戏对象）时会执行此调用。

　　请注意，对于添加到场景中的游戏对象，在调用 Start()和 Update()等函数之前，会为所有脚本调用 Awake()和 OnEnable()函数。当然，在游戏运行过程中实例化对象时，不能强制执行此调用。

2．在第一次帧更新之前

- Start()：仅在启用脚本实例后，才会在第一次帧更新之前调用此函数。

对于场景中的游戏对象，在为任何脚本调用 Update()等函数之前，将在所有脚本上调用 Start()函数。当然，在游戏运行过程中实例化对象时，不能强制执行此调用。

3. 帧之间

OnApplicationPause()：在帧的结尾处调用此函数（在正常帧更新之间有效检测到暂停）。在调用 OnApplicationPause()函数之后会发出一个额外帧，从而允许游戏显示图形来指示暂停状态。

4. 更新顺序

在跟踪游戏逻辑、交互、动画、摄像机的位置时，可以使用一些不同的事件函数。常见方案是在 Update()函数中执行大多数任务，也可以使用以下函数。

- FixedUpdate()：FixedUpdate()函数的调用频率常常超过 Update()函数。如果帧率很低，则可以每帧多次调用此函数；如果帧率很高，则可以在帧之间完全不调用此函数。在调用 FixedUpdate()函数后将立即进行所有物理计算和更新。
- Update()：每帧调用一次，这是用于帧更新的主要函数。
- LateUpdate()：每帧调用一次（在 Update()函数执行完成后）。当 LateUpdate()函数开始执行时，Update()函数中的所有计算便已执行完成。LateUpdate()函数的常见用途是跟随第三人称摄像机。如果要在 Update()函数中实现角色移动和转向，则可以在 LateUpdate()函数中执行所有摄像机移动和旋转计算。这样可以确保角色在摄像机跟踪其位置之前已完全移动。

5. 案例及其运行结果

图 7-10 所示为默认函数案例及其运行结果。

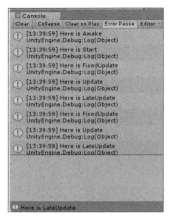

图 7-10　默认函数案例及其运行结果

代码解析如下。

- Awake()：用于在游戏开始前初始化变量或游戏状态，在脚本对象实例化时被调用，在脚本整个生命周期内仅被调用一次。
- Start()：在对象的第一帧中被调用，而且是在调用 Update()函数之前，用于初始化游戏对象。

FixedUpdate()：用于更新固定帧和物理状态，每隔一个固定物理时间调用一次。开发者可以选择"Edit"菜单中的"Project Settings"→"time"命令，更改 Fixed timestep（默认是 20 毫秒）。

Update()：每帧调用一次，用于更新游戏场景和状态。

LateUpdate()：每帧调用一次（在调用 Update()函数之后），用于更新游戏场景和状态，以及和摄像机有关的一些更新。

> **注意：**
> - 对于脚本中的一些成员，如果想在创建之后的代码中立即使用，则必须写在 Awake()函数里面。
> - 当加载关卡时，脚本中 Awake()函数的顺序是不可控的，对象实例化和 Awake()函数的调用关系需要查看源代码才能知道。

> **警告：**
> Unity 在 Play（播放）期间所做的修改不会被保留！
> 这是会频繁遇到的问题。在 Unity 播放或暂停期间所做的任何修改（如脚本代码的修改、游戏对象组件的修改），都会被重置回播放之前的状态。如果希望所做的修改能被保留，则在进行修改之前，请确保 Unity 没有运行。

7.3　C#语言的类与对象

类是 C#语言的一个核心概念。什么是类呢？古人云："物以类聚、人以群分。"我们可以把具有相同特征的事物归为一类，如汽车、职业、食物等。在 C#语言中，我们可以将具有相同特征或实现相同功能的代码构建成一个类，并运用类的成员实现一些特定功能。

7.3.1　在 Unity 中理解类与对象

Unity 中有很多的 3D GameObject，可以支持一些基础性的建模工作，如 Cube。在

Scene 视图中创建一个 Cube 物体后，会生成对应的 Inspector 视图。其中，最常见的面向 Cube 物体的操作组件是 Transform。我们可以将这个 Cube 看作类，表示 Unity 中所有的正方体。在 Scene 视图中再创建一个新的 Cube 物体，呈现出来的正方体就是一个 Cube 类的对象，这个过程称为实例化。Cube 类中有很多基本属性，这些属性都是 Cube 类的成员。例如，Transform 中有 3 个基本属性：Position、Rotation 和 Scale，如图 7-11 所示。其中，Position 表示 Cube 物体的三维空间位置，Rotation 表示 Cube 物体沿着 X、Y、Z 轴旋转的角度，Scale 表示 Cube 物体沿着 X、Y、Z 轴拉伸或收缩的比例。在 Scene 视图中，创建任何一个 Cube 都会有相应的属性值可以更改。因此可以认为，在 Cube 类中，每创建一个实例对象，都有配套的相同的属性。

图 7-11　Cube 类中的基本属性

同时，我们可以在 Update() 函数中添加代码，并加载到相关的游戏对象中。这说明函数也是类的一个成员。在 Visio Studio 中，我们可以和 Update()、Start() 函数并列撰写一些函数，来实现游戏对象的额外功能。

7.3.2　类与对象

C#程序的本质是一种面向对象的编程思想。类是对具有相同属性和方法的对象进行封装，然后抽象出来的概念，人、动物、书籍等都可以是类，其中的"属性"和"方法"都是类的成员。

1. 类的定义与对象创建

类包含若干个成员，这些成员可以是一些固定的字段、属性、方法。在 C#语言中，类用 class 关键字定义，class 后面是类的名字，大括号内是类的基本成员。例如，下列代码表示一个名为 person 的类，name、age 和 height 是 person 类的 3 个基本字段，分别存储 person 类对象的姓名、年龄和身高。此外，下列代码中还有一个包含 3 个参数的 person() 函数。这个函数与类同名，称为构造函数。构造函数的核心作用是对类进行实例化，在创建类的对象时需要使用该函数。这里的构造函数 person()，其核心作用是将外接传入函数的值分别赋给类的固定字段 name、age 和 height。

```
person p1=new person("xiaoming",15,181.5F);
person p2=new person("xiaofang",14,173.4F);
p1.Printout();
p2.Printout();
class person
{
    private string name;
    private int age;
    private float height;
    public person(string name1,int age1,float height1)
    {
      name=name1;
      age=age1;
      height=height1;
    }
    public void Printout()
    {
        Console.WriteLine("该生的姓名是：" + name + "该生的年龄是：" + age
+ "该生的身高是：" + height);
    }
}
```

第一行和第二行代码的作用是创建 person 类的两个对象：第一个对象的名称是 p1，第二个对象的名称是 p2。在创建对象的过程中，需要使用 new 关键字和相应的 person() 构造函数。在创建好对象后，p1 和 p2 具有和 person 类相同的字段和方法。如果要使用对象中的方法，则应该采用的代码格式为：对象名.方法名，如 p1.Printout()。在输入此代码后，系统会自动调用 p1 中的 Printout()方法，将相关字段打印出来。

2．类的方法

在 C 语言中，函数是一个重要的程序设计概念；而在 C#语言中，我们将函数称为"方法"。方法是类或结构的一种成员，是一组程序代码的集合，用于完成特定的功能。每个方法都有一个方法名，便于识别和让其他方法调用。

如何理解方法？举个例子，《孙子兵法》是春秋时期军事家孙武所著，是中国乃至世界上最早的军事著作。其中，《火攻篇》主要讲述对敌作战中火的使用原则，包括火攻的目标、使用火攻的条件，以及火攻发起后根据战况所做的兵力调配部署。在古代，人们可以把行军打仗的策略与计谋写成兵书，供其他人参考。在程序设计中，我们依然可以借助这种思想，将实现特定功能的代码集合成一个个方法来进行使用。例如，上述代码中的 Printout()就是一个典型的类的方法。

正确使用方法需要两个步骤：第一步是定义方法，即将方法的主要代码写出；第二步是调用方法，即使用方法完成一些特定的操作。

在定义方法的过程中需要遵循规范，定义方法的一般形式如下。

```
[访问修饰符] 返回值类型 方法名([参数序列])
    {
                [语句序列]
    }
```

示例代码如下。

```
public int FindMax(int num1, int num2)
{
    /* 局部变量声明 */
    int result;
    if (num1 > num2)
        result = num1;
    else
        result = num2;
    return result;
}
```

在上述代码中，方法的名称是 FindMax。首先，我们可以发现访问修饰符是 public，即这个方法是公有的；其次，该方法的返回值类型为 int，表示该方法会产生一个具体的结果，该结果就是代码中的 result；再次，该方法包含两个参数（参数是实现方法功能的一系列变量或其他数据类型，有些方法需要给定一些参数才能够实现功能），分别是 num1 和 num2，并且这两个参数的类型是 int 类型；最后，该方法的核心作用是将两个传入参数 num1 和 num2 中较大的那个数，通过 result 这个变量返回。

在定义方法后，接下来要使用方法，即调用方法。如何调用方法？在上述代码的基础上，编写以下代码。

```
static void Main(string[] args)
{
    int a = 100;
    int b = 200;
    int ret;
    ret = FindMax(a, b);
    Console.WriteLine("最大值是: {0}", ret);
}
```

在上述代码中，ret = FindMax(a, b)调用了 FindMax()方法，并将 a 和 b 两个变量的值传入到 FindMax()方法中。在执行这条代码后，FindMax()方法会通过 return 语句将 a 和

b 两个变量中较大的那个整数传出并赋值给 ret 这个整数类型的变量，即 ret 此时为 200，FindMax(a,b)本身代表着这个方法的返回值。

需要注意的是，不是所有的方法都要有参数和返回值，这两个选项都是可选的。如果没有返回值，则返回值类型应该写为 void。

在上述代码中，有两种不同类型的参数。其中，在定义方法时使用的参数称为形式参数，即变量 num1 和 num2。这些形式参数本身并没有固定的值，实现方法的功能需要相应的参数作为支持。在调用方法的时候，变量 a 和变量 b 是真实存在的数字，称为实际参数。实际参数出现在调用方法的时候。在 C#语言中，参数的传递具有单向性，即只能将实际参数的值传递给形式参数，无法回传。这一特征与 C 语言的参数传递特征相同。

7.4 Unity 的重要变量类型

Unity 中有几种变量类型，在每个项目中基本都能看到。这些变量类型都是类，并且遵循 Unity 中类的命名规范，即所有类名都以大写字母开头，称为骆驼式命名法。

骆驼式命名法是编程中书写变量名称的常用方法，其重要特点是允许将多个单词合并成一个，并且原始单词的首字母都使用大写字母。用这种方法命名的变量的名称看起来像骆驼的驼峰，所以称为骆驼式命名法。骆驼式命名法的具体内容如下。

- 变量名称应使用小写字母开头（如 someVariableName）。
- 函数名称应使用大写字母开头（如 Start()、Update()）。
- 类名称应使用大写字母开头（如 GameObject、ScopeExample）。
- 私有变量名称应以下画线开头（如 _hiddenVariable）。

对多数 Unity 类来说，其变量和函数可以分为两组。

- 实例变量和函数：绑定到这种类型变量的单个实例上。例如下面的 Vector3 类型，x,y,z 和 magnitude 都是 Vector3 的实例变量，均通过"点语法"访问（Vector3 变量名.实例变量名称），每个 Vector3 的实例的变量值可能不同。
- 静态类变量和函数：绑定到类定义本身上，而不是绑定到单个实例上。这些变量和函数通常用于存储对类的所有实例都统一的信息。例如 color.red 总表示同一种红颜色；或者 Vector3.Cross(v3a,v3b)用于计算两个 Vector3 的向量积并将得到的值作为一个新的 Vector3 返回，但不改变 v3a 或 v3b，即在类的所有实例上都起作用但不对它们产生影响的信息。

7.4.1 Vector3

Vector 表示向量、矢量，含有大小和方向；Vector3 表示三维向量，包含 x、y、z 三个分量。三维向量是 3D 软件中常见的数据类型，常用于存储对象的三维空间位置。一般 transform 下的 position、scale、rotation 等属性都可以通过设置 Vector3 的值来改变对象的位置、大小。Vector3 相当于一个类，可以直接使用 new 关键字创建。

```
Vector3 position = new Vector3(0.0f,3.0f,4.0f); //设置 x、y、z 的值
//position 是 Vector3 的一个实例
```

1．三维向量的实例变量和函数

Vector3 作为一个类，它的每个实例都包含一些实用的内置值和函数。

```
print(position.x);                    //0.0，Vector3 的 x 值
print(position.y);                    //3.0，Vector3 的 y 值
print(position.z);                    //4.0，Vector3 的 z 值
print(position.magnitude);            //5.0，三维向量到坐标原点的距离
```

2．三维向量的静态类变量和函数

三维向量自身还关联了几个静态类变量和函数。

```
print(Vector3.zero);                  //(0,0,0)，new Vector3(0,0,0) 的简写
print(Vector3.one);                   //(1,1,1)，new Vector3(1,1,1) 的简写
print(Vector3.right);                 //(1,0,0)，new Vector3(1,0,0) 的简写
print(Vector3.up);                    //(0,1,0)，new Vector3(0,1,0) 的简写
print(Vector3.forward);               //(0,0,1)，new Vector3(0,0,1) 的简写
Vector3.Cross(v3a,v3b);               //计算两个 Vector3 的向量积
Vector3.Dot(v3a,v3b);                 //计算两个 Vector3 的标量积
```

以上仅为三维向量相关字段和函数的部分内容。关于三维向量更多的内容可以查阅 Unity 在线帮助文档。

7.4.2 Color

Color 类型的变量可以存储关于颜色及其透明度（alpha 值）的信息。计算机上的颜色由光的三原色（红、绿、蓝）混合而成，C#语言中的红、绿、蓝的颜色成分被分别存储为一个从 0.0f 到 1.0f 的浮点数。其中，0.0f 代表该颜色通道的亮度为 0，1.0f 代表该颜色通道的亮度为最大值。Unity 的拾色器将 4 个颜色通道定义为 0～255 的整数，这些数值与网页的颜色值相对应，但在 Unity 中会被自动转换为 0～1 的数。

```
//颜色由红、绿、蓝、alpha 四个通道的数值定义
```

```
Color darkRedTransparent = new Color(0.25f,0f,0f,0.5f);
//如果未传入 alpha 信息，则默认 alpha 值为 1（完全不透明）
Color darkGreen = new Color(0f,0.25f,0f);
```

1. 颜色的实例变量和函数

通过实例变量访问每个颜色通道。

```
print(Color.yellow.r);                    //1.0，颜色的红色通道值
print(Color.yellow.g);                    //0.92f，颜色的绿色通道值
print(Color.yellow.b);                    //0.016f，颜色的蓝色通道值
print(Color.yellow.a);                    //1.0，颜色的 alpha 通道值
```

2. 颜色的静态类变量和函数

Unity 将多种常见的颜色预定义为静态类变量。

```
//三原色：red、green 和 blue
Color.red = new Color(1,0,0,1);           //red：纯红色
Color.green = new Color(0,1,0,1);         //green：纯绿色
Color.blue = new Color(0,0,1,1);          //blue：纯蓝色
//合成色：cyan、magenta 和 yellow
Color.cyan = new Color(0,1,1,1);          //cyan：青色，亮蓝绿色
Color.magenta = new Color(1,0,1,1);       //magenta：品红，粉紫色
Color.yellow = new Color(1,0.92f,0.016f,1); //yellow：黄色
```

按常理，标准的黄色应该是 new Color(1,1,0,1)，但 Unity 认为这种黄色更为悦目。

```
//black、white 和 clear
Color.black = new Color(0,0,0,1);         //black：纯黑色
Color.white = new Color(1,1,1,1);         //white：纯白色
Color.gray = new Color(0.5f,0.5f,0.5f,1); //gray：灰色
Color.clear = new Color(0,0,0,0);         //clear：完全透明
```

7.4.3　Screen

Screen（屏幕）是一个类似于 Mathf 的库，可以提供 Unity 游戏所使用的特定计算机屏幕的信息，与设备无关。因此，无论使用的是 Windows、macOS、iOS 还是 Android 系统的设备，Screen 都可以提供精确的信息。

```
print(Screen.width);                      //以像素为单位输出屏幕宽度
```

```
print(Screen.height);                    //以像素为单位输出屏幕高度
Screen.showCursor = false;               //隐藏光标
print(SystemInfo.operatingSystem);       //输出操作系统的名称，如 Windows 10.0
```

7.4.4 GameObject

GameObject 是 Unity 场景中所有实体的基类。Unity 游戏屏幕显示的所有东西都是 GameObject 类的子类。GameObject 可以包含任意数量的不同组件。

```
GameObject gObj = new GameObject("MyGo");     //创建一个名为 MyGo 的 GameObject
print(gObj.name);                             //输出 MyGo
Transform trans = gObj.GetComponent<Transform>();
//定义变量 trans 为 gObj 的变换组件
Transform trans2 = gObj.transform;            //访问同一个变换组件的另一种快捷方式
gObj.SetActive(false);                        //让 gObj 失去焦点，变为不可见，使其不可运行代码
```

上述代码中的 gObj.GetComponent<Transform>()方法特别重要，可以用来访问 GameObject 所绑定的组件。像 GetComponent<>()这样带有尖括号（<>）的方法被称为泛型方法，可以用于多种不同的数据类型。GetComponent<Transform>()中的数据类型为 Transform，既可以用于通知 GetComponent<>()方法查找并返回 GameObject 的变换组，也可以用于获取 GameObject 的任何其他组件，只要在尖括号中输入该组件的名称即可。

Unity 中泛型<T>的使用方法如下。

泛型（Generic）允许延迟编写类或方法，直到实际在程序中使用。换句话说，泛型允许编写一个可以与任何数据类型一起工作的类或方法。GetComponent<T>、List<T>、KeyValue<T,T>都是常用的泛型，其中的 T 起到了占位符的作用。

泛型方法的调用格式是：函数名<类型名>()。示例代码如下。

```
GetComponent<Rigidbody>();        //获取刚体组件
GetComponent<Renderer>();         //获取渲染器组件
GetComponent<Collider>();         //获取碰撞器组件
GetComponent<HelloWorld>();       //获取 C#脚本类 HelloWorld 的实例
```

7.5 GameObject 及其组件

Unity 中所有显示在屏幕上的元素都是 GameObject，并且所有的 GameObject 都由组

件组成。在 Hierarchy 视图或 Scene 视图中选择一个 GameObject 后，该 GameObject 的组件会显示在 Inspector 视图中，如图 7-12 所示。

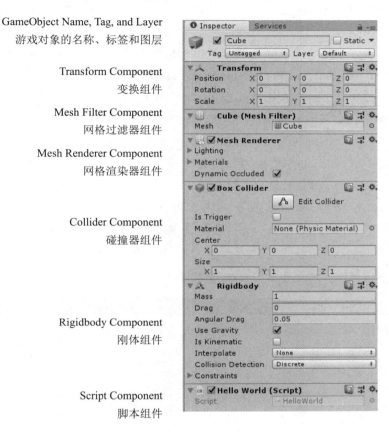

GameObject Name, Tag, and Layer
游戏对象的名称、标签和图层

Transform Component
变换组件

Mesh Filter Component
网格过滤器组件

Mesh Renderer Component
网格渲染器组件

Collider Component
碰撞器组件

Rigidbody Component
刚体组件

Script Component
脚本组件

图 7-12　Inspector 视图

7.5.1　Transform 组件

在 3D 世界中，任何一个游戏对象在创建时都会附带 Transform（变换）组件，并且该组件是无法删除的。每个游戏对象有且仅有一个 Transform 组件。

在 Unity 中，Transform 共有 3 个属性：Position（位置）、Rotation（旋转）、Scale（缩放），用于调整游戏对象在游戏界面中的位置、状态等。

Transform 组件保存了游戏对象的位置信息，开发者可以通过 Transform 组件实现对游戏对象的平移、旋转、缩放等操作。每个 Script 组件都需要继承 MonoBehaviour，并且 MonoBehaviour 中有 Transform 属性。

Transform 组件案例

使用 Transform 组件实现月球绕地球转、地球绕太阳转，同时太阳、地球、月球都自转。

步骤 1：创建 3 个球（选择"GameObject"菜单中的"3D Object"→"Sphere"命令），重命名为 Sun、Earth、Moon，分别代表太阳、地球、月球，调整位置坐标为(0,0,0)、(2,0,0)、(3,0,0)，调整缩放系数为 1、0.7、0.5，将 3 张图片分别拖动到对应的球上。

步骤 2：创建一个 Plane 对象（选择"GameObject"菜单中的"3D Object"→"Plane"命令），重命名为 BackGround。在 Project 视图中创建材质球，选择"Create"菜单中的"Material"命令，选中创建的材质球，并在 Inspector 视图中给材质球添加黑色，将其拖动到 BackGround 游戏对象上。

步骤 3：在 Project 视图中创建 3 个脚本，可以在"Assets"面板中右击，选择"Create"→"C# Script"命令，将 3 个 Script 组件分别重命名为 Sun、Earth、Moon，拖动到对应的球上。

步骤 4：编写并保存 3 个脚本代码。

Sun.cs

```
public class Sun : MonoBehaviour {

    void Start () {
    }

    void Update () {
        transform.Rotate(-2 * Vector3.up);
    }
}
```

Earth.cs

```
public class Earth : MonoBehaviour {
    private Transform center;

    void Start () {
        center = GameObject.Find("Sun").transform;
    }

    void Update () {
        transform.RotateAround(center.position, -Vector3.up, 2);
        transform.Rotate(-4 * Vector3.up);
    }
```

```
    }
```

Moon.cs

```
public class Moon : MonoBehaviour {
    private Transform center;
    private float theta = 0f;

    void Start () {
        center = GameObject.Find("Earth").transform;
    }

    void Update () {
        theta = theta + 0.08f;
        transform.position = new Vector3(center.position.x +
Mathf.Cos(theta),0f, center.position.z + Mathf.Sin(theta));
        transform.Rotate(-3 * Vector3.up);
    }
}
```

步骤 5：回到 Unity 主界面中，单击"Play"按钮，就可以看到月球绕地球转、地球绕太阳转，同时太阳、地球、月球都自转的运行效果了。

内容详见项目：HelloWorld。

7.5.2　Mesh Filter 组件

Mesh Filter（网格过滤器）组件能够为 GameObject 提供 3D 外形，并用三角形构成的网格建立模型。游戏中的 3D 模型通常是中空的，即仅具有表面。

Mesh Renderer（网格渲染器）组件是十分重要的。虽然 Mesh Filter 组件可以提供 GameObject 的实际几何开关，但要使其显示在屏幕上，还要通过 Mesh Renderer 组件实现。Mesh Renderer 组件允许从屏幕上查看 Scene 和 Game 视图中的游戏对象。Mesh Renderer 组件要求 Mesh Filter 组件提供三维网格数据，如果不希望看到一团洋红色，则还应该至少为 Mesh Renderer 组件提供一种材质（材质决定对象的纹理）。Mesh Renderer 组件会将 Mesh Filter 组件、材质和光照组合在一起，将 GameObject 呈现在屏幕上。

GameObject 必须有一个 Mesh Filter 组件（用于处理实际的三维网格数据）和一个 Mesh Renderer 组件（用于将网格与着色器或材质相关联，在屏幕上显示图形）。Mesh Filter 组件会为 GameObject 创建一个皮肤或表面，并由 Mesh Renderer 组件决定该表面的形状、颜色和纹理。

7.5.3 Script 组件

所有 C#脚本都是 GameObject 组件。把脚本当作组件处理的好处之一是可以在每个
GameObject 中添加多个脚本。后续会介绍更多的 Script 组件及如何对其进行访问。

7.6 Unity 的物理系统

Unity 的一大特色是能够模拟事物在物理系统中的真实运动状态。说到物理系统，必
须提的是英伟达公司。英伟达是一家颇负盛名的人工智能计算公司，该公司发明了 GPU，
极大地推动了 PC 游戏市场的发展。同属该公司的产品 PhysX 引擎是目前游戏设计领域
应用最广泛的物理引擎之一，被很多国内外知名游戏开发者使用。同样，Unity 之所以拥
有强大的物理系统，是因为它内置了 PhysX 引擎。开发者可以方便地运用 Unity 的物理
系统模拟生活中的刚体碰撞（如两个物体相撞并弹开的效果）、车辆驾驶、布料、重力等
物理效果，使游戏画面更加真实和生动。

7.6.1 RigidBody 组件

在 Unity 的物理系统中，最重要的概念是刚体（RigidBody）。什么是刚体呢？在物理
学中，刚体是指在运动中和受力后，形状和大小不变，并且内部各点的相对位置不变的
物体。Unity 物理系统中的两个物体碰撞后不会发生明显形变，并且会产生碰撞与反弹的
效果，这都要依靠刚体。

Rigidbody 组件用于控制 GameObject 的物理模拟操作，不仅可以在每次执行
FixedUpdate()（通常每隔 1/50 秒执行一次）函数时模拟加速度和速度，更新 Transform 组
件中的 Position 和 Scale 属性，使用 Collider 组件处理与其他 GameObject 的碰撞，还可
以为重力、拉力、风力、爆炸力等各种力建模。如果希望直接设置 GameObject 的位置，
而不使用 Rigidbody 组件提供的物理过程，则应该将运动学模式（isKinematic）设置为 true。

Rigidbody 组件是使 Unity 中的物体产生物理行为的主要组件。在为一个游戏对象添
加 Rigidbody 组件后，Unity 引擎会对该对象进行物理效果的设置，如立即响应重力。

如何为物体添加 Rigidbody 组件呢？首先，在 Unity 非运行的状态下，选中需要添加
Rigidbody 组件的物体（如创建的正方体）。选择"Component"菜单中的"Physics"→
"Rigidbody"命令；或者在 Inspector 视图中单击"Add Component"按钮，选择"Physics"→

"Rigidbody"选项，如图 7-13 所示。

在添加好 Rigidbody 组件后，开发者就能够在正方体的 Inspector 视图中看到这个 Rigidbody 组件及其相应的属性设置面板了，如图 7-14 所示。Rigidbody 组件的常见属性如表 7-3 所示。

表 7-3　Rigidbody 组件的常见属性

属性	功能
Mass	刚体的质量（默认单位为千克）
Drag	刚体在移动时承受的空气阻力。0 表示没有空气阻力，数值越大，阻力越大
Angular Drag	刚体在旋转时承受的空气阻力。0 表示没有空气阻力
Use Gravity	启用后，刚体启用重力效果
Is Kinematic	启用后，对象将不会被物理引擎驱动，并且只能通过其 Transform 组件进行操作
Freeze Position	阻止刚体选择性地在世界空间 X、Y 和 Z 轴上移动
Freeze Rotation	阻止刚体围绕本地空间 X、Y 和 Z 轴旋转

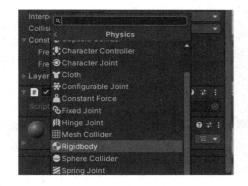

图 7-13　为物体添加 Rigidbody 组件

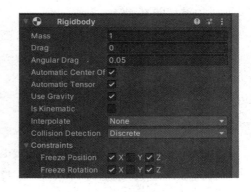

图 7-14　Rigidbody 组件属性的设置面板

7.6.2　Collider 组件

Collider（碰撞器）组件能够使 GameObject 在游戏世界中产生物理特性，允许 GameObject 在 Unity 的物理系统中与其他物体发生交互。具有 Collider 组件的 GameObject 会被当作空间中不可移动的物体，可以与其他物体发生碰撞。

Collider 组件的核心功能是实现三维游戏中的物理碰撞效果。碰撞器基本包裹在物体外层，如正方体的碰撞器包裹在正方体外侧，在正方体 Inspector 视图中取消勾选"Mesh Renderer"复选框后就能够看到碰撞器了，如图 7-15 所示。

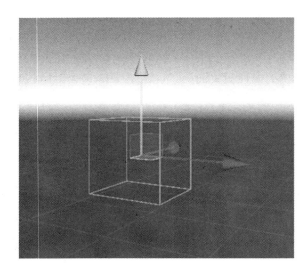

图 7-15　正方体碰撞器

其实，Unity 中不同基础物体的碰撞器的形状各不相同，它们的核心功能是包裹物体外层，使得物体无论在哪个位置和别的物体发生碰撞，都能够实现预期的碰撞效果。Unity 有以下 4 种类型的 Collider 组件。

- Sphere Collider（球状碰撞器）：运算速度最快的碰撞器，为球体。
- Capsule Collider（胶囊碰撞器）：两端为球体，中间部分为圆柱体的碰撞器，运算速度次之。
- Box Collider（盒状碰撞器）：长方体，适用于箱子、汽车、人体躯干等。
- Mesh Collider（网格碰撞器）：由三维网格构成的碰撞器。尽管它实用并且精确，但运算速度比另外 3 种碰撞器要慢很多。只有将凸多面体（Convex）属性设置为 true 的 Mesh Collider 才可以互相碰撞。

当用户创建了一个基础物体（如正方体、球体等）时，Unity 系统会自动生成对应的 Collider 组件。Collider 组件的功能可以关闭，开发者只需要取消勾选前面的复选框即可，此后该物体不会实现碰撞效果，反之会产生浸润穿透的效果。（完成本章习题 1。）

需要注意的是，不同的 Collider 组件所对应物体的外观和功能不同，因此属性也会有些许差别，本节只介绍一些基本属性，如表 7-4 所示。其中最重要的是 Is Trigger 属性，在被启用后，Collider 组件可以用于触发一些事件并被物理系统忽略。什么是触发呢？在游戏中，我们经常会遇到这样的情况，主人公和某个物体（如金币、宝藏等）碰撞后，相应的物体会消失，主人公的生命值会增加。这种功能的实现依赖于触发检测。同时，赛车游戏中两车相撞所触发的一些事件（如扣分、比赛结束等），其背后的核心原理在于碰撞检测。

表 7-4 Collider 组件的基本属性

属性	功能
Is Trigger	启用后，Collider 组件可以用于触发事件并被物理系统忽略
Material	设置物理材料，确定 Collider 组件与其他物体交互的状态
Center	Collider 组件在物体的局部空间中的位置

7.6.3 碰撞检测与触发检测

在运动过程中，两个物体会发生碰撞事件。下面通过两个物体发生碰撞时的颜色变化来进一步介绍碰撞检测的方法。

碰撞器应用案例

步骤 1：创建游戏对象，游戏对象名称及其 Transform 组件参数如下。

游戏对象名称	Type	Position	Color
Plane	Plane	(0,0,0)	#ABA4A4FF
Cube	Cube	(0.1,3,-4.4)	#F41E1EFF
Sphere	Sphere	(0,1,-4.5)	#F41E1EFF

步骤 2：给 Cube 添加 Rigidbody 组件。

步骤 3：给 Cube 添加 Script 组件（ColliderController.cs）。

代码如下。

ColliderController.cs

```
public class ColliderController : MonoBehaviour {

    private void OnCollisionEnter (Collision other)  //碰撞开始
    {
        other.collider.GetComponent<MeshRenderer>().material.color =
Color.green;
    }


    private void OnCollisionStay(Collision other)  //在碰撞过程中，每帧调用一次
    {
        GetComponent<MeshRenderer>().material.color = Color.yellow;
    }


    private void OnCollisionExit(Collision other)  //碰撞结束
```

```
    {
        other.collider.GetComponent<MeshRenderer>().material.color =
Color.blue;
    }
}
```

步骤 4：回到 Unity 主界面中，单击"Play"按钮，观察运行效果。

碰撞检测需要通过代码控制，其核心方法有 3 个：OnCollisionEnter()、OnCollisionExit() 和 OnCollisionStay()。

- OnCollisionEnter(Collision collision)：用于检测两个物体之间的碰撞事件，当两个物体发生碰撞时被调用。其中，参数 collision 包含碰撞的详细信息，如碰撞点、碰撞法线等。
- OnCollisionStay(Collision collision)：用于检测两个物体之间的持续碰撞事件，当两个物体持续发生碰撞时被调用。
- OnCollisionExit(Collision collision)：用于检测两个物体之间的碰撞结束事件，当两个物体之间的碰撞结束时被调用。

触发检测的概念与碰撞检测类似。触发检测和碰撞检测的主要区别在于：碰撞检测的两个物体会弹开，触发检测的两个物体可以互相交叉。触发检测的 C#代码与碰撞检测的类似，只不过将 Collision 这个单词换成了 Trigger。触发检测的核心方法如下。

- OnTriggerStay(Collider other)：用于检测一个物体是否持续停留在另一个物体的触发器范围内，当一个物体持续停留在另一个物体的触发器范围内时被调用。其中，参数 other 表示停留在触发器范围内的物体。
- OnTriggerExit(Collider other)：用于检测一个物体是否离开了另一个物体的触发器范围，当一个物体离开了另一个物体的触发器范围时被调用。其中，参数 other 表示离开触发器的物体。

警告：
要使碰撞器随 GameObject 移动，则 GameObject 必须有 Rigidbody 组件，否则在 Unity 的 PhysX 物理模拟过程中，碰撞器会停留在原地。也就是说，如果未添加 Rigidbody 组件，则 GameObject 将在屏幕中移动，但在 PhysX 引擎中，GameObject 的 Collider 组件将停留在原来的位置。

7.6.4 综合练习——发射小球游戏

在射击游戏中，我们经常会通过鼠标或键盘来发射子弹，射击目标物体（如障碍物或敌人)。细心的玩家会发现,子弹打在物体上后会有一定的物理运动效果,如碰撞、反弹等。同时,很多物体会实现弹跳或起飞等操作,如游戏中会经常出现人物弹跳的动作。下面以"发射小球"(以下简称"小球")项目为例,介绍如何通过最简单的方式实现上述两个核心功能,即物体弹跳和子弹发射。

1. 项目描述

"小球"项目中有 3 个核心物体,分别是平面(用作地面的游戏对象)、小球(模拟子弹)和正方体(模拟玩家人物),如图 7-16 所示。其中,小球和正方体能够实现的交互功能如下。

- 正方体:当玩家单击鼠标左键时,正方体可以沿着 Y 轴原地向上弹跳,其弹跳等运动规律符合牛顿运动定律。
- 小球:当玩家单击鼠标右键时,屏幕的左侧会连续发射小球,小球将根据牛顿运动定律做抛物线运动。
- 小球与正方体空中碰撞时:两者会发生碰撞事件,在碰撞后,根据物理规律分离,并且在物体颜色上发生变化。

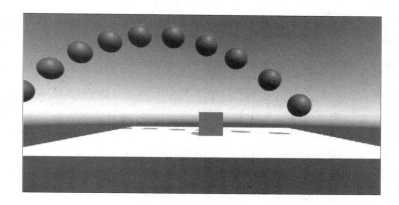

图 7-16 "小球"项目

2. 实现正方体的起跳

根据图 7-16 自行搭建游戏场景。本节按照表 7-5 所示对游戏对象进行设置。

表 7-5 游戏对象设置

游戏对象名称	Type	Position
Floor	Plane	(0,0,0)
Player	Cube	(−2,1.6,0)
Bullet	Sphere	(2,1.2,0)

在设置好基本场景后，需要按照项目描述，为正方体和小球添加 Rigidbody 组件，通过鼠标实现物体的弹跳，使用 C#代码辅助功能实现。

在 Project 视图中单击"Creat"按钮，选择"C# Script"命令，添加一个新的脚本，开发者可以将其命名为 player 或其他名字。双击脚本进入编程界面，编辑脚本代码，新增一个 jump_speed 的私有数据成员，并重写 Update()方法。在编辑完代码后，必须对其加以保存才能使修改生效。

```
# Player.cs 脚本代码
public class Player : MonoBehaviour {

    private float jump_speed = 5.0f; // jump_speed 变量表示正方体起跳运动的速度


    void Update () {
        if(Input.GetMouseButtonDown(0))          //单击鼠标左键触发
        {
            this.GetComponent<Rigidbody>().velocity=Vector3.up*this.
jump_speed;
        }
    }
}
```

接下来设置正方体在什么情况下能够运动，这就需要对鼠标按键进行识别和判断，使系统监听玩家使用鼠标的情况。使用 Input 类的 GetMouseButtonDown()方法，该方法中的参数是一个整数类型的变量，包含 0、1、2 三个可选择的值，分别代表鼠标的 3 个按键。

- Input.GetMouseButtonDown(0)：表示鼠标左键被按下。
- Input.GetMouseButtonDown(1)：表示鼠标右键被按下。
- Input.GetMouseButtonDown(2)：表示鼠标中间滚轮的按键被按下。

当玩家按下某个键时，相应的方法返回值为 True，此时可以结合 if 语句来对鼠标的使用情况进行识别和判断，从而做出不同的交互行为响应。

我们对 Update()方法中的 velocity 比较陌生。velocity 是一个方法，表示设置或返回某一个 Rigidbody 组件的速度值。那么如何给定物体速度值呢，我们需要使用 Vector3 这个向量，其代码格式如下。

```
物体名称.velocity= Vector3(0.0f,0.0f,15.0f);
```

上述代码表示物体沿着 X、Y、Z 轴三个方向的速度分别为 0、0 和 15，单位为米/秒（m/s）。开发者可以使用 Vector3 中的 up、down、forward、back、right 和 left 属性控制物体在某个方向上的运动速度，等效代码如下。

```
Vector3.up        //Vector3(0, 1, 0)
Vector3.down      //Vector3(0, -1, 0)
Vector3.forward   //Vector3(0, 0, 1)
Vector3.back      //Vector3(0, 0, -1)
Vector3.right     //Vector3(1,0, 0)
Vector3.left      //Vector3(-1, 0, 0)
```

代码中的"Vector3.up*this.jump_speed;"表示物体沿着 Y 轴正向移动的速度是 5m/s。因为在上面我们将 jump_speed 这个变量界定为了 5.0。

在编辑完代码后，单击"保存"按钮，并将此脚本添加到正方体上。运行程序并查看效果。如果 Game 视图与 Scene 视图的显示不一样，则需要选择"Main Camera"选项，选择"Game Object"菜单中的"Align with View"命令。

3．让小球飞起来

创建一个名为 Ball 的脚本，其核心任务是让小球按照一定的规律运动。

```
public class Ball : MonoBehaviour {
    void Start () {
        this.GetComponent<Rigidbody>().velocity=new Vector3(-8.0f,8.0f,0);
    }
}
```

在编辑完代码后，单击"保存"按钮，并将此脚本添加到游戏对象 Bullet 上。运行程序并查看效果。

4．预制体

在游戏中，我们经常会遇到连续发射子弹的情况，而目前游戏仅在开始时生成了一个小球对象。为了解决这个问题，下面介绍预制体的相关知识。

预制体（Prefab）是 Unity 中很重要的概念，可以理解为同一物体在 Unity 系统中的重复使用，即通过规范化设置将预制体重复地在游戏中呈现。这种做法的好处是节省工作量，同时为一些大规模游戏中的重复事件或动作提供帮助。在修改预制体后，实例也会同步修改。预制体不仅可以提高资源的利用率，还可以提高开发效率。

如何在 Unity 中创建预制体呢？下面以设计子弹为例进行介绍。首先在 Unity 的 Hierarchy 视图中选择一开始创建的游戏对象"Bullet"，将其拖动到 Project 视图的 Assets 文件夹中（也可以根据自己的文件夹设置情况选择其他文件夹），此时该对象就变成了一个预制体。在 Hierarchy 视图中，Bullet 对象的字体变成了蓝色，表示其从一个游戏对象变成了预制体的实例，如图 7-17 所示（扫描二维码，可见字体颜色和实例）。选择 Project视图中的"Bullet"选项，可以发现其文件的后缀是.prefab。即使在 Hierarchy 视图中删除 Bullet 游戏对象，Assets 文件夹中的 Bullet 预制体也不会丢失。

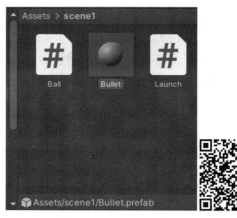

图 7-17　预制体信息

5．实现发射小球的效果

在创建好 Bullet 预制体后，在 Hierarchy 视图中删除 Bullet 游戏对象；创建一个空物体（Create Empty），并将其命名为 Launcher；调整空物体的位置，将其作为发射小球的位置。接着创建一个 C#脚本，命名为 Launch。脚本代码如下。

```
public class Launch : MonoBehaviour {

    public GameObject ballPrefab;                    //小球预设

    void Update () {
        if(Input.GetMouseButtonDown(1))              //单击鼠标右键触发
        {
            Instantiate(this.ballPrefab);            //创建 ballPrefab 实例
        }
    }
}
```

在编辑完代码后，单击"保存"按钮，并将此脚本添加到 Launcher 游戏对象上。选择游戏对象"Launcher"，在 Inspector 视图中发现一个组件叫作 Ball Prefab，将之前创建好的预制体放在这个位置。开发者可以拖动文件夹中的预制体，将其放在 Ball Prefab

后面的空白区中，如图 7-18 所示。

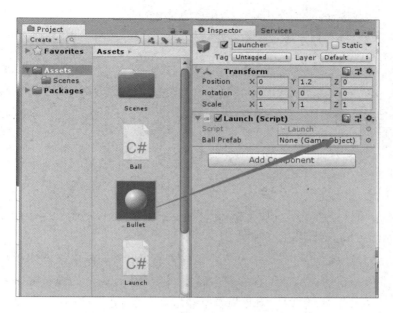

图 7-18 在 Inspector 视图中添加 Ball Prefab 游戏对象

6. 删除画面外的游戏对象

在游戏的运行过程中，由脚本动态生成的游戏对象也会被显示在 Hierarchy 视图中，每单击一次鼠标右键，该视图中就会增加一个 Bullet(Clone)游戏对象。即使小球已经跑出游戏画面，这些游戏对象也并未被删除，如图 7-19 所示。

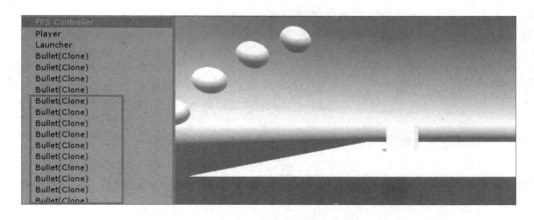

图 7-19 跑出游戏画面的游戏对象并未被删除

上述问题的解决方法是在 Ball.cs 脚本中添加 OnBecameInvisible()方法。当渲染器不再被任何相机可见，即物体离开摄像机的时候，OnBecameInvisible()方法会被调用。结合本项目的功能，我们应该想到，当 OnBecameInvisible()方法被调用时，对应的游戏对象应该被删除，而删除游戏对象的统一方法是 Destroy()方法。

```
public class Ball : MonoBehaviour {
    void Start () {
    this.GetComponent<Rigidbody>().velocity=new Vector3(-8.0f,8.0f,0);
    }
     void OnBecameInvisible()
    {
            Destroy(this.gameObject);            //删除游戏对象
                                        }
    }
```

在编辑完代码后，单击"保存"按钮，再次运行程序，一旦小球跑出画面，Hierarchy 视图中的 Bullet(Clone)就会随之消失。

至此，我们可以通过控制鼠标的左键和右键来实现对场景中正方体和小球的运动控制。如果正方体和小球在运动过程中发生碰撞，会产生什么样的效果呢？由于这两个物体都被赋予了 Rigidbody 组件，因此两者碰撞后会产生反弹的效果。

本章小结

本章介绍了如何从零开始创建一个可以运行的 Unity 项目，初步介绍了代码调试方法，并且通过几个案例初步介绍了游戏对象中可以添加的常用组件。

本章包含很多信息，读者需要反复阅读。在继续学习本书后面的内容并且开始编写自己的代码时，你会发现本章的内容是非常重要的。

习题

1．请创建图 7-20 所示的场景，即在正方体的正上方放置一个球体。在初始时，两个物体均有对应的碰撞器。按照要求完成以下操作。

步骤 1：为两个物体分别添加 Rigidbody 组件。

步骤 2：调整摄像机角度，单击"运行"按钮，观察效果 1。

步骤 3：取消运行，禁用球体的碰撞器功能，单击"运行"按钮，观察效果 2。

步骤 4：取消运行，禁用正方体的碰撞器功能，单击"运行"按钮，观察效果 3。

步骤 5：思考观察到的 3 个效果的异同点，总结碰撞器的使用规律。

图 7-20　碰撞器的实验场景

2. 请思考如何实现两个物体碰撞 10 次后自动消失这一效果。

3. 请尝试制作一款简易的迷宫游戏，让一个胶囊体在场景中移动，走出迷宫，当走到出口处（扫描二维码，可见绿色碰撞器区域）时，在控制台中呈现游戏通关提示，如图 7-21 所示。

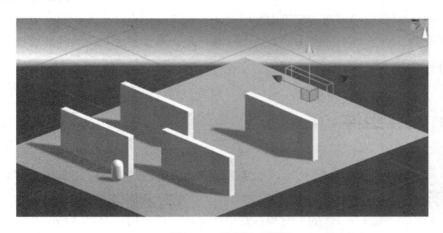

图 7-21　迷宫游戏界面

第**8**章

UI 系统

UI 设计又称界面设计，是指对软件的人机交互、操作逻辑、界面美观的整体设计。Unity 的 UI 分为 UGUI 和 GUI：UGUI（Unity Graphic User Interface）是图形渲染界面，搭建方便，学习起来比较容易；GUI 是代码渲染界面，开发者需要在编写代码时思考如何完善界面布局，这样在运行项目时才能看到效果。UGUI 提供了文本、按钮、图片、滚动组件、滑动条等基础 UI 元素，以及强大的 EventSystem 事件系统来管理 UI 元素。从 Unity 2017 版本开始引入了图集的概念。作为跨平台游戏引擎，Unity 发布设备的分辨率是不固定的，为此 UGUI 在自适应处理方面下了功夫，提供了锚点、布局、对齐方式和 Canvas，专门用来解决分辨率不同带来的自适应屏幕问题。本章将通过游戏界面设计及场景的管理来详细介绍 UGUI。

8.1 Canvas 组件

Canvas（画布）组件是 UGUI 中所有 UI 元素能够被显示的根本原因，主要用于渲染所有的 Canvas 子对象。Canvas 的子集中包含所有的 UI 组件，相当于所有 UI 组件的窗口。如果某个 UI 组件不是 Canvas 的子对象，则该组件所在的空间不会被渲染。开发者可以通过修改 Canvas 组件的参数来控制渲染模式。

每当创建一个 UI 物体时，都会自动创建 Canvas 组件，所有的 UI 元素都必须是 Canvas 的子对象；和 Canvas 一同创建的还有 EventSystem，这是一个基于 Input 的事件系统，可以对键盘、触摸、鼠标、自定义输入进行处理。

值得注意的是，Unity 场景允许存在多个 Canvas 组件分别管理不同画布的渲染模式、分辨率适应方式等参数。如果没有特殊需求，则一般使用一个 Canvas 组件即可。

8.1.1　渲染模式

Canvas 支持 3 种渲染模式（Render Mode）：Overlay、Camera 和 World Space。用得最多的是 Camera，它可以把正交摄像机投影出来的 UI 元素绘制在画布上。

- Overlay（屏幕控件-覆盖模式）：画布会填满整个屏幕空间，并且画布下面所有的 UI 元素都会被置于屏幕的最上层，即画布的画面永远"覆盖"其他普通的 3D 画面。如果屏幕尺寸被改变，则画布将自动改变尺寸来匹配屏幕。
- Camera（屏幕空间-摄影机模式）：和 Overlay 模式类似，画布会填满整个屏幕空间，如果屏幕尺寸被改变，则画布也会自动改变尺寸来匹配屏幕。不同的是，在该模式下，画布会被放置在摄影机前方。（当场景中只有 1 台摄影机时，两种模式的渲染效果基本一致。）
- World Space（世界控件模式）：画布被视为与场景中其他游戏对象性质相同的、类似于一张面片（Plane）的物体。画布的尺寸可以通过 RectTransform 设置，所有的 UI 元素可能位于普通 3D 物体的前面或者后面显示。该模式可以用于 Unity UI 界面的交互。

8.1.2　自适应屏幕

Canvas 的同级游戏对象需要绑定 Canvas Scaler 组件。自适应屏幕需要缩放画布，将 UI Scale Mode 设置为 Scale With Screen Size，如图 8-1 所示。

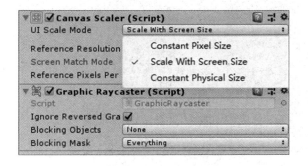

图 8-1　自适应屏幕

接着确认开发的分辨率，开发者必须按这个屏幕尺寸来做出对应的图片和布局。以移动平台为例，主流的手机大多是 16∶9 的分辨率，不能把分辨率设置得太高，因为需要考虑低配的手机。这里设置分辨率为 1136×640，将目标分辨率等比例缩放即可。并将 Screen Match Mode（屏幕相对模式）设置为 Expand，如图 8-2 所示。

图 8-2　屏幕匹配模式

Expand 表示 Canvas 中的 UI 对象始终保持在屏幕内。在屏幕宽度变窄后，画布会整体缩放高度来保持自适应。Screen Match Mode 还可以设置为 Match Width Or Height 或者 Shrink，前者表示始终保持画布的宽度或高度自适应屏幕的高度或宽度；后者表示当屏幕的分辨率变化时，始终保持画布的原始比例，超出屏幕的部分会被裁切掉（显示不全）。所以在游戏开发中，屏幕自适应应该首先选择 Expand。

8.1.3　锚点及其对齐方式

UG UI 提供了 Rect Transform 组件，用于设置锚点及其对齐方式。以 Image 为例，锚点与中心点设置如图 8-3 所示。

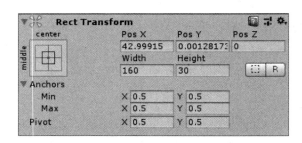

图 8-3　锚点与中心点设置

- 锚点（Anchors）：Image 在 Canvas 中的相对位置。
- 中心点（Pivot）：中心点相对于自身的百分比位置（0～1），由 Pivot 的 X、Y 控制。

目前，UI 的自适应是整体缩放。有时可能需要将某些 UI 对象挂靠在屏幕的 4 个边角上。锚点的对齐方式一共有 9 种，如图 8-4 所示。由于 UI 对象是可以多层嵌套的，因此这里设置的是相对于它的父对象的对齐方式。在设置好锚点挂靠后，无论如何修改屏幕分辨率，边角挂靠的 UI 对象永远都会自适应地挂在 4 个边角上。

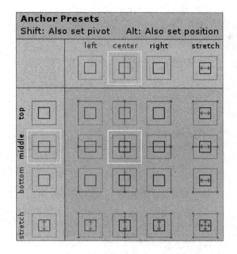

图 8-4　锚点的对齐方式

8.1.4　Canvas 优化

UGUI 会自动合并批次，把一个 Canvas 中的所有元素合并在一个 Mesh 中。如果 Canvas 中的元素很多，则任意一个元素发生位置、大小的改变，都需要重新合并所有元素的 Mesh，可能会造成卡顿。

一个比较好的做法是将每个 UI 界面都设置为一个 Canvas。如果界面中的元素比较多，则可以考虑多嵌套几个 Canvas，尤其是会频繁改变位置、大小的元素，这样可以减少合并 Mesh 的开销。

8.2　基础元素

UI 界面是游戏开发中非常重要的一部分，所有交互都需要在其中完成。UI 界面中的元素是多元化的，如文本、图片和按钮相互组合，搭配排列出理想的界面。下面主要讲解可视组件（Text、Image、Raw Image）、交互组件（Button、InputField）。

8.2.1　Text 组件

Text 组件是 UGUI 中最常用的组件，其作用是对文本数据进行处理并显示。

创建 Text 组件的方法是：在 Hierarchy 视图中右击，选择"UI"→"Text"命令，或者选择"GameObject"菜单中的"UI"→"Text"命令。Text 组件的属性如图 8-5 所示。开发者可以根据需要选择合适的字体、字号和颜色，以保证文字清晰可读。

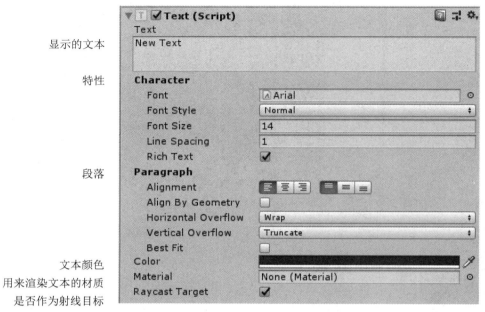

图 8-5　Text 组件的属性

需要注意的是，如果勾选"Raycast Target"复选框，则表示 UI 可以被射线点击，UGUI 中的所有组件都会被勾选，UI 事件会在 EventSystem 的 Update 的 Process 中被触发。UGUI 会遍历所有 Raycast Target 属性值是 true 的 UI 组件，发射射线找到玩家最先触发的那个 UI，抛出事件给逻辑层响应。

8.2.2　Image 组件

UGUI 的 Image 组件是 Unity 引擎中的一种 UI 组件，用来显示 2D 图像。UGUI 的其他组件也会用到 Image 组件，如 Button 组件、InputField 组件等。Image 组件为在游戏中加载和显示各类图片资源提供了一种简单而灵活的方式，如角色头像、道具图标等。它具有以下优点。

- 易用性：Image 组件提供了简单易懂的接口，使开发者可以轻松地加载和显示图片。
- 灵活性：开发者可以通过设置 Image 组件的属性，如颜色、透明度等，实现各种图片效果。
- 性能优化：UGUI 的 Image 组件支持图片的批量渲染，能够高效地处理大量的图片资源。

Image 组件的初始属性如图 8-6 所示。其中，Source Image 表示图片资源，其纹理格式为 Sprite 的图片资源。因此对于要显示的图片资源，首先要将其 Texture Type 设置为 Sprite（2D and UI），然后将图片资源拖动到 Source Image 中。

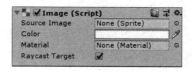

图 8-6　Image 组件的初始属性

- Source Image：纹理格式为 Sprite 的图片资源。
- Color：颜色。
- Material：材质。
- Raycast Target：是否开启射线检测。

Image 组件在有了图片资源后会具有更多的属性，如图 8-7 所示。其中，Image Type 表示图片类型，Preserve Aspect 表示图片保持现有尺寸。

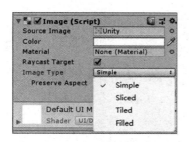

图 8-7　Image 组件的扩展属性

- Simple（基本的）：图片整张显示，不裁切，不叠加，根据边框大小会有拉伸。
- Sliced（切片的）：图片切片显示。使用 Sliced 模式后，根据图片边框拉伸。
- Tiled（平铺的）：图片按照当前比例向目标区域平铺。
- Filled（填充的）：根据填充方式、填充起点、填充比例决定显示哪一部分图片。

8.2.3　Raw Image 组件

Raw Image 组件用于显示原始图片。与 Image 组件不同，Raw Image 组件可以直接显示原始图片的像素数据，而无须经过额外的处理。此外，Image 组件只能显示 Sprite，而 Raw Image 组件既可以显示 Sprite，也可以显示任意 Texture，不过都是以 Texture 方式显示的。

Raw Image 组件通过将原始图片的像素数据直接传递给显卡进行渲染，从而实现显示原始图片的功能。它可以显示各种格式的图片，包括常见的 PNG、JPG 格式。

Raw Image 组件的常用属性如下。

- Texture：指定要显示的原始图片的纹理。
- Color：指定图片的颜色。开发者可以通过调整透明度来实现图片的淡入淡出效果。
- Material：指定图片的材质。开发者可以通过更换材质来实现不同的渲染效果。
- UV Rect：指定图片在纹理中的位置和大小。

8.2.4　Button 组件

Button 是一个按钮组件，在开发中经常使用，通过单击按钮执行某些事件、动作、切换状态等。

创建 Button 组件的方法是：在 Hierarchy 视图中右击，选择"UI"→"Button"命令，或者选择"GameObject"菜单中的"UI"→"Button"命令。Button 组件的属性如图 8-8 所示。Button 组件有两个模块：Image 模块用来显示 Button 的效果（在 8.2.2 节中已经介绍过），Button 模块用来响应单击事件。

图 8-8　Button 组件的属性

- Interactable：是否启动按钮，取消勾选则按钮失效。
- Transition：按钮过渡的类型，默认为 ColorTint（颜色过渡），还有 None、SpriteSwap、Animation 可供选择。
- Navigation：导航。

- On Click：按钮单击事件的列表，用于设置单击后执行哪些函数。通过 Button 组件，开发者既可以通过 On Click 手动添加监听事件，也可以通过代码动态添加监听事件。

1．手动添加监听事件

（1）创建脚本。

在 Project 视图中右击，选择"Create"菜单中的"C# Script"命令，将脚本命名为 Test_8_1。编写监听函数，参考代码 8_1。

代码 8_1　Button 按钮监听函数测试代码

```
using UnityEngine;

public class Test_8_1 : MonoBehaviour {
    public void OnClickTest(){        //此方法需要为public属性
        Debug.Log("单击了按钮");
    }
}
```

（2）将脚本绑定到主摄像机对象（或者空的游戏对象）上。

（3）在 Inspector 视图中添加 OnClick 事件。

首先，勾选"Button"复选框，单击"+"按钮，选择绑定脚本的游戏对象（这里是 Main Camera）；然后选择监听函数，如图 8-9 所示。

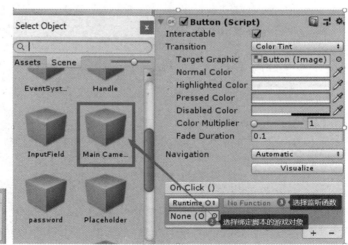

图 8-9　手动添加 OnClick 事件

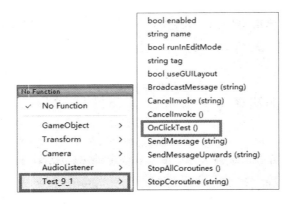

图 8-9 手动添加 OnClick 事件（续）

（4）运行脚本，单击按钮，结果如图 8-10 所示。

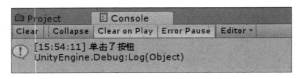

图 8-10 单击按钮后的结果

2．动态添加监听事件

（1）创建脚本（脚本名为 Test_8_2），添加代码 8_2。

代码 8_2 动态添加 Button 事件

```
using UnityEngine;
using UnityEngine.UI;                          //本行代码为 UGUI 特征库函数

public class Test_8_2 : MonoBehaviour {
    Button TestBtn;

    void Start () {
        TestBtn = GetComponent<Button>(); //获取游戏对象的 Button 组件
        TestBtn.onClick.AddListener(OnClickTest);
        //监听事件触发 OnClickTest() 方法
    }
    // OnClickTest() 方法
    public void OnClickTest(){
        Debug.Log("单击了按钮");
    }
}
```

代码中的 onClick.AddListener()方法用于为按钮添加监听事件。

（2）将脚本绑定到 Button 上，运行后单击按钮，结果与图 8-10 相同。

需要说明的是，在代码中对按钮进行监听更加灵活，不建议在 Inspector 视图中添加 OnClick 事件。

8.2.5　InputField 组件

InputField（输入框）组件用于输入内容，包括账号、暗码、聊天信息和参数。

创建 InputField 组件的方法是：在 Hierarchy 视图中右击，选择"UI"→"Input Field"命令，或者选择"Create"菜单中的"UI"→"Input Field"命令。在 Hierarchy 视图中，能够看到 InputField 的层级结构，即 InputField 有两个子对象：Placeholder 子对象和 Text 子对象。其中，Placeholder 用于提示用户输入的占位符，Text 用于输入内容。

InputField 组件的属性如图 8-11 所示。其中，Interactable、Transition、Navigation 属性跟 Button 组件中的相应属性是类似的。其中，Content Type（字符类型）属性有 10 个值可供选择，如图 8-12 所示，根据需求设置即可。其他属性用于操控输入文本的长度、类型等。

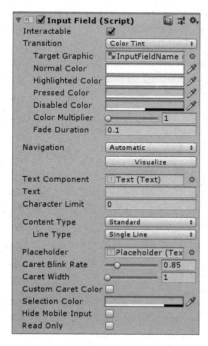

图 8-11　InputField 组件的属性

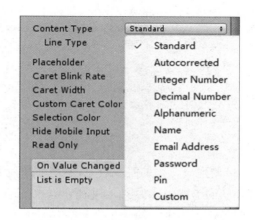

图 8-12　Content Type 属性值

此外，InputField 组件还用于获取用户的输入信息。下面通过实例来演示如何获取并显示用户输入的账号和密码。

（1）新建两个 InputField 组件，将 Placeholder 子对象的 Text 修改为"请输入用户账号"和"请输入密码"。新建两个 Text 组件，将其内容设置为"用户账号"和"用户密码"。新建两个 Button 组件，将其内容分别设置为"登录"和"退出"。为了显示 InputField 组件中输入的账号和密码，再新建一个 Text 组件并将其内容清空，如图 8-13 所示。

图 8-13　获取并显示用户输入的界面设计

（2）创建脚本。

在 Project 视图中右击，选择"Create"→"C# Script"命令，将脚本命名为 Test_8_3，参考代码 8_3。

代码 8_3　单击"登录"按钮后显示账号、密码

```csharp
using UnityEngine;
using UnityEngine.UI;

public class Test_8_3 : MonoBehaviour {
    public InputField m_InputFieldName;
    public InputField m_InputFieldPwd;
    public Button m_ButtonLogin;
    public Text m_TextInfo;
    void Start () {
            m_ButtonLogin.onClick.AddListener(Button_OnClickEvent);
    }

    public void Button_OnClickEvent () {
            m_TextInfo.text = "用户账号: "+m_InputFieldName.text+"用户密码:
"+m_InputFieldPwd.text;

    }
}
```

（3）创建一个空的游戏对象，将脚本绑定到该游戏对象上，并将 UI 对象拖动到 Script 组件相应的卡槽中，如图 8-14 所示。

（4）运行脚本，输入账号和密码，单击"登录"按钮，就可以显示账号和密码了，如图 8-15 所示。

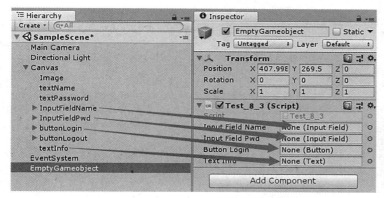

图 8-14　将 UI 对象拖动到 Script 组件相应的卡槽中　　　　图 8-15　运行后的界面

8.2.6　场景管理

为实现场景之间的任意切换，Unity 提供了场景管理器，开发者可以同时打开或者切换多个场景。

1.　切换场景

Unity 提供了同步切换场景和异步切换场景的方法。场景切换的原则是删除当前场景，切换新场景，代码如下。

```
//同步切换场景
SceneManager.LoadScene("sceneName");  //sceneName 是场景名称
//异步切换场景
SceneManager.LoadSceneAsync("sceneName");
```

本节将利用场景管理器来进一步完善 8.2.5 节中的"登录"按钮，以实现按钮触发的界面跳转。

（1）创建一个新的游戏场景，并命名为 IndexScene。

（2）在代码 8_3 中添加以下内容。

代码 8_3　单击"登录"按钮后切换场景

```
using UnityEngine;
using UnityEngine.UI;
using UnityEngine.EventSystems;
using UnityEngine.SceneManagement;        //使用场景管理器


public class Test_8_3 : MonoBehaviour {
```

```
        public InputField m_InputFieldName;
        public InputField m_InputFieldPwd;
        public Button m_ButtonLogin;
        public Text m_TextInfo;
        void Start () {
            m_ButtonLogin.onClick.AddListener(Button_OnClickEvent);
    }
        public void Button_OnClickEvent () {
            m_TextInfo.text = "用户账号："+m_InputFieldName.text+"用户密码：
"+m_InputFieldPwd.text;
            SceneManager.LoadScene("IndexScene");  //使用 LoadScene 加载场景
        }
    }
```

（3）场景编号。

在"File"菜单中选择"Build Settings"命令，打开"Build Settings"（运行设置）
对话框，把 Project 视图中的相应场景拖动到该对话框中，如图 8-16 所示。

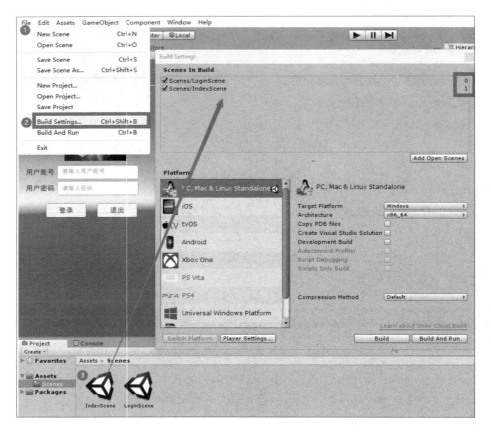

图 8-16　场景编号

2. 退出功能的实现

在用户结束或者关闭游戏时，应使用可靠的代码来确保程序可以正确地退出，以避免产生不必要的问题。

1）Application.Quit()函数

Unity 内置了一个退出游戏的函数 Application.Quit()。该函数可以直接退出应用程序，代码如下。

```
if (Input.GetKey(KeyCode.Escape)){
        Application.Quit();
}
```

上述代码可以在 Update()函数中检测玩家是否按了 Esc 键，如果按下则调用 Application.Quit()函数退出游戏。

在调试 Unity 编辑器的时候，会发现即使使用包含 Application.Quit()代码的组件或物体仍无法退出编译，因为该代码只能在打包（Build and Run）后实现退出功能。

2）EditorApplication.isPlaying 属性

EditorApplication.isPlaying 属性是 Unity 中的一个静态属性，用于判断当前应用程序是否在运行。当它的值为 false 时，表示应用程序已经停止运行，可以退出游戏。

在代码 8_3 中添加以下内容。

代码 8_3　退出程序

```
using UnityEngine;
using UnityEngine.UI;
using UnityEngine.EventSystems;
using UnityEngine.SceneManagement;          //使用场景管理器

public class Test_8_3 : MonoBehaviour {
  ……
    void Update(){
        if (Input.GetKey(KeyCode.Escape))
        {
        #if UNITY_EDITOR
            UnityEditor.EditorApplication.isPlaying = false;
            //如果是在 Unity 编辑器中
        #else
            Application.Quit();       //否则在打包文件中
        #endif
```

```
        }
    }

    public void Button_OnClickEvent () {
        m_TextInfo.text = "用户账号: "+m_InputFieldName.text+"用户密码:
"+m_InputFieldPwd.text;
        SceneManager.LoadScene("IndexScene");  //使用 LoadScene 加载场景
    }
}
```

Unity 游戏的退出方法主要有两种: 使用 Application.Quit() 函数和使用 EditorApplication.isPlaying 属性。这两种方法都可以在脚本中实现, 开发者可以根据具体情况选择, 但在实际开发中需要考虑不同平台的差异, 从而保证游戏退出的稳定性。

8.3 EventSystem 组件

第一次在 Unity 中创建 UI 元素时, 会自动生成一个 EventSystem 组件。如果删除它, 则会发现 UI 事件 (如单击、拖动) 不会被检测到, 原因在于 UGUI 所有的事件系统都是依赖 EventSystem 组件完成的。

EventSystem 组件的主要作用如下。
- 管理被选中的游戏对象。
- 管理正在使用的输入模块。
- 管理射线检测 (如果需要)。
- 根据需要更新所有输入模块。

8.3.1 输入模块

输入模块主要有以下功能。
- 处理输入。
- 管理事件状态。
- 将事件发送到场景中的对象。

对于一个场景, 只能有一个输入模块在事件系统中处于活动状态, 并且它必须与 EventSystem 组件绑定到同一个游戏对象上。

事件系统中的输入模块用于配置和自定义事件系统的主要逻辑。事件系统提供了两个开箱即用的输入模块, 一个用于独立平台, 另一个用于触控输入。每个模块都会按照开发者的配置接收和分发事件。

输入模块是事件系统的"逻辑"开始的地方。当启用事件系统时，它会查看所连接的输入模块，并将更新处理传递给具体模块。输入模块可以根据开发者期望的输入系统进行扩展或修改。输入系统的目的是将特定于硬件的输入（如触摸、游戏杆、鼠标、运动控制器）映射到通过消息系统发送的事件上。内置的输入模块支持常见的游戏配置，如触控输入、控制器输入、键盘输入和鼠标输入。如果在 MonoBehavior 上实现了特定接口，则输入模块也会将各种事件发送给应用程序中的控件，所有 UI 组件都将支持对应的特定接口。

8.3.2 UI 事件

UI 事件依赖于 Graphic Raycaster 组件，该组件必须绑定在 Canvas 上，表示该 Canvas 中的所有 UI 元素都支持该事件。假设游戏中同时有多个 Canvas，如果不想让游戏中某些 UI 接收点击事件，那么可以把部分 Canvas 上的 Graphic Raycaster 组件设置为 enable=false，或者直接删掉 Graphic Raycaster 组件。

事件系统支持许多事件，开发者可以在自定义的输入模块中做进一步的自定义。独立输入模块和触摸输入模块支持的事件由接口提供，通过实现该接口即可在 MonoBehaviour 上实现这些事件。如果配置了有效的事件系统，则会在正确的时间调用事件。

UGUI 已经封装了一些 UI 元素的事件，如 Button、Toggle 等，而 Image、Text 这些特别基础的 UI 元素是没有事件封装的。如果要监听这些元素，则只能手动添加监听事件。以下是 UGUI 支持的监听方法。

- IPointerEnterHandler - OnPointerEnter()：当指针进入对象时调用。
- IPointerExitHandler - OnPointerExit()：当指针退出对象时调用。
- IPointerDownHandler - OnPointerDown()：当按下指针时调用。
- IPointerUpHandler - OnPointerUp()：当松开指针时调用（在指针正在点击的游戏对象上调用）。
- IPointerClickHandler - OnPointerClick()：在同一个游戏对象上按下再松开指针时调用。
- IInitializePotentialDragHandler - OnInitializePotentialDrag()：当找到拖动对象时调用，可以用于初始化值。
- IBeginDragHandler - OnBeginDrag()：当即将开始拖动时，在拖动对象上调用。
- IDragHandler - OnDrag()：当发生拖动时，在拖动对象上调用。
- IEndDragHandler - OnEndDrag()：当拖动完成时，在拖动对象上调用。

- IDropHandler - OnDrop()：在拖动对象上调用。
- IScrollHandler - OnScroll()：当滚动鼠标滚轮时调用。
- IUpdateSelectedHandler - OnUpdateSelected()：每当勾选时，在选定对象上调用。
- ISelectHandler - OnSelect()：当对象成为选定对象时调用。
- IDeselectHandler - OnDeselect()：当取消选择选定对象时调用。
- IMoveHandler - OnMove()：当发生移动事件（上、下、左、右等）时调用。
- ISubmitHandler - OnSubmit()：当单击"Submit"按钮时调用。
- ICancelHandler - OnCancel()：当单击"Cancel"按钮时调用。

监听方法是非常全面的，开发者可以根据自己的需求依次实现上面的接口。下面举个例子来监听 Image 或者 Text 的点击事件。

代码 8_4　继承 IPointerClickHandler 接口并实现 OnPointerClick()方法

```
using UnityEngine;
using UnityEngine.UI;
using UnityEngine.EventSystems;

public class Test_8_4 : MonoBehaviour,IPointerClickHandler
 {
        #region IPointerClickHandler implementation
        public void OnPointerClick(PointerEventData eventData)
        {
                Debug.LogFormat("{0} is click",gameObject.name);
                // gameObject 表示点击的 UI 元素
        }
        #endregion
 }
```

代码 8_4 继承了需要监听的 IPointerClickHandler 接口，接着就可以重写 OnPointerClick() 方法了。当单击这个 UI 元素（Image 或者 Text）时，就会回调一次此方法。

将脚本绑定到相应的 UI 元素（Image 或者 Text）上，运行程序时会在 Console 视图中显示执行的是哪个元素的点击事件。

8.3.3　UI 事件管理

8.3.2 节介绍了如何为一个普通的 UI 元素添加点击事件，可是 UI 中需要响应的事件太多了，不能给每个元素都添加一个脚本来处理点击后的逻辑；因此可以使用 OnClick()

方法统一处理 Button、Text 和 Image 组件的点击事件。参考代码 8_5，在统一位置为所有 UI 组件添加监听事件，调用 UGUIEventListener.Get()方法传入需要监听的对象（Text 或者 Image）。

代码 8_5 在统一位置为 UI 组件添加监听

```
using UnityEngine;
using UnityEngine.UI;
using UnityEngine.EventSystems;

public class Test_8_5 : MonoBehaviour {
    public Button btn1;
    public Button btn2;
    public Text txt;
    public Image img;

    void Awake () {
        btn1.onClick.AddListener(delegate(){
            OnClick(btn1.gameObject);
        });
        btn2.onClick.AddListener(delegate(){
            OnClick(btn2.gameObject);
        });
        UGUIEventListener.Get(txt.gameObject).onClick = OnClick;
        UGUIEventListener.Get(img.gameObject).onClick = OnClick;
    }

    void OnClick (GameObject go) {
        if(go == btn1.gameObject){
            Debug.Log("登录");
        } else if(go == btn2.gameObject){
            Debug.Log("退出");
        } else if(go == txt.gameObject){
            Debug.Log("点击文本框");
        } else if(go == img.gameObject){
            Debug.Log("点击图片");
        }
    }
}
```

UGUI 虽然没有为 Text 和 Image 等对象提供点击事件，但是支持继承 EventSystems. EventTrigger 来实现 OnPointerClick()点击方法，相关代码如下。

代码 8_6　实现 UGUIEventListener

```
using UnityEngine;
using UnityEngine.Events;
using UnityEngine.EventSystems;
public class UGUIEventListener : UnityEngine.EventSystems.EventTrigger
{    public UnityAction<GameObject> onClick;
    public override void OnPointerClick(PointerEventData eventData)
    {   base.OnPointerClick(eventData);
        if (onClick != null)
            onClick(gameObject);
    }
    /// <summary>
    /// 获取或添加 UGUIEventListener 脚本来实现对游戏对象的监听
    /// </summary>
    /// <param name="go"></param>
    /// <returns></returns>
    public static UGUIEventListener Get(GameObject go)
    {   UGUIEventListener listener = go.GetComponent<UGUIEventListener>();
        if (listener == null)
            listener = go.AddComponent<UGUIEventListener>();
        return listener;
    }
}
```

8.4　GUI

GUI 是 Graphical User Interface 的缩写。Unity 内置了一套完整的 GUI 系统，提供了从布局、空间到皮肤的一整套 GUI 解决方案，可以做出各种风格和样式的 GUI 界面。由于 Unity 没有提供内置的 GUI 可视化编辑器，因此 GUI 界面的制作全部需要通过编写代码实现。在编写 GUI 脚本时必须注意两点：GUI 脚本必须定义在脚本文件的 OnGUI 事件函数中；每帧都会调用 GUI。

8.4.1　使用 GUI 创建控件

GUI 使用一个名为 OnGUI 的特殊函数来创建控件。只要启用包含脚本，就会在每帧调用 OnGUI()函数，就像 Update()函数一样。下面的实例讲解了 GUI 控件的使用方法。

（1）创建脚本文件 GUI_Test，参考代码 8_7。

代码 8_7　示例关卡加载程序

```
using System.Collections;
using System.Collections.Generic;
using UnityEngine;

public class GUI_Test : MonoBehaviour {
    void OnGUI ()
    {  // 创建背景框
        GUI.Box(new Rect(10,10,100,90), "Loader Menu");

        // 创建第一个按钮。如果按下此按钮，则会执行 Application.Loadlevel (1)
        if(GUI.Button(new Rect(20,40,80,20), "Level 1"))
        {
            Application.LoadLevel(1);
        }

        // 创建第二个按钮
        if(GUI.Button(new Rect(20,70,80,20),"Level 2"))
        {
            Application.LoadLevel(2);
        }
    }
}
```

（2）将脚本附加到空的游戏对象上，运行脚本，结果如图 8-17 所示。

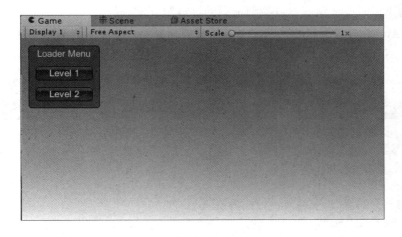

图 8-17　GUI 控件的使用效果

（3）分析代码 8_7。

On GUI()函数的第一行代码 GUI.Box (Rect (10,10,100,90), "Loader Menu")将显示一个标题文本为"Loader Menu"的 Box 控件。这行代码遵循典型的 GUI 控件声明模式。

下一行代码用于声明 Button 控件。请注意，Button 控件的声明与 Box 控件的声明略有不同，即该声明整个位于 if 代码块内。当运行游戏并单击"Button"按钮时，该 if 语句会返回 true，并执行 if 代码块中的所有代码。

由于每帧都会调用 OnGUI()函数，因此无须显式地创建或销毁 GUI 控件。声明控件的代码与创建控件的代码是同一行代码。如果需要在特定时间显示控件，则可以使用任何类型的脚本逻辑来执行此操作。

（4）声明 GUI 控件。

在声明 GUI 控件时，需要注意 3 个关键信息。

Type (Position, Content)

可以看到，这是一个带有两个参数的函数。

- Type：控件类型。通过调用 Unity 的 GUI 类或 GUILayout 类中的函数来声明该类型。例如，GUI.Label()函数将创建非交互式标签。
- Position：所有 GUI 控件函数中的第一个参数。该参数本身附带一个 Rect()函数。Rect()函数有 4 个属性：最左侧位置、顶部位置、总宽度、总高度。所有属性值都是整数，对应于像素值。坐标系基于左上角。例如，Rect(10,20,300,100)定义了一个从坐标(10,20)开始到坐标(310,120)结束的矩形。值得再次强调的是，Rect()中的第二对值是总宽度和高度，而不是控件结束的坐标。这就是为什么上面提到的例子结束于(310,120)而不是(300,100)。

所有 GUI 控件均在屏幕空间（Screen Space）中工作，开发者可以使用 Screen.width 和 Screen.height 属性来获取播放器中可用的屏幕空间的总尺寸。

- Content：GUI 控件函数的第二个参数是要与控件一起显示的实际内容。该控件通常会显示一些文本或图像，若要显示文本，则需要将字符串作为 Content 参数传递。

Rect()函数的参考代码 8_8 如下，运行脚本，结果如图 8-18 所示。

代码 8_8　Rect()函数的属性

```
using System.Collections;
using System.Collections.Generic;
using UnityEngine;

public class GUI_Test2 : MonoBehaviour {
    void OnGUI()
    {
```

```
        GUI.Box (new Rect (0,0,100,50), "Top-left");
        GUI.Box (new Rect (Screen.width - 100,0,100,50), "Top-right");
        GUI.Box (new Rect (0,Screen.height - 50,100,50), "Bottom-left");
        GUI.Box (new Rect (Screen.width - 100,Screen.height -
50,100,50), "Bottom-right");
        }
    }
```

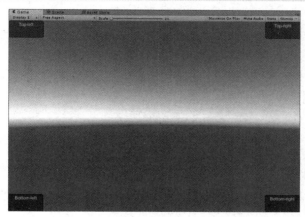

图 8-18　Rect()函数的运行结果

8.4.2　GUI 基本控件

GUI 基本控件及其含义如表 8-1 所示。

表 8-1　GUI 基本控件及其含义

控件名称	含　义
Label	绘制文本和图片
TextField	绘制一个单行文本输入框
TextArea	绘制一个多行文本输入框
PasswordField	绘制一个密码输入框
Button	绘制一个按钮
ToolBar	创建工具栏
ToolTip	用于显示提示信息
Toggle	绘制一个开关按钮
Box	绘制一个图形框
ScrollView	绘制一个滚动视图组件
DragWindow	实现屏幕内的可拖动窗口
Window	窗口组件，可以添加任意组件

代码 8_9 显示了 GUI 基本控件的使用方法。

代码 8_9   GUI 基本控件

```
public class GUI_Test4 : MonoBehaviour {

        private Rect window0 = new Rect(20,60,160,160);
        private Rect window1 = new Rect(250,60,160,160);

        Vector2 scrollPosition = Vector2.zero;
        int toolbarInt = 0;
        string[] toolbarStrings ={"红色","绿色","蓝色"};

        void OnGUI() {
                //Box 组件，将下面的内容放到 Box 组件里
                GUI.Box (new Rect (10,20,400,200), "");
                //用 ToolBar 组件创建工具栏
                toolbarInt = GUI.Toolbar (new Rect (10,20,250,30),toolbarInt,
toolbarStrings);
                switch (toolbarInt){
                    case 0:
                            GUI.color= Color.red;
                            break;
                    case 1:
                            GUI.color= Color.green;
                            break;
                    case 2:
                            GUI.color= Color.blue;
                            break;
                    default:
                            break;
                }

                //注册两个窗口
                GUI.Window (0,window0,oneWindow,"第一个窗口");
                GUI.Window (1,window1,twoWindow,"第二个窗口");
        }
        //显示窗口 1 的内容
        void oneWindow(int windowID)
        {
                GUI.Box (new Rect(10,50,150,50),"这个窗口 id 为: "+windowID);
                if (GUI.Button (new Rect (10, 120, 150, 50), "普通按钮")) {
```

```
        Debug.Log("窗口 id = "+windowID+"按钮被点击");
        }
    }
    //显示窗口 2 的内容
    void twoWindow(int windowID)
    {
        GUI.Box (new Rect(10,50,150,50),"这个窗口 id 为: "+windowID);
        if (GUI.Button (new Rect (10, 120, 150, 50), "普通按钮")) {
            Debug.Log("窗口 id = "+windowID+"按钮被点击");
        }
    }
}
```

上述代码中用到了 GUI 中的 Button 控件、Box 控件、ToolBar 控件、Window 控件。可以看到，OnGUI 系统并不是可视化操作的，在大多数情况下需要开发者通过代码实现控件的摆放及功能的修改。开发者需要通过给定的坐标对控件进行调整。上述代码的运行结果如图 8-19 所示。

图 8-19　GUI 基本控件示例代码的运行结果

8.4.3　GUILayout 自动布局

GUILayout 是游戏界面的布局。GUI 和 GUILayout 的功能是相似的，但是在使用过程中存在一定的区别。

在使用 GUI 创建控件的时候，需要设置控件的 Rect()方法，这样的控件非常不灵活，因为它的坐标及大小已经被固定了。如果控件中的内容长度发生改变，则会直接影响展示效果。GUILayout 可以很方便地解决上述难题。GUILayout 可以自适应控件大小和自动计算组件显示区域，并且保证它们不会重叠，开发者无须设定显示区域。

为了更好地区别这两种布局，接下来分别用 GUILayout 和 GUI 来实现两个按钮，代码如下。

代码 8_9   GUILayout 和 GUI 的区别

```
using System.Collections;
using System.Collections.Generic;
using UnityEngine;

public class GUI_Test3 : MonoBehaviour {
    private string info="添加测试字符串";

    void OnGUI()
    {
        if(GUI.Button(new Rect (50,50,120,40),info))
        {
            info+=info;
        }
        if(GUILayout.Button(info))
        {
            info+=info;
        }
    }
}
```

运行程序，结果如图 8-20（a）所示。单击按钮，文本框中的文字会增加，GUI 很快就会超出边框，GUILayout 会随着文字的增加而自动增大，如图 8-20（b）所示。

（a）初始运行结果

（b）单击按钮后的结果

图 8-20   GUILayout 示例运行结果

在默认情况下，使用 GUILayout 创建的任何 GUI 控件都会被放置在屏幕的左上角。如果要在任意区域中放置一系列自动布局的控件，则需要使用 GUILayout.BeginArea 定义一个新区域供自动布局系统使用。

既然 GUILayout 不需要使用 Rect()方法设定控件的显示区域，那么它是怎么设定控件的显示区域的呢？使用 GUILayoutOption 可以直接设置控件的宽度、高度等参数。在使用 GUILayoutOption 设置布局时，开发者无须考虑控件与控件的坐标是否会重叠，GUILayout 会自动把所有控件以线性排列的方式显示在屏幕中。GUILyaoutOption 是以数组的形式存储设置信息的。

- GUILayout.Width()：设置布局的宽度。
- GUILayout.Heigth()：设置布局的高度。
- GUILayout.MinWidth()：设置布局的最小宽度。
- GUILayout.MinHeigth()：设置布局的最小高度。
- GUILayout.MaxWidth()：设置布局的最大宽度。
- GUILayout.MaxHeigth()：设置布局的最大高度。
- GUILayout.ExpandWidth()：设置布局整体的宽度。
- GUILayout.ExpandHeight()：设置布局整体的高度。

本章小结

本章主要介绍了 Unity 中 UI 系统的 UGUI 和 GUI，包括 UI 基础元素的创建及用法。UGUI 是 Unity 中常用的 UI 系统，提供了强大的事件系统，可以很方便地监听点击、滑动等事件。UGUI 的教程相对较多，更容易学习。GUI 是 Unity 的原生 UI 系统，其特点是简单、易用，但无法进行可视化操作，更多的是通过开发者使用代码进行布局和定位。UGUI 和 GUI 的应用场景不同，都需要认真掌握。通过对本章的学习，读者需要掌握用 UI 制作登录界面、信息显示界面、得分界面、返回界面的方法。

习题

1．请实现图 8-15 中"退出"按钮的退出功能。
2．请用手动添加监听事件的方式，实现图 8-15 中"登录"按钮的切换场景功能。
3．设计一个游戏关卡界面，需要有用户登录界面、当前水平信息、难度选择界面、返回界面。

第 9 章

Unity 数据的读取

在程序开发中，经常要从文件中读取数据，常见的文件类型有 JSON、TXT、XML、Excel 等。本章主要介绍 3 种在 Unity 中存储和读取数据的方法：JSON 文件操作、本地数据持久化类、XML 文件操作。

9.1　JSON 文件操作

在 Unity 中，以下 3 种情况会用到 JSON：与服务器进行数据交互、配置文件、与 Android/iOS 进行数据交互。

9.1.1　JSON 的基本语法

JSON 的全称是 JavaScript Object Notation（JavaScript 对象表示法），是一种轻量级的数据交换和存储格式。JSON 虽然使用 JavaScript 语言来描述数据对象，但是采用完全独立于编程语言的文本格式存储和表示数据。简洁清晰的层次结构使 JSON 成为理想的数据交换格式，易于阅读和编写、机器解析和生成。

1. JSON 的语法

JSON 文件的类型是 "json"。JSON 的语法是 JavaScript 对象表示语法的子集，规则如下。

- 数据在名称–值对（键–值对）中。
- 数据由逗号分隔。
- 用大括号存储对象。

• 用方括号存储数组。

JSON 数据的书写格式是：字段名称（用双引号括起来）：值（用双引号括起来），如 "name":"Make"。

JSON 的值对可以是以下类型：数字（整数或浮点数）、字符串、布尔值、数组（用方括号括起来）、对象（用大括号括起来）。

2．JSON 对象

JSON 可以有多个对象（但是要放在数组中），每个对象都可以有多个键-值对，用逗号隔开，每个对象都要用大括号括起来，如{ "name":"百度" , "URL":"www.bai**.com" }。

3．JSON 数组

JSON 数组在方括号中书写，可以包含多个对象，但是数组外面需要用大括号括起来，因为数组也是一个对象。把数组和对象结合起来，可以构成更加复杂的数据集合，示例如下。

{ "array":[

{ "name":"百度" , "URL":"www.bai**.com" },

{ "name":"google" , "URL":"www.goog**.com" },

{ "name":"微博" , "URL":"www.wei**.com" }

]}

9.1.2　创建 JSON 文件

Unity 内置了 JsonUtility 类（相关 API 可以参考 JsonUtility），用于将对象序列化为 JSON 字符串或者将 JSON 字符串反序列化为对象，即 Unity 支持 JSON 的序列化和反序列化。

我们可以使用 JsonUtility.ToJson()和 JsonUtility.FromJson<T>()来进行序列化和反序列化。需要注意的是，参与序列化的类必须声明[Serializable]属性，并且支持类对象的相互嵌套。

简单地判断对象能否被 Unity 序列化的方法是：将类型标记为 public 或者声明 [SerializeField]属性，看该类型能否在 Inspector 视图中显示。需要注意的是，JsonUtility 类只支持序列化和反序列化 C#对象，不支持序列化和反序列化 Unity 的组件或对象。

在创建 JSON 文件时，可以使用输入输出命名空间中的 StreamWriter 类。

（1）创建一个字段类 Person，类里面有 string 类型的 Name 和 int 类型的 Grade；创建一个数据类 Data，里面存放的是字段类 Person 的数组。

```
[System.Serializable]                              //序列化标记
class Person
{
     public string Name;
     public int Grade;
}
[System.Serializable]
class Data
{
     public Person[] Person;
}
```

这里创建的两个类（Person 类、Data 类）都有[System.Serializable]属性，也就是序列化。只有加上这个属性，类里面的数据才能正常地转换为 JSON 数据。

（2）生成 JSON 数据，并将其保存到文件中。

```
//创建 JSON 数据的代码清单 JsonDemoCreate.cs
using UnityEngine;
using System.IO;      //引入系统的输入输出命名空间
public class JsonDemoCreate : MonoBehaviour
{   void Start()
    {
         WriteData();
    }
    public void WriteData()                              //写数据
    {   Data m_Data = new Data();                         //创建一个数据类
        m_Data.Person = new Person[5];                    //创建一个字段类并赋值
        for (int i = 0; i < 5; i++)
        {   Person m_Person = new Person();
            m_Person.Name = "User" + i;
            m_Person.Grade = i + 50;
            m_Data.Person[i] = m_Person;
        }
        string js = JsonUtility.ToJson(m_Data);           //将数据转换为 JSON
        string fileUrl = Application.streamingAssetsPath +
"\\jsonInfo.txt";   //获取文件路径
        using (StreamWriter sw =new StreamWriter(fileUrl))
        //打开或者新建文档
        {   sw.WriteLine(js);                             //保存数据
            sw.Close();                                   //关闭文档
            sw.Dispose();
        }
```

```
        }
    }
```

代码说明如下。

- using System.IO：引入系统的输入输出命名空间（必须加上）。
- string fileUrl = Application.streamingAssetsPath + "\\jsonInfo.txt"：获取文件路径。

（3）在运行程序后会在本地项目的 StreamingAssets 文件夹中生成 jsonInfo.txt 文件，
文件中的数据如图 9-1 所示。

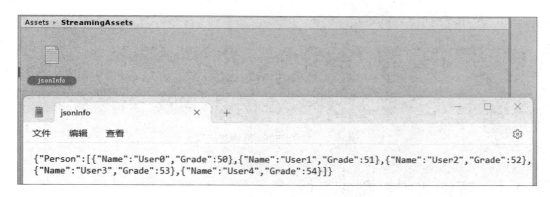

图 9-1　创建的 JSON 文件及文件中的数据

9.1.3　读取 JSON 数据

使用输入输出命名空间中 File 类的 OpenText()函数读取数据。

```
//读取 JSON 数据的代码清单 JsonDemoRead.cs
using System.IO;
using UnityEngine;

public class JsonDemoRead : MonoBehaviour
{
    void Start()
    {
        string jsonData = ReadData();
        Debug.Log(jsonData);
    }
    //读取数据
    public string ReadData()
    {   string readData;
```

```
        string fileUrl = Application.streamingAssetsPath +
"\\jsonInfo.txt";    //获取文件路径
        using (StreamReader sr =File.OpenText(fileUrl))
        {   readData = sr.ReadToEnd();
            sr.Close();
        }
        return readData;          //返回数据
    }
}
```

运行程序，结果如图 9-2 所示。

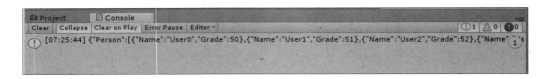

图 9-2   读取 JSON 数据的结果

9.1.4   解析 JSON 数据

读取的 JSON 数据无法被使用，还需要对其进行解析。

```
//解析 JSON 数据的代码清单 JsonDemoParse.cs
using UnityEngine;
using System.IO;
public class JsonDemoParse : MonoBehaviour {
    void Start()
    {   string jsonData = ReadData();
        //解析 JSON 数据
        Data m_PersonData = JsonUtility.FromJson<Data>(jsonData);
        //解析数据并保存到变量中
        foreach (Person item in m_PersonData.Person)
        {   Debug.Log(item.Name);
            Debug.Log(item.Grade);
        }
    }
    public string ReadData()              //读取数据
    {   string readData;
        string fileUrl = Application.streamingAssetsPath +
"\\jsonInfo.txt";                        //获取文件路径
        using (StreamReader sr =File.OpenText(fileUrl))
```

```
        {  readData = sr.ReadToEnd();
            sr.Close();
        }
        return readData;
    }
}
```

关键代码 Data m_PersonData = JsonUtility.FromJson<Data>(jsonData)，其含义是将 jsonData 字符串的内容解析为 Data 类的对象并存入 m_PersonData 中。运行程序，结果如图 9-3 所示。

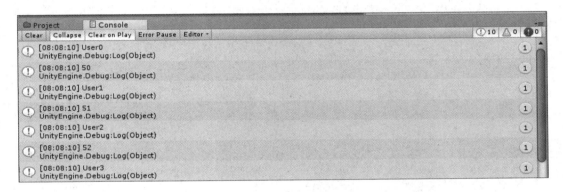

图 9-3　解析 JSON 数据的结果

9.1.5　修改 JSON 数据

如何修改 JSON 文件中的数据？先将数据读取并保存下来；然后遍历数据，找到目标数据并对其进行修改；最后保存文件。

例如，找到"User2"，将其成绩改为 58，对 JsonDemoParse.cs 做如下修改。

```
//解析 JSON 数据的代码清单 JsonDemoParse.cs
using UnityEngine;
using System.IO;
public class JsonDemoParse : MonoBehaviour {
    void Start()
    {   string jsonData = ReadData();
        //解析 JSON 数据
        Data m_PersonData = JsonUtility.FromJson<Data>(jsonData);
        //解析数据并保存到变量中
        //找到并修改数据
        foreach (Person item in m_PersonData.Person)
```

```
        {
            if (item.Name == "User2")
            {
                item.Grade = 58;
            }
        }
        //转换为 JSON 数据并保存
        string json = JsonUtility.ToJson(m_PersonData);
        AlterData(json);
    }
    public string ReadData()              //读取数据
    {   string readData;
        string fileUrl = Application.streamingAssetsPath +
"\\jsonInfo.txt";                      //获取文件路径
        using (StreamReader sr =File.OpenText(fileUrl))
        {   readData = sr.ReadToEnd();
            sr.Close();
        }
        return readData;
    }
    //修改数据
    public void AlterData(string content)
    {
        string fileUrl = Application.streamingAssetsPath +
"\\jsonInfo.txt";                          //获取文件路径
        //读取数据
        using (StreamWriter sr = new StreamWriter(fileUrl))
        {
            //保存文件
            sr.WriteLine(content);
            sr.Close();
        }
    }
}
```

9.2 本地数据持久化类

数据持久化是对将内存中的数据模型转换为存储模型，以及将存储模型转换为内存中的数据模型的操作的统称。对于需要存储大量数据、执行多种查询操作或者保证数据一致性和安全性的项目，使用数据库进行数据持久化是一个较为不错的选择。但是对于数据量较小、查询操作较少的项目，则可以使用 PlayerPrefs 或者文件存储等方式来进行数据持久化。

9.2.1　PlayerPrefs

PlayerPrefs 类是 Unity 提供的用于本地数据持久化保存和读取的类，其工作原理是以键-值对的形式将数据保存到文件中，使程序可以根据对应名称获取上次保存的数据。

PlayerPrefs 类的优点是使用起来非常方便，引擎已经封装好 GetKey()和 SetKey()方法，并且做了保存数据的优化。PlayerPrefs 的缺点是在编辑模式下查看存档非常不方便，macOS 的存档在~/Library/Preferences folder 目录下，Windows 的存档在 HKCU\Software\[company name]\[product name]注册表中。

PlayerPrefs 类目前只支持 3 种数据类型的保存和读取，分别是浮点型（float）、整型（int）、字符串型（string）。PlayerPrefs 类中的方法如下。

- 写入数据：SetFloat()、SetInt()、SetString()。
- 读取数据：GetFloat()、GetInt()、GetString()。
- 删除数据：DeleteKey()、DeleteAll()。
- 检查数据：HasKey()。
- 强制保存数据：Save()。

这些方法的用法基本一致，使用 Get 进行读取。所有的 key（键）都是 string 类型的，value（值）取决于开发者使用的数据类型。使用 PlayerPrefs 类对数据进行保存和读取操作。

```
//使用 PlayerPrefs 类对数据进行保存和读取操作的代码清单 Test_9_1.cs
using System.Collections;
using System.Collections.Generic;
using UnityEngine;
public class Test_9_1 : MonoBehaviour {
    void Start () {
        PlayerPrefs.SetInt("MyInt",2023);
        PlayerPrefs.SetFloat("MyFloat",200f);
        PlayerPrefs.SetString("MySchool","NJUPT");

        Debug.Log(PlayerPrefs.GetInt("MyInt",0));
        //若找不到键对应的值，则返回第二个参数
```

```
            Debug.Log(PlayerPrefs.GetFloat("Myfloat",0f));
            Debug.Log(PlayerPrefs.GetString("MyString","没有返回默认值"));

            //判断是否有某个键
            if(PlayerPrefs.HasKey("MyInt")){

            }
            //删除某个键
            PlayerPrefs.DeleteKey("MyInt");

            //删除所有键
            PlayerPrefs.DeleteAll();

            /**直接调用 Set 方法，只能把数据保存到内存中
            游戏正常结束时，unity 会自动把数据保存到硬盘中，反之则不会保存到内存中**/

            PlayerPrefs.Save();// 调用此方法，可以立即将数据保存到硬盘中
        }
    }
```

9.2.2 PlayerPrefs 保存复杂结构

PlayerPrefs 类可以保存字符串，结合 JSON 的序列化和反序列化功能，可以保存各种复杂的数据结构。另外，保存存档取决于硬件当时的条件，可能有保存不上的情况。通过 try…catch 来捕获保存时的错误异常。

```
//PlayerPrefs 保存复杂结构的代码清单 Test_9_2.cs
using UnityEngine;

[System.Serializable]
public class Record
{    public string strValue;
     public int intValue;
     public List<string> names;
}

public class Test_9_2 : MonoBehaviour {
     void Start () {
          Record re = new Record();
```

```
        re.strValue = "NJUPT";
        re.intValue = 2023;
        re.names = new List<string>(){"test1","test2"};
        string json = JsonUtility.ToJson(re);
        try
        {
                PlayerPrefs.SetString("record",json);
        }
        catch(System.Exception err)
        {
                Debug.Log("Got:"+err);
        }
        re = JsonUtility.FromJson<Record>(PlayerPrefs.GetString("record"));
        Debug.LogFormat("strValue={0}
intValue={1}",re.strValue,re.intValue);
    }
}
```

9.2.3　运行期间读写文本

在游戏运行期间，只有 Resources 和 StreamingAssets 目录具有读取权限。其中，Resources 用来读取游戏资源，StreamingAssets 可以使用 File 类来读取文件，但都是只读的，并不能写。只有 Application.persistentDataPath 目录是可读可写的。

```
//运行期间读写文本的代码清单 Test_9_3.cs
using System;
using System.IO;
using System.Text;

public class Test_9_3 : MonoBehaviour {

    private string m_ResourcesTxt = string.Empty;          //--可读不可写
    private string m_StreamingAssetsTxt = string.Empty;    //--可读不可写
    private string m_PersistentDataTxt = string.Empty;     //--可读可写


    private void Start()
    {
        m_ResourcesTxt = Resources.Load<TextAsset>("test").text;
//TextAsset
```

```
            m_StreamingAssetsTxt =
File.ReadAllText(Path.Combine(Application.streamingAssetsPath, "test.txt"),
Encoding.Default);
        }

        private void OnGUI()
        {
            GUILayout.Label(string.Format("<size=50>{0}</size>",
m_ResourcesTxt));
            GUILayout.Label(string.Format("<size=50>{0}</size>",
m_StreamingAssetsTxt));
            GUILayout.Label(string.Format("<size=50>{0}</size>",
m_PersistentDataTxt));

            if (GUILayout.Button("<size=50>写入并读取时间按钮</size>"))
            {
                string path = Path.Combine(Application.persistentDataPath,
"test.txt");

                File.WriteAllText(path, string.Format("我是
persistentDataPath路径 可读可写：{0}", DateTime.Now.ToString()));
                m_PersistentDataTxt = File.ReadAllText(path);
            }
        }
    }
```

代码说明如下。

- TextAsset 是 Unity 提供的一个文本对象，可以通过 Resources.Load()方法来读取数据。其中，数据是 string 类型的。
- 在 Assests 目录下创建 Resources 文件夹和 streamingAssets 文件夹（注意不能拼写错）。在 Resources 文件夹下创建 test.txt 文件（内容为：Hello_Resources），在 streamingAssets 文件夹下创建 test.txt 文件（内容为：hello_StreamingAssets）。

运行代码，结果如图 9-4（a）所示。单击"写入并读取时间按钮"，结果如图 9-4（b）所示。

（a）

（b）

图 9-4 运行期间读写文本的结果

persistentDataPath 目录本身没有问题，但是如果在平常开发中也在这个目录下进行

读写操作，则会比较麻烦，因为它在 Windows 及 macOS 下的目录是很难找的。在开发过程中需要验证保存的文件是否正确，以便随时查找，可以通过调用 EditorUtility. RevealInFinder()方法立即定位到指定目录。

9.3　XML 文件操作

XML 即可扩展标记语言，是一种用于标记电子文件，从而使其具有结构性的标记语言。在计算机中，标记是指计算机能理解的信息符号。通过该符号，计算机可以处理包含各种信息的数据、标记数据并定义数据结构。XML 是一种支持用户对自己的标记语言进行定义的源语言。C#语言提供了创建、解析、修改 XML 的方法，开发者可以很方便地进行操作。

9.3.1　创建 XML 文件

在创建 XML 文件时，需要用到 System.Xml 命名空间。

首先引用 System.Xml 命名空间，然后创建 XmlDocument 对象，最后为 XML 节点添加数据。

```csharp
//创建 XML 文件的代码清单 XmlDemo.cs
using UnityEngine;
using System.IO;
using System.Xml;

public class XmlDemo : MonoBehaviour {
    void Start()
    {
        CreateXML();
    }
    void CreateXML()    //创建 XML
    {   string path = Application.streamingAssetsPath + "/data.xml";
        //创建 XmlDocument 对象
        XmlDocument xml = new XmlDocument();
        //创建根节点
        XmlElement root = xml.CreateElement("Node");


        //创建子节点
```

```
        XmlElement element = xml.CreateElement("Person");
        element.SetAttribute("id", "1");            //设置子节点的属性
        //添加子节点的内容
        XmlElement elementChild1 = xml.CreateElement("Name");
        elementChild1.SetAttribute("name", "");
        elementChild1.InnerText = "王五";
        XmlElement elementChild2 = xml.CreateElement("Age");
        elementChild2.SetAttribute("age", "");
        elementChild2.InnerText = "18";
        //把节点一层一层地添加至 XML 中
        element.AppendChild(elementChild1);
        element.AppendChild(elementChild2);

        //再创建一个根节点的子节点
        XmlElement element2 = xml.CreateElement("Person");
        //设置根节点的子节点的属性，属性名称与第一次创建的子节点的一样，属性值不一样
        element2.SetAttribute("id", "2");
        //把两个子节点添加到根节点的子节点的下面
        XmlElement elementChild3 = xml.CreateElement("Name");
        elementChild3.SetAttribute("name", "");
        elementChild3.InnerText = "李四";
        XmlElement elementChild4 = xml.CreateElement("Age");
        elementChild4.SetAttribute("age", "");
        elementChild4.InnerText = "22";
        element2.AppendChild(elementChild3);
        element2.AppendChild(elementChild4);

        //把节点一层一层地添加至 XML 中，注意先后顺序，这是生成 XML 文件的顺序
        root.AppendChild(element);
        root.AppendChild(element2);
        //把节点添加到 XML 实例对象中
        xml.AppendChild(root);

        //保存文件
        xml.Save(path);
    }
}
```

运行代码，结果如图 9-5 所示。

图 9-5　创建 XML 文件的结果

9.3.2　读取 XML 数据

我们可以动态读取 XML 字符串中的数据，并对其进行修改，以重新生成 XML 字符串。

在创建 XmlDocument 对象后需要读取 XML 数据，从根节点一层一层往下查找，既可以通过属性的方式查找，也可以通过节点的名字查找，或者既不按照名字查找，也不按照属性查找。代码清单 XmlDemoRead.cs 实现的是不按照名字或属性查找数据。

```csharp
//读取 XML 数据的代码清单 XmlDemoRead.cs
using System.IO;
using System.Xml;
using UnityEngine;

public class XmlDemoRead : MonoBehaviour {
    void Start()
    {
        ReadXml();
    }

    void ReadXml()    //读取 XML 数据
    {        XmlDocument xml = new XmlDocument();
        xml.Load(Application.streamingAssetsPath + "/data.xml");
        //获取根节点
        XmlNode rootNode = xml.FirstChild;
        XmlNodeList nodeList = rootNode.ChildNodes;
        //遍历所有子节点
        int Count = nodeList.Count;
        for (int i = 0; i < Count; i++)
```

```
                    {
                        Debug.Log(nodeList.Item(i).InnerText);
                    }
                }
            }
```

9.3.3 修改 XML 数据

在修改 XML 数据时需要根据节点的名字或者属性找到对应的节点并修改数据，之后保存文件即可。

```csharp
//修改 XML 数据的代码清单 XmlDemoEdit.cs
using UnityEngine;
using System.IO;
using System.Xml;

public class XmlDemoEdit : MonoBehaviour {
    void Start()
    {   string path = Application.streamingAssetsPath + "/data.xml";
        if (File.Exists(path))

        {   XmlDocument xml = new XmlDocument();
            xml.Load(path);
            XmlNodeList xmlNodeList =
xml.SelectSingleNode("Node").ChildNodes;
            foreach (XmlElement xl1 in xmlNodeList)
            {
                if (xl1.GetAttribute("id") == "1")
                {
                    xl1.SetAttribute("id", "5");
                    //把 id 为 1 的属性改为 5
                }
                if (xl1.GetAttribute("id") == "2")
                {
                    foreach (XmlElement xl2 in xl1.ChildNodes)
                    {
                        if (xl2.Name == "Name")
                        {   //修改里面的内容
                            xl2.SetAttribute("name", "abc");
                            xl2.InnerText = "赵六";
                        }
```

```
                    }
                }
            }
            xml.Save(path);
        }
    }
}
```

修改 XML 数据的结果如图 9-6 所示。

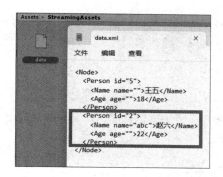

图 9-6　修改 XML 数据的结果

在数据量增大后，JSON 最大的问题就是可读性很差。XML 比 JSON 的可读性好一些；但无论 JSON 还是 XML，编辑起来都会很麻烦，因为它们的数据格式要求很严格，少写括号或者逗号都不行。

本章小结

存档可以分为静态存档和动态存档。在进行静态存档的过程中，只能对数据进行读取而不能写入。动态存档应用得更广泛，可以在玩游戏的过程中记录游戏的进度和设置。Unity 提供了 PlayerPrefs 类来处理存档的读写，开发者也可以利用 C#语言的 File 类自行存档。通过学习本章，读者需要掌握通过 PlayerPrefs 类、JSON 和 XML 实现数据存储和读取的方法。

习题

1．使用 JSON 实现本章登录界面的注册写入、登录读取功能。
2．使用 XML 实现本章登录界面的注册写入、登录读取功能。

第 **10** 章

3D 游戏原型：《小鸟吃金币》

前面几章介绍了 Unity 开发的概念和流程，本章将对前面几章的知识进行综合应用，开始项目的实践与制作，实现一个 3D 游戏原型：《小鸟吃金币》。

10.1 项目准备工作

《小鸟吃金币》这款游戏模仿《神庙逃亡》吃金币游戏，玩家单击鼠标左键使小鸟向前飞行，在飞行过程中，如果撞到障碍物（障碍柱、天花板或者地板），则游戏以失败结束；如果吃到金币，则统计吃到的金币数，如图 10-1 所示。

图 10-1　《小鸟吃金币》游戏

在开始制作项目前，需要先创建项目，导入相关资源（本章资源存放在 Bird-source 文件夹中）。

标准的项目创建：
- 项目名称：BirdCoin。
- 场景名称：Scene0。

● C#脚本名称：BirdMotion、CameraControl、LimitCollision、CoinCollision、AudioChange、DialogManage、Finish。

10.1.1　创建游戏对象

游戏原型不需要漂亮的绘图，只要能运行就可以。Bird-source 文件夹提供了游戏原型所需的图片。

在 Unity 中，游戏中的任何物体（通常是指可以在屏幕上看到的物体）都称为游戏对象（GameObject）。

1．背景

（1）创建背景墙。

选择"GameObject"菜单中的"3D Object"→"Quad"命令，将游戏对象命名为BackWall，并对其 Transform（变换）组件进行如下设置。

BackWall(Quad)　　　Position：[0,0,0]　　　Rotation：[0,0,0]　　　Scale：[100,8,1]

上述设置表示游戏对象 Background 的位置为：位置（P）x = 0, y = 0, z = 0；旋转（R）x = 0, y = 0, z = 0；缩放（S）x = 100, y = 8, z = 1。括号中的 Quad 是游戏对象的类型（平面/面片）。

（2）创建地面和天花板。

选择"GameObject"菜单中的"3D Object"→"Cube"命令，创建两个游戏对象，分别命名为 Floor 和 Ceiling，并对其 Transform 组件进行如下设置。

Floor(Cube)　　　　Position：[0,-4,0]　　　Rotation：[0,0,0]　　　Scale：[100,1,1]

Ceiling(Cube)　　　Position：[0,4,0]　　　Rotation：[0,0,0]　　　Scale：[100,1,1]

（3）创建障碍柱。

选择"GameObject"菜单中的"3D Object"→"Cube"命令，将游戏对象命名为Obstacle，对其 Transform 组件进行如下设置。

Obstacle(Cube)　　　Position：[0,-3,0]　　　Rotation：[0,0,0]　　　Scale：[1,2,1]

多复制几个障碍柱可以增加游戏的难度。

（4）创建一个空的游戏对象作为上面几个游戏对象的父对象。

选择"GameObject"菜单中的"3D Object"→"Create Empty"命令，将游戏对象命名为 Background。空的游戏对象只包含一个 Transform 组件，它是容纳其他游戏对象的既简单又实用的容器。

把上面创建的游戏对象（背景墙、地面、天花板和障碍柱）拖动到 Background 上，使之成为其子对象。当移动 Background 时，背景墙、地面、天花板和障碍柱也会随之移动。

2．背景的材质贴图

（1）创建新的材质贴图并将其命名为 Mat_BackWall。选中该材质，在 Inspector 视图中，将 Shader 设置为 Unlit/Texture，选择相应的渲染贴图，把 Base（RGB）中 Tiling 的 X 设置为 10，如图 10-2 所示。

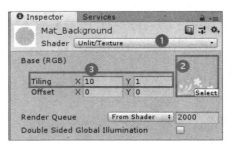

图 10-2　材质属性设置

Tiling 的作用是确定选取的图片范围，如果 Tiling.X 和 Tiling.Y 的值都为 0.5，那么图片的大小就是 0.5×0.5；如果 Tiling.X 和 Tiling.Y 的值都为 2，那么图片的大小就是 2×2。

如果材质图片的范围小于对应的游戏对象，则会拉伸图片从而产生形变，这时就需要设置 Tiling 值以避免其拉伸变形。

（2）把材质拖动到 BackWall 游戏对象上。

（3）使用同样的方法创建地面和天花板的材质贴图。

3．小鸟

（1）创建小鸟。

选择"GameObject"菜单中的"3D Object"→"Quad"命令，将游戏对象命名为 Bird，并对其 Transform 组件进行如下设置。

Bird(Quad)　Position：[-20,0,-0.4]　Rotation：[0,0,0]　Scale：[1,1,1]

（2）创建小鸟的材质贴图。

创建新的材质贴图并将其命名为 Mat_Bird。选中该材质，在 Inspector 视图中，将 Shader 设置为 Unlit/Transparent，选择相应的渲染贴图。把材质贴图拖动到 Bird 游戏对象上。

（3）为小鸟创建 Rigidbody 组件。

在第 7 章中介绍的 Rigidbody（刚体）组件可以让对象做出物理反应，如自由落体运动，或者与其他游戏对象发生碰撞。

在 Hierarchy 视图中选中 Bird 游戏对象，选择"Component"菜单中的"Physics"→

"Rigidbody"命令。

单击"播放"按钮，就可以看到小鸟在重力作用下落到屏幕之外了，再次单击"播放"按钮停止播放，小鸟回到初始位置。

运行时控制台（Console）有错误提示，因为 Unity 5 以后的游戏对象不再支持同时捆绑有非凸面体（non-Convex）的 Mesh Collider 和 Rigidbody 组件。

上述问题的解决办法是：在"Mesh Collider"选区中勾选"Convex"复选框，或者在"Rigidbody"选区中勾选"Is Kinematic"（是否为运动学）复选框，如图 10-3 所示。如果模型是为了精确碰撞非凸面体，则删除 Rigidbody 组件或勾选"Is Kinematic"复选框；如果要让两个 Mesh Collider 发生碰撞，则必须勾选"Convex"复选框。

再次单击"播放"按钮，就可以看到小鸟在重力作用下落到了地板上。

Mesh Collider 组件是按照所附加对象的 Transform 组件来设置碰撞体的位置和大小比例的；而且碰撞网格使用了背面消隐模式，即一个 GameObject 与另一个采用背面消隐网格的 GameObject 即使在视觉上发生了碰撞，也不会在物理上发生碰撞。为此，这里把 Mesh Collider 组件删除，添加 Sphere Collider（球体碰撞器）组件。方法是：在 Hierarchy 视图中选中 Bird 游戏对象，选择"Component"菜单中的"Add"命令，在"Add Component"对话框中搜索 Sphere Collider 组件，如图 10-4 所示。

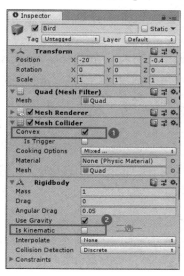

图 10-3 解决组件冲突的方法

图 10-4 添加 Sphere Collider 组件

补充[54]：

当两个游戏对象有 Rigidbody 和 Collider 组件时，不管脚本附加在哪个游戏对象上，都可以调用 Oncollision()方法。因为两者都附加了碰撞器脚本，所以会调用各自脚本中的 OnCollision()方法。

- 游戏对象只要有 Rigidbody 和 Collider 组件，并且与其他有 Collider 组件的游戏对象碰撞，就会调用自身的碰撞器方法。
- 没有 Rigidbody，但有 Collider 组件的游戏对象被一个有刚体的碰撞器碰撞，会调用自身的碰撞器方法。
- 没有刚体的两个碰撞器相撞不会调用任何碰撞器方法。

相关结论如下。

- 碰撞器（Collider）不需要刚体（Rigidbody）。
- 刚体要发生碰撞，一定需要碰撞器。
- 碰撞器决定了碰撞发生时的边界条件。
- 刚体决定了碰撞发生后的物体的运动效果。
- 没有碰撞器的刚体，会在物理模拟中相互穿透。

4. 金币

（1）创建金币。

选择"GameObject"菜单中的"3D Object"→"Quad"命令，将游戏对象命名为 Coin，并对其 Transform 组件进行如下设置。

Coin(Quad)　Position：[-10,2,-0.4]　　　　Rotation：[0,0,0]　Scale：[1,1,1]

（2）创建金币的材质贴图。

创建新的材质贴图并将其命名为 Mat_Coin。选中该材质，在 Inspector 视图中，将 Shader 设置为 Unlit/Transparent，选择相应的渲染贴图。把材质贴图拖动到 Coin 游戏对象上。

（3）为金币添加 Sphere Collider 组件。

在 Hierarchy 视图中选中 Coin 游戏对象，选择"Component"菜单中的"Add"命令，按照图 10-4 所示的方法添加 Sphere Collider 组件，并勾选"Is Trigger"复选框。

（4）创建金币预制体。

把 Coin 游戏对象从 Hierarchy 视图中拖动到 Project 视图中，并为它创建一个预制体。

10.1.2　摄像机位置

摄像机位置是游戏中最不能出错的内容之一。对于《小鸟吃金币》游戏，我们希望摄像机显示一个大小适中的游戏场景。因为这个游戏的玩法完全是二维的，所以需要一个正投影（Orthographic）摄像机，而不是透视投影（Perspective）摄像机。

1. 摄像机类型

正投影摄像机和透视投影摄像机是游戏中的两类 3D 摄像机,如图 10-5 所示。

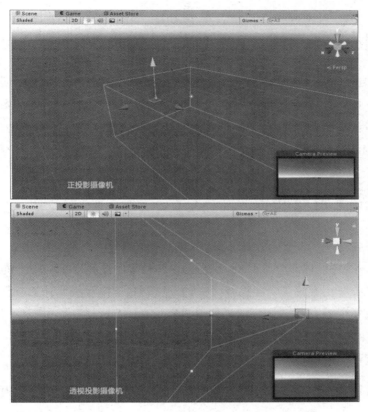

图 10-5　正投影摄像机和透视投影摄像机的对比

透视投影摄像机类似人的眼睛,因为光线经过透镜成像,所以靠近摄像机的物体显得较大,而远离摄像机的物体显得较小,造成了透视投影摄像机平截头四棱锥体(像一个削去尖顶的四棱金字塔)的视野(也称投影)。查看这种效果的方法是:在 Hierarchy 视图中选中 Main Camera(主摄像机),在 Scene 视图中拉远镜头,从摄像机延伸出的金字塔网格线的视野就是平截头四棱锥体的视野,表示摄像机的可视范围。

物体与正投影摄像机的距离不会影响它的大小。正投影摄像机的投影是一个长方体,而非平截头四棱锥体。查看这种效果的方法是:在 Hierarchy 视图中选中 Main Camera,在 Inspector 视图中找到 Camera 组件,将 Projection 属性从 Perspective 改为 Orthographic。

有时候将 Scene 视图设置为正投影而非透视投影更有效。做法是:单击 Scene 视图右上角坐标轴下方的 "Persp" 按钮,会在透视(Persp)等轴(缩写为 Iso)场景视图间切换(等轴是正投影的同义词)。

2.《小鸟吃金币》中的摄像机设置

（1）在 Hierarchy 视图中选中 Main Camera，并对其 Transform 组件进行如下设置。

Main Camera(Camera)　　Position：[0,0,-10]　　Rotation：[0,0,0]　　Scale：[1,1,1]

这会使摄像机的视角下降 1 米（Unity 中一个单位等于 1 米的长度），正好位于高度为 0 的位置。

（2）将 Camera 组件的 Projection 属性改为 Orthographic，并将 Size 属性设置为 16。

这会使游戏场景显示为合适大小。通常需要大致预测摄像机设置的数值，在测试游戏的过程中做精细调整。要找到最佳的摄像机设置，必然要经历一个重复的过程。《小鸟吃金币》中 Main Camera 的组件设置如图 10-6 所示。

10.1.3　设置游戏面板

游戏面板长宽比的设置方法如下。

（1）Game 视图的顶部会显示 Free Aspect，即长宽比设置菜单，如图 10-7 所示。

（2）单击长宽比设置菜单并选择 16：9，这是宽屏电视机和计算机显示器的标准格式。如果设备使用 macOS，则应取消勾选 "Low Resolution Aspect Ratios"（低分辨率长宽比）复选框。

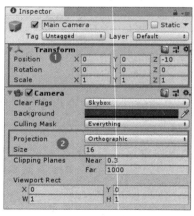

图 10-6　《小鸟吃金币》Main Camera 的组件设置

图 10-7　Game 视图中的长宽比设置菜单

10.1.4　游戏对象的动作流程图

在编写代码之前，要先确定游戏对象的动作流程图，如图 10-8 所示。

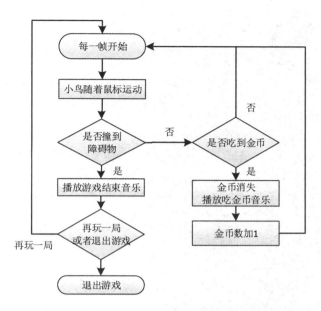

图 10-8　游戏对象的动作流程图

10.2　小鸟运动

在游戏场景中，以小鸟运动为主线，添加小鸟飞行脚本、摄像机跟随小鸟运动脚本、小鸟碰撞到障碍物脚本、音乐片段播放脚本。

10.2.1　小鸟飞行

小鸟飞行脚本的编写要求如下。

• 小鸟每帧都以一定的速度移动。

• 当碰到障碍物时停止移动。

接下来编写代码。在 Project 视图中双击脚本 BirdMotion，打开脚本代码编辑器，具体代码如下。

BirdMotion.cs 脚本代码（小鸟飞行代码）

```
using UnityEngine;
public class BirdMotion : MonoBehaviour {
        Rigidbody rd;                    //定义刚体物体
        float moveSpeed =2;              //小鸟移动的速度
```

```
        bool flyEnable=true ;                    //是否可以飞行（是否撞到障碍物）

    void Start () {
            rd = GetComponent <Rigidbody > (); //获得这个刚体
     }
    void Update () {
      if (flyEnable) {                         //当 flyEnable = true 时，执行下面的代码
         transform.position += new Vector3 (moveSpeed * Time.deltaTime, 0
, 0); //X 轴方向位置发生变化
            if (Input.GetMouseButtonDown (0)) { //单击鼠标左键
                rd.velocity = new Vector3 (0, 3.0f, 0);
                //刚体（小鸟）沿着 Y 轴方向运动
            }
        }
    }
    public void SetFlyEnable(bool enable)
    //若撞到障碍物，则使小鸟停止飞行，设置形参 enable = false
    {       flyEnable = enable;
        if (!enable) {                        //当 enable = false 时，执行下面的代码
                rd.velocity = new Vector3 (0, 0, 0);
                //等价于 rd.velocity = Vector3.zero，运动速度为零
        }
    }
}
```

保存脚本并返回 Unity 编辑器。

要查看这段代码如何运行，需要把它绑定到 Bird 游戏对象上。具体方法是：把 Project 视图中的 BirdMotion 脚本拖动到 Hierarchy 视图的 Bird 游戏对象中。

单击"播放"按钮，会看到小鸟在沿 X 轴的方向飞行。考虑到重力加速度，小鸟会向着地面飞行。为了避免小鸟撞到地面上，可以单击鼠标左键，使小鸟沿 Y 轴的方向飞行。

如果觉得小鸟的飞行速度不够自然，则可以调整脚本代码中 moveSpeed 的值或者重力加速度。方法是：选中 Bird 游戏对象，选择"Edit"菜单中的"Project Settings"→"Physics"命令，在 Inspector 视图中显示物理管理器（Physics Manager），把重力加速度（Gravity）中的 Y 设置为-2。

让游戏中的运动基于时间

让游戏中的运动基于时间，是指不管游戏的帧速率为多少，运动都保持恒定的速度。通过 Time.deltaTime 可以实现这一点。

Time.deltaTime:每秒物体移动的速度,能告诉我们从上一帧到现在经历了多少时间。对 25fps(帧/秒)的游戏来说,Time.deltaTime 为 0.04f,即每帧的时间为 4/100 秒。

如果要加上或者减去一个值,则应该乘以 Time.deltaTime。

Update()的刷新是按照每帧来显示的,但是 Time.deltaTime 是按照每秒来统计的。

不管游戏的帧速率是多少,基于时间的运动都可以保证游戏对象以恒定的速度运动,从而保证游戏在最新配置和老配置的计算机上都可以运行。

基于时间的编程在开发移动游戏时非常重要,因为移动设备的配置变化得非常快。

10.2.2　摄像机跟随小鸟运动

当小鸟运动到主摄像机的范围外面时,摄像机就无法继续观察小鸟的运动了。解决此问题的最简单的方法是把主摄像机作为小鸟的子对象,这样摄像机就能跟着小鸟一起运动了。但会存在这样一个问题,即摄像机会随着小鸟的上下运动而颠簸。为此需要编写一个简单的摄像机跟随小鸟运动脚本(CameraControl.cs),使摄像机跟着小鸟一起水平运动,但不会在垂直方向上运动。

CameraControl.cs 脚本代码

```
using UnityEngine;
public class CameraControl : MonoBehaviour {
    public Transform transBird;                         //目标位置
    void Update () {
        if (transform.position.x < transBird.position.x)
        {
                Vector3 posCam = transform.position;    //初始位置
                posCam.x = transBird.position.x;
                transform.position = posCam;            //更新位置
        }
    }
}
```

保存脚本并返回 Unity 编辑器。

代码中 transBird 参数(类型为 Transform 组件)的赋值方式如下。

(1)把 Project 视图中的 CameraControl 脚本拖动到 Hierarchy 视图中的 Main Camera 游戏对象上。

(2)选择 Main Camera 游戏对象,将 Inspector 视图的 CameraControl 脚本组件中的

Trans Bird 参数赋值为 Bird，即跟随对象为小鸟。

单击"播放"按钮，就可以看到主摄像机跟随小鸟运动的效果了。

10.2.3　音乐片段播放

（1）添加 Audio Source 组件，用于添加音频和控制音频的播放。

选择"GameObject"菜单中的"Audio"→"Audio Source"命令，并将组件命名为 AudioSound。

（2）控制场景中声音片段的播放与切换，AudioChange.cs 脚本的代码如下。

AudioChange.cs 脚本代码

```csharp
using UnityEngine;
public class AudioChange : MonoBehaviour {
    AudioSource a;                              //定义 AudioSource 对象
    public AudioClip gameOver;                  //定义游戏结束音乐片段
    public AudioClip gold;                      //定义吃金币音乐片段
    public AudioClip hitWall;                   //定义撞到障碍物音乐片段
    public AudioClip Victory;                   //定义游戏胜利音乐片段
    public static AudioChange instance;         //定义静态类变量
    void Awake(){
        instance = this;
    }
    void Start () {
        a= GetComponent<AudioSource > ();  //获取 AudioSource 对象
    }
    public void PlayGold() {
        a.clip = gold;
        a.Play();                               //播放音频剪辑
    }
    public void PlayhitWall(){
        a.clip = hitWall ;
        a.Play();
    }
    public void PlaygameOver(){
        a.clip = gameOver ;
        a.Play();
```

```
    }
    public void PlayVictory(){
        a.clip = Victory ;
        a.Play();
    }
}
```

（3）public static AudioChange instance 声明和定义了一个名叫 instance 的静态对象，并在 Awake()方法中进行了初始化，这将确保在加载类时只创建一个实例。

静态类变量绑定到类定义本身上，而不是绑定到单个实例上。静态类变量会被类的所有实例共享。需要说明的是，静态字段不会出现在 Inspector 视图中。

（4）把 AudioChange 播放音乐脚本拖动到 AudioSound 游戏对象上，选择 AudioSound 游戏对象，在 Inspector 视图中为 AudioSound 组件中的 Game Over、Gold、Hit Wall 和 Victory 参数分别赋值（值的类型为 Audio Clip），赋值方式如图 10-9 所示。

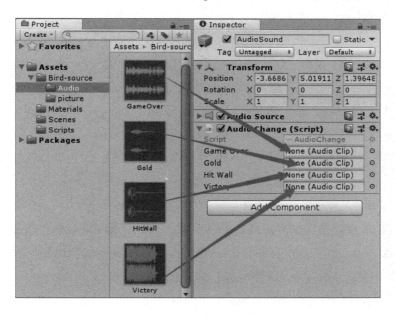

图 10-9　在 Inspector 视图中为 AudioSound 组件中的参数赋值

10.2.4　小鸟碰撞到障碍物

《小鸟吃金币》游戏场景中的障碍物有障碍柱、地面、天花板等，当小鸟碰撞到任意障碍物时，相关的动作有：小鸟停止运动、播放撞击障碍物的声音、弹出游戏失败提示信息。为此需要编写脚本代码（LimitCollision.cs），并在这些障碍物上绑定脚本。

（1）在 LimitCollision.cs 脚本中添加以下代码。

LimitCollision.cs 脚本代码

```
using UnityEngine;

public class LimitCollision : MonoBehaviour {

    void OnCollisionEnter(Collision co1)                    //a
    {
        if (co1.gameObject.name == "Bird") {            //b
            co1.gameObject.GetComponent <BirdMotion > ().SetFlyEnable
(false );      //c
            AudioChange.instance.PlayhitWall (); //d
            StartCoroutine ("WaitReset"); //开启一个名为 WaitReset 的协程
        }
    }

    IEnumerator WaitReset(){                              //WaitReset 协程
        yield return new WaitForSeconds (1.5f);
        //等待指定秒数，这里是 1.5 秒
        AudioChange.instance.PlaygameOver ();
    }
}
```

代码说明如下。

a．只要有游戏对象碰撞到障碍物，就会调用 OnCollisionEnter()方法，并传递一个 Collision 参数。该参数包含所有的碰撞信息，以及对碰撞到障碍物碰撞器的游戏对象的一个引用。

b．检查与障碍物碰撞的游戏对象，如果游戏对象的名称为 Bird，则需要调用小鸟飞行脚本（BirdMotion.cs）中的 SetFlyEnable()和音乐片段播放脚本（AudioChange.cs）中的 PlayhitWall()方法。

c．调用 BirdMotion.cs 脚本中的 SetFlyEnable()方法，并把 false 传递给方法中的形参 enable。

d．通过访问类的静态属性来获取该静态对象的实例。（静态对象是可以在同一场景中全局访问的。）

StartCoroutine（启动协程）是指启动一个辅助的线程。使用线程的优点是不会出现界面卡死的情况。在 C#语言中,协程要定义为 IEnumerator 类型。在使用 IEnumerator 时,必须用 yield return 返回结果。

协程

Unity 协程是一个能在中断指令产生时暂停执行并立即返回,直到中断指令完成后继续执行的函数。它类似一个子线程,可以单独处理一些问题,性能开销较小。但是在一个 MonoBehaviour 提供的主线程里只能有一个处于运行状态的协程。

协程的特点[55]如下。

- 协程在中断指令(YieldInstruction)产生时暂停执行。
- 协程一暂停执行便立即返回。
- 在中断指令完成后,从中断指令的下一行继续执行。
- 在同一时刻、同一个脚本中可以有多个暂停的协程,但只有一个运行着的协程。
- 在函数体全部执行完后结束协程。
- 协程可以很好地控制跨越一定帧数后执行的行为。
- 协程在性能上比一般的函数几乎没有更多的开销。

协同程序的执行顺序是:开始协同程序→执行协同程序→中断协同程序(中断指令)→返回上层继续执行→中断指令结束后继续执行协同程序剩下的内容。

(2)保存脚本,返回 Unity。将脚本 LimitCollision.cs 分别绑定到 Hierarchy 视图中的游戏对象障碍柱(Obstacle)和地面(Floor)上。

(3)单击"播放"按钮,运行游戏。当小鸟碰撞到障碍柱或者地面时,小鸟停止移动,同时播放 hitWall 的音乐片段,间隔 1.5 秒后播放 gameOver 音乐片段。

(4)为了设置一定的难度,可以尝试复制一些 Hierarchy 视图中的障碍柱(Obstacle)游戏对象,并调整其位置。

10.3　小鸟吃金币

小鸟吃金币脚本的编写要求如下。
- 小鸟每帧都以一定的速度移动。
- 随机生成金币。
- 当小鸟碰撞到金币时,金币数+1,播放吃金币音乐,并将金币销毁。

接下来在小鸟飞行脚本中补充随机生成金币的代码,并添加小鸟吃金币的脚本代码(CoinCollision.cs)。

10.3.1 随机生成金币

（1）在小鸟飞行脚本（BirdMotion.cs）中补充随机生成金币的相关代码，将黑色字体的代码添加到 BirdMotion 类中。（原有代码的颜色变淡。）

BirdMotion.cs 脚本代码（小鸟飞行代码）

```
using UnityEngine;
public class BirdMotion : MonoBehaviour {
        Rigidbody rd;                       //定义刚体物体
        float moveSpeed =2;                 //小鸟移动的速度
        bool flyEnable=true ;               //是否可以飞行（是否撞到障碍物）
        public GameObject coinPrefab;
    void Start () {
            rd = GetComponent <Rigidbody > ();          //获得这个刚体
        //每2秒产生一个金币
        Invoke("NewCoin",2f);          //a
    }
    void NewCoin(){                    //b
        GameObject coin = Instantiate<GameObject>(coinPrefab);      //c
        coin.transform.position = new Vector3 (transform.position.x+4,
transform.position.y, transform.position.z);          //d
        Invoke("NewCoin",3f);          //e
    }
    void Update () { ……    }          //f
        ……
}
```

代码说明如下。

a. Invoke()函数以固定间隔调用某个函数，这里调用的是 NewCoin()函数。第二个参数 2f 会通知 Invoke()函数在调用 NewCoin()函数之前先等待 2 秒。

b. NewCoin()函数是自定义函数，可以实例化 Coin 游戏对象。

c. 创建 coinPrefab 游戏对象并将值赋给 Coin 游戏对象。

d. 新的 Coin 游戏对象位置将设置为在小鸟前方 4 米。

e. 再次调用 Invoke()函数。

f. { …… }表示隐藏 Update()方法的代码。省略号表示不需要修改任何对应的代码。

（2）保存修改后的 BirdMotion.cs 脚本，返回 Unity 编辑器。在 Hierarchy 视图中选中 Bird 游戏对象，在 Inspector 视图中查看其 Bird Motion(Script)组件。该组件下的 Coin

Prefab 为 None（Game Object），即暂时未设置，应为 Project 视图中的 Coin 预设。实现方法是：单击 Coin Prefab 右侧的小圆点，从资源选项卡中选择 Coin 预设，如图 10-10 所示，或者把 Project 视图中的 Coin 预设拖动到 Inspector 视图的 Coin Prefab 中。

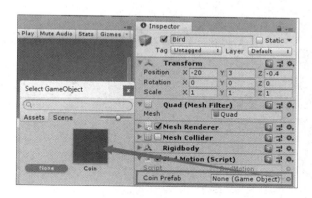

图 10-10　为 Coin Prefab 属性赋值

（3）单击"播放"按钮，结果如图 10-11 所示。在 Game 视图中出现了金币，在 Hierarchy 视图中也动态生成了 Coin 游戏对象。

图 10-11　随机生成金币

10.3.2　统计小鸟吃到的金币数

在《小鸟吃金币》游戏中，当小鸟碰撞到金币时，金币数+1，播放吃到金币的音乐，并将金币销毁。为此需要编写脚本代码（CoinCollision.cs），并将该脚本绑定到 Project 视图的 Coin 预设体上。

（1）在 CoinCollision.cs 脚本中添加以下代码。

CoinCollision.cs 脚本代码（统计小鸟吃到的金币数）

```
using UnityEngine;
public class CoinCollision : MonoBehaviour {
```

```
        static public int goldCountCurrent = 0;
          void OnTriggerEnter(Collider col)              //a
        {     if (col.name == "Bird")                    //b
              {
                  goldCountCurrent++;                     //c
                  Debug.Log ("goldCountCurrent="+goldCountCurrent);//d
                  AudioChange.instance.PlayGold ();       //e
                  Destroy (gameObject);                   //f
              }
          }
        }
```

代码说明如下。

a. 当其他游戏对象碰撞到金币时，会调用 OnTriggerEnter()方法，并传递一个 Collider 参数。在金币预制体中勾选碰撞器的"Is Trigger"复选框，当小鸟与金币发生碰撞时，会调用 OnTriggerEnter()方法；而在障碍物中未勾选碰撞器的"Is Trigger"复选框，当小鸟与障碍物碰撞时，会调用 OnCollisionEnter()方法。

b. 检查与金币碰撞的游戏对象的名称是否为 Bird。

c. 使小鸟吃到的金币数（goldCountCurrent）增加 1。

d. 在 Console 面板中显示当前的金币数。

e. 通过访问类的静态属性来获取该静态对象的实例，播放吃金币音乐片段。

f. 销毁金币游戏对象。

> **补充：**
> 碰撞器是触发器的载体，而触发器只是碰撞器的一个属性。
> 当 Is Trigger=false 时，碰撞器会根据物理引擎引发碰撞并产生碰撞的效果，可以调用 OnCollisionEnter()函数、OnCollisionStay()函数、OnCollisionExit()函数。
> 当 Is Trigger=true 时，碰撞器会被物理引擎忽略，不会产生碰撞效果，可以调用 OnTriggerEnter()函数、OnTriggerStay()函数、OnTriggerExit()函数。

（2）保存脚本代码，返回 Unity 编辑器。

（3）单击"播放"按钮，查看结果。

在游戏的运行过程中，虽然可以听到吃金币的音乐、看到金币消失，但玩家无法直观地看到吃到了几个金币（金币数只能在 Console 面板中显示），也就是说，还缺少图形用户界面元素，如得分。但即使没有这些元素，《小鸟吃金币》以目前的状态也算是一个成功的原型游戏了。

10.3.3　为当前场景保存一个副本

为当前场景保存一个副本,用于测试游戏的平衡性调整。方法如下。

(1)在 Project 视图中选中"Scene0"。

(2)选择"Edit"菜单中的"Duplicate"命令,复制场景并生成一个名为 Scene1 的新场景。

(3)双击打开"Scene1"。

由于"Scene1"是"Scene0"的副本,所以游戏在这个场景中没有发生变化。调整"Scene1"中的游戏难度(如多设置几个障碍物、调整小鸟飞行速度等)并保存场景。如果想确认当前打开的场景,则可以查看 Unity 窗口顶部或 Hierarchy 视图顶部的菜单栏。

10.4　图形用户界面和游戏管理

游戏制作的最后一项工作是实现图形用户界面和游戏管理,使其更像一个真正的游戏。我们这里要添加一个计分器,并设计游戏失败界面。

10.4.1　计分器界面

计分器可以让玩家知道自己在游戏中获得的成就级别。

(1)在 Project 视图中双击"Scene0",打开 Scene0 场景。

(2)选择"GameObject"菜单中的"UI"→"Text"命令,或者右击 Hierarchy 视图的空白处,在弹出的快捷菜单中选择"UI"→"Text"命令。这是在本场景中添加的第一个 UGUI 元素。在 Hierarchy 视图中会看到画布(Canvas)和事件系统(EventSystem)。Text 是 Canvas 的子对象。

(3)选择新创建的游戏对象 Text,在 Inspector 视图中进行以下操作,如图 10-12 所示。

- 将其重命名为 CoinNumber。
- 调整其位置,使之显示在游戏场景中。
- 在 Inspector 视图的 Text(Script)组件中设置 Text 为"金币数:"。
- 设置 Font Style 为 Bold,Font Size 为 28。
- 设置 Color 为红色,使之显示在游戏场景中。

(4)在 Hierarchy 视图中右击 CoinNumber,并在弹出的快捷菜单中选择"Duplicate"命令。选择复制后的 CoinNumber 游戏对象,按如图 10-13 所示进行相关的组件设置。

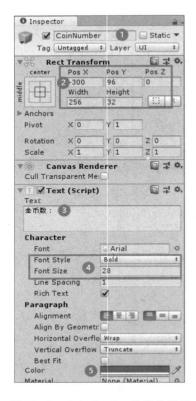

图 10-12　CoinNumber 的组件设置

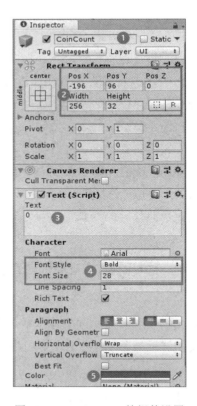

图 10-13　CoinCount 的组件设置

10.4.2　吃到金币时加分

当小鸟碰撞到金币时，BirdMotion.cs 和 CoinCollision.cs 脚本都会收到消息。在本游戏中，CoinCollision.cs 脚本已经有了一个 OnTriggerEnter()方法，修改这部分代码，即可使小鸟每吃到一个金币都加 1。

（1）打开 CoinCollision.cs 脚本，添加黑色字体的代码（原有代码的颜色变淡）。

CoinCollision.cs 脚本代码（统计小鸟吃到的金币数）

```
using UnityEngine;
using UnityEngine.UI;        //本行代码为 UGUI 特征库函数      //a
public class CoinCollision : MonoBehaviour {
        static public int goldCountCurrent = 0;
        public Text goldCount;                                //b
        void Start(){
```

```
        GameObject scoreCoin = GameObject.Find("CoinCount");        //c
        goldCount = scoreCoin.GetComponent<UnityEngine.UI.Text>();//d
    }

    void OnTriggerEnter(Collider co1)
    {   if (col.name == "Bird")
        {
            goldCountCurrent++;
            goldCount.text = goldCountCurrent.ToString();//e
            Debug.Log ("goldCountCurrent="+goldCountCurrent);
            AudioChange.instance.PlayGold ();
            Destroy (gameObject);
        }
    }
}
```

代码说明如下。

a．请确保没有忽略这行代码，它独立于其他代码行。

b．定义一个文本类对象 goldCount。

c．GameObject.Find("CoinCount")方法表示在所有的游戏对象中查找名为 CoinCount 的对象，并把它赋给局部变量 scoreCoin。确保这里的 CoinCount 在 Hierarchy 视图中。

d．scoreCoin.GetComponent<UnityEngine.UI.Text>()方法用来查找游戏对象的 Text 组件，并赋给全局字段 goldCount。

e．goldCountCurrent.ToString()用于将 goldCountCurrent 转换为字符串并赋给 goldCount 的文本内容。

（2）保存脚本代码，返回 Unity 编辑器。

（3）单击"播放"按钮，查看效果。

10.4.3　游戏失败界面

在 10.2 节中，当小鸟碰撞到障碍物时，只是播放了游戏结束的音乐片段，没有提示游戏失败的信息。下面设计游戏失败界面。

（1）在 Project 视图中双击"Scene0"，打开 Scene0 场景。

（2）选择"GameObject"菜单中的"UI"→"Image"命令，或者右击 Hierarchy 视图的空白处，在弹出的快捷菜单中选择"UI"→"Image"命令，创建 Image 游戏对象，并将其命名为 DialogFailure。

（3）在 DialogFailure 游戏对象下创建 3 个子对象，如图 10-14 所示。

- 选择"GameObject"菜单中的"UI"→"Text"命令，创建文本游戏对象。在 Inspector 视图中，将 Text(Script)组件中的 Text 设置为"游戏失败"。
- 选择"GameObject"菜单中的"UI"→"Button"命令，创建按钮游戏对象，并将其命名为 Tryagain。在 Inspector 视图中，将 Text(Script)组件中的 Text 设置为"再玩一次"。
- 选择"GameObject"菜单中的"UI"→"Button"命令，创建按钮游戏对象，并将其命名为 Exit。在 Inspector 视图中，将 Text(Script)组件中的 Text 设置为"退出"。

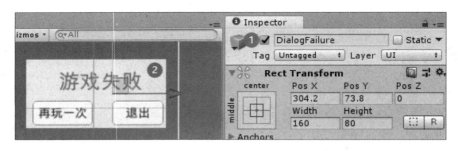

图 10-14　游戏失败界面的设计

（4）在 Hierarchy 视图中选择 DialogFailure，在 Inspector 视图中取消勾选其名称前的复选框，使之在场景中不可见，即游戏失败界面在 Scene 视图和 Game 视图中都不可见。如果需要编辑修改，则再次勾选即可。

10.4.4　弹出游戏失败界面

当小鸟碰撞到障碍物时，应该弹出游戏失败界面。为此需要新建脚本文件 Dialogmanage.cs。

（1）在 Dialogmanage.cs 脚本中添加以下代码。

Dialogmanage.cs 脚本代码

```
using UnityEngine;
public class Dialogmanage : MonoBehaviour {
    static public Dialogmanage instance;
    public GameObject dialogFailure;
    void Awake()
    {
        instance = this;
```

```
    }
    public void ActiveDialogFailure(bool enable)
    {
        dialogFailure.SetActive(enable);
    }
}
```

（2）保存脚本代码，返回 Unity 编辑器。

（3） 在 Hierarchy 视图中创建空的游戏对象，并将其命名为 Dialogmanage。将 Dialogmanage.cs 脚本绑定到该游戏对象上。

（4）在 Hierarchy 视图中选中 Dialogmanage，在 Inspector 视图中查看其 Dialogmanage(Script) 组件。该组件的 Dialog Failure 属性值为 None（Game Object），即暂时未设置，应为 Hierarchy 视图中的 DialogFailure，把 Project 视图中的 DialogFailure 拖动到 Inspector 视图的 Dialog Failure 中，如图 10-15 所示。

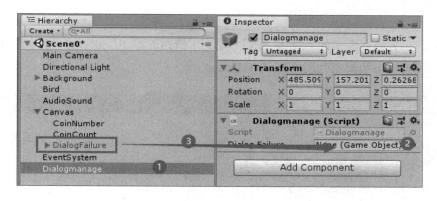

图 10-15　Dialogmanage（Script）组件的 Dialog Failure 参数设置

（5）当小鸟碰撞到障碍物时，需要调用 Dialogmanage.cs 脚本中的 ActiveDialogFailure() 函数。打开 LimitCollision.cs 脚本，添加黑色字体的代码（原有代码的颜色变淡）。

LimitCollision.cs 脚本代码

```
using UnityEngine;
public class LimitCollision : MonoBehaviour {


    void OnCollisionEnter(Collision col)      { ······ }


    IEnumerator WaitReset(){                              // "WaitReset" 协程
        yield return new WaitForSeconds (1.5f);
        //等待指定秒数，这里是 1.5 秒
```

```
AudioChange.instance.PlaygameOver ();
Time.timeScale = 0;
Dialogmanage.instance.ActiveDialogFailure (true);
    }
}
```

（6）保存修改后的脚本，返回 Unity 编辑器。单击"播放"按钮，查看运行效果。当小鸟碰撞到障碍物时，弹出游戏失败界面，如图 10-16 所示。

图 10-16　弹出游戏失败界面

（7）游戏失败界面中的"再玩一次""退出"按钮的脚本实现，可以参阅第 9 章中的内容。这里直接给出脚本代码（**ButtonManage.cs**）。

ButtonManage.cs 脚本代码

```
using UnityEngine; using UnityEngine;
using UnityEngine.UI;
using UnityEngine.EventSystems;
using UnityEngine.SceneManagement;

public class ButtonManage : MonoBehaviour {
    public Button btn1;
    public Button btn2;
    void Awake () {
        btn1.onClick.AddListener(delegate(){
            OnClick(btn1.gameObject);
        });
        btn2.onClick.AddListener(delegate(){
            OnClick(btn2.gameObject);
        });
    }

    void OnClick (GameObject go) {
        if(go == btn1.gameObject){
```

```
                SceneManager.LoadScene("Scene0");
            } else if(go == btn2.gameObject){
                #if UNITY_EDITOR
                    UnityEditor.EditorApplication.isPlaying = false;
                #else
                    Application.Quit();
                #endif
            }
        }
    }
}
```

保存脚本,返回 Unity 编辑器。把脚本代码绑定到空的游戏对象上,对代码中的 btn1
和 btn2 参数进行赋值。单击"播放"按钮,查看运行效果。

10.4.5 添加最高分纪录

(1)新建一个文本游戏对象,命名为 Highscore。

(2)新建一个名为 HighScore 的 C#脚本,将其绑定到 Hierarchy 视图中的 HighScore
游戏对象上。

(3)HighScore.cs 脚本代码如下。

HighScore.cs 脚本代码

```
using UnityEngine;
using UnityEngine.UI;                           //添加 UGUI 特征库函数

public class HighScore : MonoBehaviour {
    static public int score =0;                 //a

    void Update () {                             //b
        Text gt = this.GetComponent<UnityEngine.UI.Text>();
        gt.text = "最高分:"+score;
    }
}
```

代码说明如下。

a. 把整型变量 score 声明为全局静态变量,就可以在任何脚本中使用 HighScore.score
访问它了。这是静态变量的优势。

b. Update()方法中的代码只用于显示 Text 组件中的得分。这里不需要调用 ToString()

方法，因为使用"+"把一个字符串和另一种数据类型的变量相连接时（这里连接的是"最高分："字符串和整型变量 score），会隐式调用（自动调用）ToString()方法。

（4）打开 CoinCollision.cs 脚本，添加以下代码，学习全局静态变量的用法。

CoinCollision.cs 脚本代码（统计小鸟吃到的金币数）

```
public class CoinCollision : MonoBehaviour {
    ......
    void OnTriggerEnter(Collider co1)
    {   if (co1.name == "Bird")
        {   goldCountCurrent++;
            goldCount.text = goldCountCurrent.ToString();
            if(goldCountCurrent>HighScore.score)        //监视最高分
            {
                    HighScore.score=goldCountCurrent;
            }
            AudioChange.instance.PlayGold ();
            Destroy (gameObject);
        } }
}
```

10.4.6　PlayerPrefs

因为 HighScore 是一个静态变量，所以不会在重新开始游戏时被重置。也就是说，在进入游戏下一回传时，最高分纪录不会改变。然而，无论何时停止游戏，HighScore 都会恢复为初始值。要解决这一问题，需要用到 Unity 中的 PlayerPrefs 功能。PlayerPrefs 可以将 Unity 脚本中的信息保存到计算机中以供将来调用，并且即使游戏结束后也不会被销毁。PlayerPrefs 也可以在 Unity 编辑器、编译器和 WebGL 中使用，因此获得的最高分可以提供给运行在同一台计算机上的其他对象。

（1）打开 HighScore.cs 脚本，添加黑色字体的代码。

HighScore.cs 脚本代码

```
using UnityEngine;
using UnityEngine.UI;        //添加 UGUI 特征库函数

public class HighScore : MonoBehaviour {
    static public int score =0;
```

```
    void Awake() {                                          //a
        //如果 PlayerPrefs HighScore 已经存在，则读取其值
        if(PlayerPrefs.HasKey("HighScore")){                //b
            score = PlayerPrefs.GetInt("HighScore");
        }
    }


    void Update () {
        Text gt = this.GetComponent<UnityEngine.UI.Text>();
        gt.text = "最高分:"+score;
        if(score>PlayerPrefs.GetInt("HighScore")){          //c
PlayerPrefs.SetInt("HighScore",score);
        }
    }
}
```

代码说明如下。

a．Awake()是 Unity MonoBehaviour 的内置方法，在首次创建类实例时被调用，因此 Awake()方法总在 Start()方法之前被调用。

b．PlayerPrefs 是一个关键字和数值的字典，可以通过关键字（独一无二的字符串）引用。本游戏引用的关键字为 HighScore。这行代码用于检查 PlayerPrefs 中是否存在 HighScore，如果存在，则读取它的值。

c．Update()每帧都会检查当前的 HighScore.score 是否高于 PlayerPrefs 中存储的最高分，如果是则更新 PlayerPrefs。

使用 PlayerPrefs 可以在本地计算机上保存《小鸟吃金币》的最高分，即使游戏结束退出 Unity，甚至重启计算机，最高分也仍然能被保存。

（2）保存脚本文件中所做的修改，回到 Unity 编辑器中并单击"播放"按钮。

至此，游戏可以完整运行并显示得分和最高分。

10.5　项目导出设置

在 Unity 编辑器中，选择"File"菜单中的"Building Settings"命令，打开"Build Settings"对话框，如图 10-17 所示。

在导出项目之前，需要确保"Scenes In build"列表中包含所有的场景文件，不在该列表中的场景文件不会出现在最终构建的项目中。要将场景文件添加到该列表中，只需将场景文件拖动到里面即可。

1. 设置全屏模式

单击"Building Settings"对话框中的"Player Settings"按钮，打开"PlayerSettings"对话框。在"Resolution and Presentation"选区中，将 Fullscreen Mode 设置为 Fullscreen Window（默认模式），如图 10-18 所示。在启动游戏后，画面会以全屏模式呈现在玩家的计算机显示器中。

图 10-17 "Build Settings"对话框

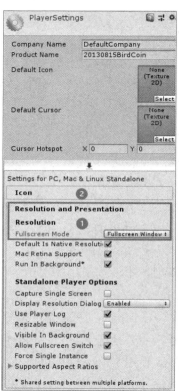

图 10-18 设置全屏模式

2. 为可执行文件设置个性化图标

我们可以在"PlayerSettings"对话框的"Icon"选区（图 10-18 中序号为②的区域）中，为导出后的可执行文件设置个性化图标。勾选"Settings for PC, Mac & Linux Standalone"复选框，为项目的可执行文件制定不同尺寸的图标，以便适应操作系统文件管理器中的不同视图。

3. 导出项目

单击"Build Settings"对话框中的"Build"或者"Build And Run"按钮，在弹出的

对话框中，为导出的项目指定一个存储位置，确认后即可开启构建流程以顺利导出项目。

至此，我们就完成了一个完整的 3D 游戏原型的制作流程。

本章小结

本章通过设计一个游戏原型，对前面章节的知识进行了综合应用。该游戏仍缺少一些元素（游戏界面宽度变化等），读者可以在有了足够的编程经验后，在游戏中添加这些元素。

习题

基于本章设计的游戏，添加以下元素。

1．欢迎界面：在单独的场景中创建一个欢迎界面，并添加一个启动画面和一个"开始"按钮。由"开始"按钮调用 SceneManager.LoadScene("Scene0")开始游戏。在调用 SceneManager()方法之前，一定要在脚本开头添加 using UnityEngine.SceneManagement。

2．结束界面：增加一个游戏结束界面，在界面中展示玩家的最终得分，并让玩家知道自己是否打破了原有的最高分纪录。在游戏结束界面中也可以添加一个"重新开始"按钮。

第 11 章

HTC VIVE 平台的 VR 开发基础

VR 头戴式显示器是在视觉层面上连接虚拟世界与现实世界的桥梁，能够在用户眼前创建逼真的虚拟环境。VR 控制手柄可以视为用户身体的延伸，独立参加定位和动作的捕捉，是在虚拟世界中实现人机交互的关键设备。通过 HTC VIVE 操控手柄和头戴式设备的 360° 精确追踪技术、超逼真画质、立体声音效和触觉反馈系统，在虚拟世界中为用户创造近乎真实的体验。完成一个 VR 项目需要结合外部设备与开发软件，以实现所需的功能和体验。VR 项目的开发涉及与硬件交互、编程、模型创建、动画设计、用户交互等多个方面的工作。本章将通过基于 HTC VIVE 设备的 VR 项目介绍如何在 Unity 中搭建一个基础的 VR 开发环境。

11.1 HTC VIVE 的简介

当前搭建 VR 开发环境的主流解决方案分为独立式 VR（VR 一体机）和 PCVR（计算机 VR）两种。独立式 VR 无须其他设备就可以使用，其优势在于方便携带、性价比高。PCVR 实际上是一个特殊的显示器，需要和计算机结合使用，以实现高质量、高性能的 VR 体验。PCVR 以 HTC VIVE 系列为主流机型。尽管 PCVR 的使用需要配合高性能的计算机且价格高昂，但在 VR 体验上优于独立式 VR，并且具备更强的拓展性和灵活性。

HTC VIVE 是一款由 HTC 与 Valve（Valve Corporation，维尔福集团）合作开发的 VR 设备，旨在提供沉浸式的 VR 体验。HTC VIVE 的优势在于其卓越的运动跟踪和位置追踪技术，能够为用户提供逼真的 VR 体验。HTC VIVE 包括头戴式显示器、控制手柄和基站等硬件设备。用户佩戴 HTC VIVE 后可以通过头部的旋转、移动和手部的动作与虚拟世界进行互动，体验身临其境的沉浸感。

11.1.1　HTC VIVE 设备

1. 头戴式显示器

　　HTC VIVE 头戴式显示器是用户佩戴在头部的装置，用于显示虚拟现实环境，如图 11-1 所示。它具有内置的传感器和跟踪设备（G-sensor 校正、gyroscope 陀螺仪、proximity 距离感测器），可以跟踪用户头部的运动，使用户在虚拟世界中 360°自由移动。HTC VIVE 头戴式显示器的视场角达到 110°，接近人类自身的视野范围，用户在虚拟环境中的视野十分广阔。在视窗部分，HTC VIVE 头戴式显示器使用双 AMOLED 屏幕，单眼分辨率为 1080 像素×1200 像素，双眼的组合分辨率为 2160 像素×1200 像素，刷新率为 90Hz。

图 11-1　HTC VIVE 头戴式显示器

2. 控制手柄

　　HTC VIVE 控制手柄是用于与虚拟世界进行互动的手持设备，如图 11-2 所示。HTC VIVE 控制手柄使用内置的传感器和 Lighthouse 基站的光学跟踪技术，可以精确地跟踪控制手柄在物理空间中的位置和姿态。每个控制手柄都具有多个按钮、触摸板、触发器等，可以模拟手部动作和手势，使用户在虚拟环境中操作物体、进行互动并完成任务。

图 11-2　HTC VIVE 控制手柄

3. 基站

HTC VIVE 基站是用于跟踪用户在现实世界中的位置的设备，如图 11-3 所示。将两个基站放置在房间的角落，它们会发出无线信号，用于定位头戴式显示器和控制手柄的准确位置，从而实现在虚拟世界中的精确运动和位置跟踪。HTC VIVE 基站可以在 15 平方米的空间中实现定位追踪，HTC VIVE 需要至少 3.5 米×3.5 米的空间。

图 11-3　HTC VIVE 基站

11.1.2　HTC VIVE 技术

HTC VIVE 采用了一系列先进的技术，以配合硬件设备实现沉浸式的 VR 体验。其中最重要的是通过基站实现的 Lighthouse 追踪系统。头部追踪是 VR 头戴式显示器非常重要的技术指标，传统方法是使用惯性传感器，但惯性传感器只能追踪头部转动，要想实现对头部位移的追踪，需要引入光学系统辅助。HTC VIVE 的 Lighthouse 追踪系统是目前较好的 VR 光学系统，其主要功能是支持对头部和手部等身体部位的精准定位和追踪，以便用户在虚拟环境中实现自由移动和人机交互，基本工作原理如图 11-4 所示。

图 11-4　Lighthouse 的基本工作原理

Lighthouse 追踪系统包括两个基站，通常放置在房间的对角。两个基站通过发射红外线激光束进行扫描，并在空间中创建一个网格状的激光场，通过不断旋转覆盖整个房间。HTC VIVE 头戴式显示器和控制手柄上配备了多个接收器，这些接收器可以感知基站发射的激光束。每个接收器都可以测量激光束到达的时间，以计算 HTC VIVE 设备与基站之间的距离。在此之后，HTC VIVE 设备会根据激光捕获情况推断位置和方向，通过同时感知两个基站发射的激光束，计算出自身在三维空间中的位置和方向，从而使系统能够实时追踪用户头部和手部的移动，以及在虚拟环境中准确地呈现用户的动作和位置。除了基站和传感器的配合，Lighthouse 追踪系统还支持使用反射器来扩展追踪范围。用户可以将反射器放置在房间其他的角落或者难以直接看到的地方，以实现更大范围的追踪。

Lighthouse 追踪系统凭借其高精度和稳定性，使 HTC VIVE 用户可以在 VR 环境中进行更加真实和自由的移动，从而创造出更加沉浸式的体验。该系统在 VR 设备的发展中起到了重要作用，也为用户提供了更多与虚拟世界互动的可能性。

11.1.3 HTC VIVE 应用软件

HTC VIVE 作为高质量的 VR 设备，不仅在游戏娱乐领域中具有影响力，还为教育培训、艺术设计及其他领域提供了创新的应用方式。随着技术的不断发展，它在更多领域中的可能性也会不断扩展。

1．游戏娱乐

HTC VIVE 最早在游戏娱乐领域中取得了巨大成功，可以提供沉浸式的游戏体验。从冒险游戏到射击游戏，各种类型的游戏都可以利用 HTC VIVE 的沉浸式特性来创造更丰富的体验。

1）《节奏光剑》(*Beat Saber*)

《节奏光剑》是一款受欢迎的 VR 音乐节奏游戏，由 Hyperbolic Magnetism 开发。这款游戏结合了音乐、节奏和动作，玩家需要使用 VR 头戴式显示器和控制手柄（如 HTC VIVE、Oculus Rift 等）来玩游戏，游戏截图如图 11-5 所示。在游戏中，玩家会持有类似光剑的装置，其中一个是红色的，另一个是蓝色的。游戏中会出现不同颜色的方块，这些方块代表着节奏。玩家需要在方块及其切割方向上的箭头的颜色与手中光剑的颜色相匹配时，用正确的方向进行切割。切割得越准确，节奏越紧密，玩家得分越高。游戏的音乐和节奏会不断增加难度。

图 11-5 《节奏光剑》游戏的截图[56]

《节奏光剑》的快节奏和音乐的组合使玩家感到身临其境,同时需要玩家具有灵活的动作和一定的反应速度。该游戏不仅在游戏娱乐领域中受到欢迎,也成为虚拟现实社区中的一个亮点,吸引了许多玩家和开发者。玩家还可以创建自己的关卡,为游戏增添更多的乐趣和挑战。

2)VRChat

VRChat 是一个多人虚拟现实社交平台,允许玩家在虚拟世界中创建角色、交流互动并分享创作内容。该平台允许玩家以自定义的虚拟形象(称为"Avatar")在各种虚拟环境中与其他玩家互动,进行语音和文本聊天,以及参与各种活动和社交体验。玩家可以选择自己喜欢的虚拟形象,这些形象可以是人类、动物、幻想角色等,并自定义形象的外观、动作和表情,从而创造出独特的角色。通过 VR 设备,玩家可以在虚拟世界中自由移动,与其他玩家进行互动,探索各种虚拟环境,参加聚会、活动和游戏。图 11-6 所示为多个 VRChat 玩家在虚拟的电影放映室中聚会的截图。

图 11-6　VRChat 游戏的截图[57]

VRChat 不仅是一个社交平台,还是一个创意和创作的空间。玩家不仅可以设计和建造自己的虚拟世界、角色和道具,还可以制作交互式体验和游戏。这使得 VRChat 成了创作者和艺术家的创作平台,他们可以通过自己的创意为社区贡献内容。

2. 教育培训

HTC VIVE 在教育培训领域中也得到了广泛应用。虚拟现实可以创造逼真的场景,使学生能够更深入地了解各种主题(从历史事件到科学现象)。模拟器和虚拟实验室可以帮助学生进行实践性的学习。

1)Alchemy VR

Alchemy VR 专注于创造教育和科普类的 VR 体验。该应用以其在虚拟现实领域中的创意和创新而闻名,将科学、历史、自然和文化等主题转化为引人入胜的 VR 体验。

图 11-7 所示为作品《第一生命》的截图，该作品展示了地球上第一批生物的进化特征是如何传递给包括人类在内的现代动物的，让用户了解了生命是如何进化的。*Alchemy VR* 的作品通常涵盖各个方面，包括历史事件的重现、地理位置的探索、动植物的生态环境、宇宙和星系的探索，以及其他具有教育性和启发性的内容。他们的 VR 体验旨在通过沉浸式的方式激发人们的好奇心、学习兴趣和理解力。

图 11-7　作品《第一生命》的截图[58]

2）*The Body VR: Journey Inside a Cell*

The Body VR: Journey Inside a Cell 是一款具有教育意义的 VR 应用软件，允许玩家深入探索人体细胞的内部结构和功能。这款应用软件通过 VR 技术，呈现了一种沉浸式的方式来使玩家了解细胞的奇妙世界。在 *The Body VR: Journey Inside a Cell* 中，玩家可以使用头戴式显示器，进入细胞的微观世界，探索细胞的不同组成部分，观察细胞膜、细胞核、线粒体等结构，同时了解这些结构的功能和相互作用。这种体验能够让玩家更加深入地理解生物学和细胞学的基础知识。图 11-8 所示为 *The Body VR: Journey Inside a Cell* 的截图。

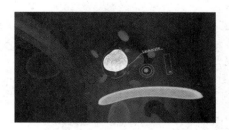

图 11-8　*The Body VR: Journey Inside a Cell* 游戏的截图[59]

该应用软件的目标是通过虚拟现实提供一种互动、娱乐和教育相结合的方式，帮助玩家更好地理解人体的微观结构和生命的复杂性。这种教育类型的应用软件有助于激发玩家的学习兴趣，特别是在科学和生物学方面。

3．艺术设计

艺术家和设计师可以使用 HTC VIVE 在虚拟世界中创作艺术品和进行交互式设计。

这种创意性的应用软件使他们能够在三维空间中自由创作，从而推动创作过程的创新。

1）*Tilt Brush*

Tilt Brush 是一款由谷歌公司开发的 VR 绘画应用软件，允许用户在 VR 环境中创作三维艺术作品，将绘画体验推向了一个全新的水平。在 *Tilt Brush* 中，用户可以使用虚拟现实控制器（类似控制手柄）作为绘画工具，以类似于真实世界中使用画笔、油漆和粉笔的方式在三维空间中绘制；也可以选择不同的画笔类型、颜色和材质，并且随意变换画布的大小和角度。绘制的线条和物体可以在空间中悬浮，创造出立体的绘画作品。图 11-9 所示为 *Tilt Brush* 的截图，用户绘制的线条是浮空的。*Tilt Brush* 不仅可以用于创作艺术作品，还可以用于进行虚拟设计、创意表达和互动体验。

图 11-9　*Tilt Brush* 的截图[60]

2）*IrisVR Prospect*

IrisVR Prospect 是一款能够将三维建筑设计转化为沉浸式的 VR 体验的应用软件。该应用软件旨在帮助建筑和设计专业人士更好地可视化和阐述他们的设计概念，以及与客户和团队共享设计想法。通过 *IrisVR Prospect*，用户可以将在建模软件（如 Revit、SketchUp、Rhino 等）中创建的三维模型导入到 VR 环境中。在 VR 环境中，用户可以自由漫游和探索建筑模型，观察各个角度、空间比例和细节。这种沉浸式体验能够更真实地呈现建筑的外观、感觉和空间。图 11-10 所示为 *IrisVR Prospect* 的截图，用户可以进入三维建筑模型的内部，就像在真实世界中一样进行参观浏览。

图 11-10　IrisVR Prospect 的截图[61]

IrisVR Prospect 还支持协作功能，多名用户可以同时在 VR 环境中进行会议和讨论，

从而促进团队合作和意见交流。此外，用户还可以使用标注工具在模型中添加注释，以便更好地进行反馈和讨论。

　　这种类型的 VR 应用软件在建筑和设计领域中得到了广泛应用，因为它可以帮助设计师和客户更好地交流、评估和调整设计概念，从而提高项目的质量和开发效率。

11.2　VR 项目的开发基础

11.2.1　HTC VIVE 设备连接

　　PCVR 系统通常需要高性能的个人计算机来提供足够的计算能力，以支持逼真的虚拟现实图形和互动。在使用 HTC VIVE 搭建开发环境时，计算机需要达到基本的要求配置，如表 11-1 所示。

表 11-1　HTC VIVE 计算机配置要求

硬件名称	最低配置要求
GPU	NVIDIA® GeForce GTX 970、AMD Radeon™ R9 290 同等或更高配置
CPU	Intel® Core™ i5-4590/AMD FX™ 8350 同等或更高配置
RAM	4 GB 或以上
视频输出	HDMI 1.4、DisplayPort 1.2 或以上
USB 端口	1x USB 2.0 或以上端口
操作系统	Windows7 SP1、Windows 8.1、Windows 10

　　一套完整的 HTC VIVE 系统包含以下设备，如图 11-11 所示。

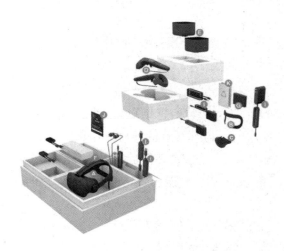

图 11-11　HTC VIVE 系统

HTC VIVE 设备的编号及名称如表 11-2 所示。

表 11-2　HTC VIVE 设备的编号及名称

编号	名称	编号	名称
A	HTC VIVE 头戴式显示器	G	串流盒
B	1 个面部衬垫	H	耳机
C	1 个鼻部衬垫	I	连接线、充电器和其他配件
D	2 个 HTC VIVE 无线操控手柄	J	免费体验 VIVEPORT 会员订阅服务
E	2 个 HTC VIVE 基站（配合支架）	K	文档
F	三合一连接线		

11.2.2　VR 项目的开发流程

VR 项目的开发流程与其他项目类似，可以根据项目开发的进度和不同任务目标分为 3 个阶段。图 11-12 所示为一个完整的 VR 项目开发流程。

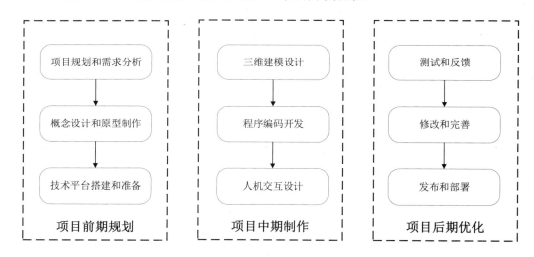

图 11-12　完整的 VR 项目开发流程

项目前期以规划和设计为主。以目标用户为分析对象，深入研究用户的实际需求，确定项目的目标、范围和需求，制作详细的项目计划和需求文档；确定项目的概念设计，包括虚拟环境、用户交互方式、功能特性等，这个阶段通常包括绘制草图、创建故事板或原型；确定满足项目需求的 VR 开发平台、工具和技术，准备开发所需的 VR 设备并完成 VR 开发平台的搭建。

项目中期以 VR 内容制作为主。制作美术资源是 VR 项目的基础，通过三维建模创建项目中需要的虚拟场景、物体、角色等的虚拟模型；结合项目需求和原型实现项目的功能和交互，使用适合的编程语言和开发环境，如 Unity、Unreal Engine 等；设计并实现虚拟环境中的用户界面和交互元素，确保用户能够方便地操作和导航。

至此，一个 VR 项目基本完成，项目后期以优化为主要目标。对 VR 项目进行测试，以确保流畅的用户体验为首要目标，检查项目中是否存在潜在的问题、错误和性能缺陷，避免干扰用户体验；收集关于项目问题的反馈并制定修改方案，根据反馈修改项目内容；制作音频、声效和音乐，增强用户体验，完善虚拟环境中的细节，增加交互元素和动态效果；确保应用软件在 HTC VIVE 设备上能够正常运行，将项目打包成用户容易操作的应用软件并准备发布材料，发布到适合的平台上。

11.2.3　VR 项目开发的辅助工具

在 VR 项目开发中，有许多辅助工具可以帮助开发者更轻松地创建、测试和优化 VR 应用软件，各种 SDK、API 工具层出不穷。表 11-3 所示为 OpenXR、VRTK 和 XR Interaction Toolkit 的对比。

表 11-3　VR 项目开发辅助工具的对比

名称	类别	特性
OpenXR	API 和 SDK	OpenXR 是一个跨平台的开发者接口标准，专注于实现不同 VR 和 AR 设备之间的互操作性
VRTK	SDK	VRTK 是一个开源的 Unity 框架，能够提供高级的 VR 项目开发工具，帮助开发者快速构建复杂的 VR 应用软件
XR Interaction Toolkit	SDK	XR Interaction Toolkit 是 Unity 的官方工具包，专注于提供一致的虚拟现实和增强现实交互和用户界面元素

1. OpenVR 与 OpenXR

OpenVR 是一个软件开发工具包（Software Development Kit，SDK）和应用程序编程接口（Application Programming Interface，API）的合集，支持众多 VR 硬件并允许它们与不同的 VR 应用软件和应用程序交互。OpenVR 由 Valve 开发并且作为 HTC VIVE 的默认 SDK，VR 开发者可以使用 OpenVR 为其他设备（如 Oculus）设计控制器和运动追踪功能。OpenVR API 为游戏提供了一种与 VR 显示器交互的方式，无须依赖特定硬件供应商的 SDK，可以独立于游戏进行更新，以添加对硬件或软件更新的支持。

随着 VR 和 AR 在各行各业的广泛应用，XR（Extended Reality，扩展现实）的开发成为大势所趋。但如果没有跨平台标准，VR 和 AR 应用软件与引擎必须使用每个平台的专有 API，新的输入设备需要定制的驱动程序集成。针对该问题，科纳斯组织（Khronos Group）管理公司联合行业各供应商提出了 OpenXR 1.0 规范。OpenXR 致力于简化 AR 和 VR 应用软件的开发，使应用软件能够覆盖更广泛的硬件平台，无须移植或重写代码，从而允许支持 OpenXR 的平台供应商访问更多的应用软件。2020 年 6 月，Vavle 宣布后续全部转向 OpenXR 标准，并呼吁开发者积极使用 SteamVR 与 OpenXR 开发者预览版，以帮助 Valve 更好地完善 OpenXR 标准。

OpenVR 主要关注特定硬件平台的开发，而 OpenXR 更注重为 VR 和 AR 开发提供跨平台的标准化解决方案。在推动 VR 和 AR 技术的过程中，OpenXR 具有更大的潜力，因为它有助于创造更多的硬件和软件互操作性。

2．VRTK

VRTK（Virtual Reality Toolkit）是一个用于 Unity 引擎的开源虚拟现实开发 SDK，旨在简化 VR 应用软件的制作过程。VRTK 提供了一系列脚本、组件和功能，可以帮助开发者更专注于创造出色的 VR 体验，更轻松地构建交互性强、逼真的 VR 体验，大大简化 VR 项目的开发流程。

3．XR Interaction Toolkit

XR Interaction Toolkit 是由 Unity 官方推出的一个开发 SDK，用于创建跨平台的 AR 和 VR 应用软件，旨在帮助开发者轻松地构建逼真的交互性体验，支持多种设备和平台，包括 HTC VIVE、Oculus Rift、Windows Mixed Reality、ARCore 和 ARKit 等。该系统的核心是一组基本的 Interactor 和 Interactable 组件及将这两种组件联系在一起的交互管理器，以及可用于移动和绘制视觉效果的组件。

11.3 第一个 HTC VIVE 项目

11.3.1 设置 SteamVR

SteamVR 是由 Valve 开发的 VR 平台，旨在与各种 VR 设备配合使用，如 HTC VIVE、Oculus Rift、Windows Mixed Reality 等。搭建 HTC VIVE 的 VR 项目开发平台需要下载 SteamVR 并注册登录 SteamVR 账号。图 11-13 所示为未连接 HTC VIVE 设备时的 SteamVR 界面。

图 11-13　未连接 HTC VIVE 设备时的 SteamVR 界面

11.3.2　设置 HTC VIVE

1．准备支架和定位器

1）安装支架

预先准备两个 HTC VIVE 定位器的固定支架，通过定位器底部的螺孔将其固定在支架上，完成后如图 11-14（a）所示。如果没有支架，则可以将定位器固定在墙上。在安装时需要注意，定位器要安装在 2 米以上的位置，且每个定位器的视场为 120°，尽量向下倾斜 30°～45°安装。在摆放两个定位器时，需要将定位器固定在不易被碰撞或移动的位置，并确保两个定位器的间距不超过 5 米，推荐摆放位置如图 11-14（b）所示。

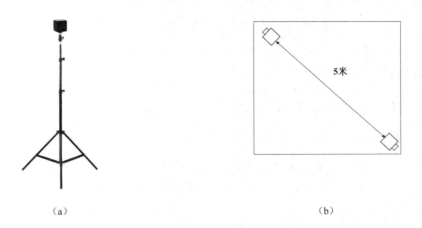

（a）　　　　　　　　　　　　　　　　（b）

图 11-14　定位器和支架摆放示意图

2）安装定位器

图 11-15 所示为定位器端口的示意图：①是状态指示灯，当状态指示灯为绿色时表示工作正常；②是前面板；③是频道指示灯（凹陷）；④是电源端口；⑤是频道按钮；⑥是同步数据线端口（可选）；⑦是 Micro-USB 端口（用于固件更新）。需要将充电器（图 11-11 中编号为 I 的配件）接到定位器的电源端口，即④的位置，将两个定位器接通电源。

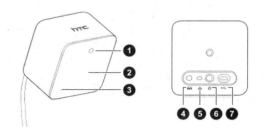

图 11-15　定位器端口示意图[62]

3）调试定位器

定位器有两种连接方式：无线连接和有线连接。在无线连接的情况下，需要通过频道按钮（图 11-15 中的⑤）将定位器的频道调整为 B/C，即一个定位器的频道指示灯（图 11-15 中的③）显示为 B，另一个定位器的频道指示灯显示为 C。在有线连接的情况下，首先需要将两个定位器通过连接线（图 11-11 中编号为 I 的配件）进行连接，将连接线插入同步数据线端口（图 11-15 中的⑥）；然后使用频道按钮调节定位器的频道，确保两个定位器的频道为 A/B。

当定位器的状态指示灯显示为绿色时表示定位器处于正常模式，调试完毕。如果状态指示灯显示为蓝色，则表示定位器正在等待稳定。如果一直保持此状态，则需要检查定位器的安装是否牢固，或者是否安装在不易振动的表面。如果状态指示灯显示为暗绿色，则表示定位器正在待机。如果状态指示灯显示为紫色，则表示定位器正在尝试同步。如果状态指示灯闪烁紫色，则表示同步受阻。如果定位器当前正以无线方式连接，则需要使用同步数据线。

2. 连接计算机和 HTC VIVE

1）整理设备

要实现计算机与 HTC VIVE 的连接，需要 HTC VIVE 头戴式显示器、串流盒（图 11-11 中编号为 G 的配件）、串流盒电源适配器、USB 数据线和 HDMI 数据线。将设备整理好备用。

2）连接串流盒与计算机

HTC VIVE 头戴式显示器需要将来自计算机的图像和声音信号传输到头显本身，以呈现 VR 体验。串流盒充当了信号转换和传输的桥梁，先将计算机的 HDMI 和 USB 信号连接并转换为适用于 HTC VIVE 头戴式显示器的信号，再将它们传输到 HTC VIVE 头戴式显示器中。图 11-16 所示为串流盒的端口，其中：①是设备中的三合一连接线（HTC VIVE 头戴式显示器自带），②是串流盒的电源端口，③是 USB 端口，④是 Mini Display 端口，⑤是 HDMI 端口。注意，串流盒未随附 Mini Display 端口连接线，如果计算机没有可用的 HDMI 端口或者不支持 HDMI，则可以使用此端口。

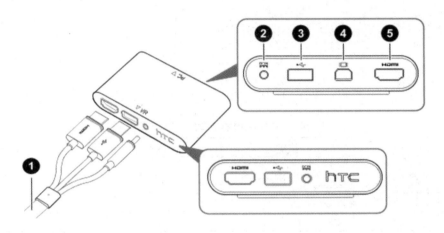

图 11-16　串流盒的端口[63]

在了解串流盒的端口后，就可以开始连接串流盒了。将图 11-16 中的②、③、④、⑤端口连接至计算机，即将②插入电源线，用 USB 线连接③和计算机的 USB 端口，④的设计主要是应对没有空闲的 HDMI 端口的情况，如果计算机有 HDMI 则无须使用，用 HDMI 线连接⑤和计算机的 HDMI 端口。

3）连接串流盒与 HTC VIVE 头戴式显示器

在串流盒橙色端口所在面（图 11-16 中有 HTC 标识面）上接入头戴式显示器，将 HTC VIVE 头戴式显示器的三合一数据线分别接入对应端口即可。把 HTC VIVE 头戴式显示器保护膜撕下，打开串流盒电源，完成串流盒连接。

3. 连接控制手柄

1）为控制手柄充电

使用随附的电源适配器和 USB 线为控制手柄充电。当控制手柄接通电源并充满电时，其状态指示灯将显示为绿色（开机状态）或白色（关机状态）。

2）连接控制手柄

图 11-17 所示为 HTC VIVE 控制手柄的示意图，说明如表 11-4 所示。

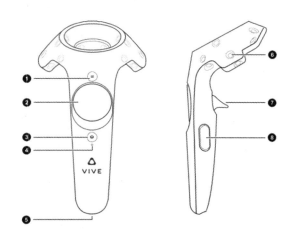

图 11-17 HTC VIVE 控制手柄的示意图

表 11-4 HTC VIVE 控制手柄按键说明

编号	按键	编号	按键
①	菜单按钮	⑤	Micro-USB 端口
②	触控板	⑥	追踪感应器
③	系统按钮	⑦	扳机
④	状态指示灯	⑧	手柄按钮

4．设置 SteamVR

1）准备 SteamVR 与设备

打开 SteamVR，根据上述步骤连接并打开定位器、HTC VIVE 头戴式显示器、两个控制手柄和串流盒的电源。

2）连接 SteamVR

在打开各设备的电源后，SteamVR 会自动连接设备。对应图标亮起表示设备已经与 SteamVR 连接。图 11-18 所示为 HTC VIVE 头戴式显示器、两个控制手柄和两个定位器均连接好的状态。如果出现控制手柄未连接的情况，则可以尝试通过 USB 线将两个控制手柄连接至计算机，并更新计算机的控制手柄固件。

图 11-18 SteamVR 连接完成

3）设置 SteamVR

根据 SteamVR 房间设置的提示划定游玩区。游玩区即设定的 VIVE 虚拟边界，与 VR 对象的互动都将在游玩区中进行。VIVE 设计可以用于设置房间尺度，也可以用于站姿和坐姿体验。如果 SteamVR 并未提示房间设置，则可以单击"设置"按钮进行房间设置。

11.3.3 体验 VR

1. The Lab

The Lab 是由 Valve 开发的一款 VR 实验室应用，如图 11-19 所示。作为一种展示和探索 VR 技术的工具，该应用最初是为了展示 Valve 的 VR 头戴式显示器，以及与之配套的控制手柄的功能而开发的。The Lab 提供了多个小型的 VR 体验，涵盖了不同的主题和概念，旨在向用户展示虚拟现实的潜力，包括交互式的小游戏、虚拟物品的操控、视觉效果的展示等。

图 11-19　The Lab VR 实验室应用

2. NVIDIA VR Funhouse

NVIDIA VR Funhouse 是一款由英伟达（NVIDIA）开发的 VR 应用，旨在展示和体验 VR 技术在游戏中的应用，如图 11-20 所示。它是一个集合了多种娱乐和游戏元素的虚拟嘉年华，提供了丰富多样的 VR 体验，玩家可以参与弹弓射击、击打目标、投掷物品等娱乐活动，在 VR 环境中尽情玩耍。

图 11-20　NVIDIA VR Funhouse VR 体验应用

NVIDIA VR Funhouse 强调了物理交互的概念，玩家可以通过触摸、抓取、投掷等方式与虚拟环境中的物体互动。这种物理交互为游戏体验增添了更多的真实感。该应用充分展示了英伟达的图形技术，通过高质量的视觉效果、逼真的物理模拟和精美的虚拟场景，提供了视觉上的奇妙体验。

11.4 使用 Unity 进行 VR 交互开发

11.4.1 使用 OpenVR 实现瞬间移动

本项目使用 Unity 2021.3.23+SteamVR+OpenVR 开发。

1. 安装配置 OpenVR 环境

1）安装 XR 插件管理

在 Unity Hub 中新建一个 3D 项目。完成加载后，选择"Edit"菜单中的"Project Setting"命令，在窗口中找到 XR Plugin Management（XR 插件管理）并进行安装。在完装完成后重启 Unity 编辑器。

2）配置 XR 插件管理

选择"XR Plug-in Management"选项，可以看到已经加载完成的插件。"Plug-in Providers"选区提供了可支持的 VR 设备。要使用 HTC VIVE 系统，需要勾选"OpenVR Loader""OpenXR"复选框，如图 11-21 所示。

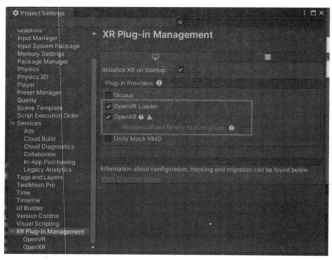

图 11-21　XR Plug-in Management 配置

3）安装 SteamVR 插件

在 Unity 的资源商店（Asset Store）中搜索 SteamVR，找到 SteamVR 插件，单击"Import"按钮添加至 Unity 项目中。

2．实现 VR 第一人称视角

在项目中添加 SteamVR 插件后，开发环境配置完毕。根据路径 SteamVR→InteractionSystem→Core→Prefabs，在"Assets"面板中找到 Player 的预制体，并将其添加至项目场景中。删除默认的 Main Camera，避免 Player 的相机失效。

在 Unity 中调试场景，出现"[SteamVR]"对话框，提示没有生成 SteamVR 的输入行为，是否要打开输入窗口时，单击"是"按钮，并在"SteamVR Input"窗口中单击"Save and generate"按钮，如图 11-22 所示。

图 11-22　"SteamVR Input"窗口

3．增加手部控制

1）增加手部模型

在实现第一人称视角后还需要增加手部控制，使控制手柄能够参与操作。找到场景中的 Player→SteamVRObjects→LeftHand，在 Inspector 视图中找到"Render Model Prefab"属性。根据路径 SteamVR→InteractionSystem→Core→Prefabs，找到左手预制体并将其拖动到"Render Model Prefab"的"LeftRenderModel"中。这些预制体是不同样式类型的控制器模型。

对右手也进行同样的操作。找到场景中的 Player→SteamVRObjects→RightHand，在 Inspector 视图中找到"Render Model Prefab"属性。根据路径 SteamVR→InteractionSystem→Core→Prefabs，找到左手预制体并将其拖动到"Render Model Prefab"的"RightRenderModel"中。在 Unity 编辑器中运行场景，检查手部模型能否正常使用。

2）增加手柄模型

通过脚本控制手部模型是否显示手柄模型。在 Player 上添加脚本，在 Update()方法中添加代码 11_1。当 showController 为 True 时，同时显示手与控制手柄；当 showController 为 False 时，只显示手。ShowController 表示显示控制手柄，HideController 表示隐藏控制手柄。SetSkeletonRangeOfMotion 能够让手的骨骼动画适配控制器，如果将其指定为 WithController，则会在运动手指握紧时握住控制手柄，而不会穿模到控制手柄里面，反之握紧的时候不考虑控制手柄的位置，因此会穿模。然而，受设备限制，HTC VIVE 控制手柄只能实现大拇指和其他四指的运动，无法实现每个手指的抬起或放下。在 Unity 编辑器中运行场景，检查能否正常显示手柄模型。

代码 11_1　显示手柄模型

```
void Update()    {
        foreach (var hand in Player.instance.hands)
   // 在每一帧更新中，对于玩家的每只手都执行以下操作
        {
            if (showControllers) // 如果需要显示控制手柄
            {
        hand.ShowController();//显示手部控制手柄模型
        hand.SetSkeletonRangeOfMotion(EVRSkeletalMotionRange.
WithController);
// 设置手部骨骼的运动范围为戴控制手柄的范围
            }
            else {
        hand.HideController();// 隐藏手部控制手柄模型
        hand.SetSkeletonRangeOfMotion(EVRSkeletalMotionRange.
WithoutController);
// 设置手部骨骼的运动范围为无控制手柄的范围
            }
        }
    }
```

4．通过传送实现人物瞬间移动

首先，创建一个简单的活动场景，添加 3D 物体——平面（Plane），并将其设置在（0,0,0）位置。在资源中，根据路径 SteamVR→InteractionSystem→Core→Prefabs 找到 Teleporting，将其拖动到场景中，此时可以做出瞬间移动的传送动作，并显示一条抛物线指向传送点。由于没有设置传送目的地，因此角色无法移动到目的地，瞬间移动功能还没有完全实现。

然后，根据路径 SteamVR→InteractionSystem→Core→Prefabs 找到 TeleportPoint，将其拖动到场景中，实现点到点的传送。图 11-23 所示的蓝色圆形区域（扫描二维码）是一个传送目的地，绿色方形区域是一个传送目的区域。

图 11-23　角色瞬间移动到目的地

最后，除了设置传送到固定点，还可以设置传送目的区域，使角色能够瞬间移动到固定区域的任意一点。添加一个新的平面，位置设置在（0,0.1,0），避免与地面完全重叠导致无法传送。在新平面上添加 TeleportArea.cs 脚本。在 Unity 编辑器中运行场景，检查瞬间移动功能能否正常使用。

5．通过摇杆实现人物移动

1）禁用瞬间移动相关组件

除了瞬间移动的方式，还可以通过摇杆操控角色进行移动，且操控者自身在现实世界中不需要移动。如果实现了瞬间移动功能，则需要禁用相关的组件（Teleporting、TeleportPoint、TeleportArea）。

2）添加玩家移动脚本

选中"Player"，并添加一个名为 PlayerMovementScript 的脚本，如代码 11_2 所示。在 PlayerMovementScript.cs 脚本中定义了两个属性，分别是 SteamVR_Action_Vector2 类型的 input 和 float 类型的 speed。SteamVR_Action_Vector2 可以表示 x 和 y 的值，推动手柄会产生一个二维向量，记录 x 和 y 的值。Speed 是一个 float 类型的浮点数，用于控制移动速度。在 Update()方法中，首先将 input 得到的二维坐标转换为三维向量，这个向量表示相对移动的路径；而要实现角色移动，则需要将相对坐标转换到和角色有关的世界坐标系中，并将转换后的坐标保存到 worldMovement 变量中。为防止玩家移动到空中或者地面下方，将 worldMovement 投影到与地面平行的二维平面上，得到变量 worldMovementOfPlane。然后利用速度、所需时间和二维平面的坐标 worldMovementOfPlane，加上玩家本身的位置坐标，得到下一帧的新坐标。

代码 11_2 PlayerMovementScript.cs 脚本

```
using UnityEngine;
using Valve.VR;
using Valve.VR.InteractionSystem;
public class PlayerMovementScript : MonoBehaviour
{
    public SteamVR_Action_Vector2 input;
    // 定义 SteamVR 输入动作，用于获取玩家输入的二维向量
    public float speed; // 控制玩家移动速度的变量
    void Update()
    {
        var localMovement = new Vector3(input.axis.x, 0, input.axis.y);
        // 从 input 动作中获取玩家的输入向量，并在垂直方向上设置为 0
        var worldMovement =
Player.instance.hmdTransform.TransformDirection(localMovement);
    // 将本地坐标系中的移动向量转换为世界坐标系中的移动向量
        var worldMovementOfPlane =
Vector3.ProjectOnPlane(worldMovement, Vector3.up);
    // 将世界坐标系中的移动向量投影到水平的平面上
        transform.position += speed * Time.deltaTime *
worldMovementOfPlane; // 更新玩家的位置，根据速度、时间和投影后的世界坐标系移动向量
    }
```

```
    }
```

3）设置 SteamVR 输入

在脚本中定义了 input 属性，还需要在 Unity 中设置 input 输入方式。在 Inspector 视图的 PlayerMovementScript.cs 脚本中找到 input，在下拉列表中选择"添加"选项，添加一个新动作（NewAction）。该动作是一个抽象的、二维向量类型的输入，命名为 DirectMovement，将 Type（类型）设置为 vector2，Required（必要性）设置为 suggested，设置好后单击"Save and generate"按钮，等待编译完成，如图 11-24 所示。

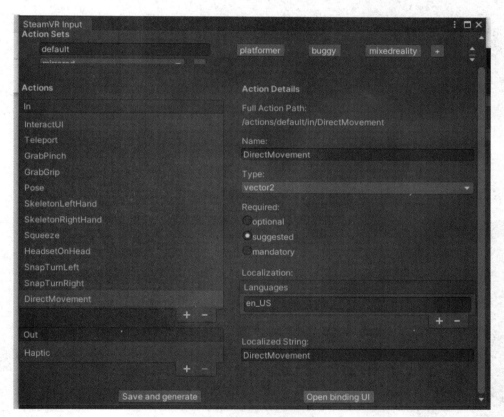

图 11-24　创建新动作

回到 Player 游戏对象的 Inspector 视图中，找到 PlayerMovementScript.cs 脚本，为 input 选择刚刚添加的"DirectMovement"动作。

4）绑定 HTC VIVE 控制手柄输入

在图 11-24 所示的窗口中，单击"Open binding UI"按钮，切换到 SteamVR 的控制器按键的配置界面。编辑当前的按键设置，选择需要调整的按键。以左扳机为例，单击对应的"+"按钮，在弹出的菜单中选择"设置模拟操作"命令，如图 11-25 所示。

图 11-25　设置模拟操作

单击需要调整的按钮右边的"无"按钮，在弹出的菜单中选择之前添加的 "DirectMovement"选项，如图 11-26 所示。完成后选择替换默认绑定。

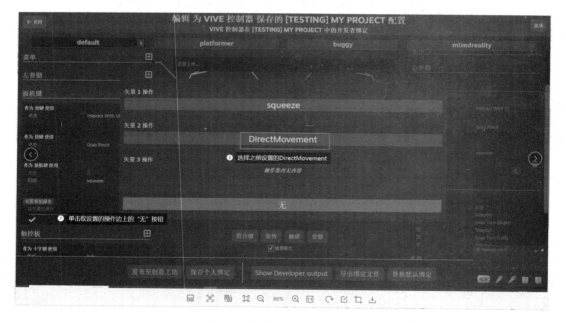

图 11-26　添加 DirectMovement

在 Unity 编辑器中运行场景，检查利用控制手柄移动的功能能否正常使用。

11.4.2　使用 VRTK 实现物体抓取

本项目使用 Unity 2018.2.0b11+SteamVR 1.2.3+VRTK 3.3 开发环境。

1．安装配置 VRTK 开发环境

1）安装 SteamVR 插件

在 Unity Hub 中新建一个 3D 项目。在 Unity 的资源商店（Asset Store）中搜索 SteamVR，找到 SteamVR 插件，单击"Import"按钮，将其添加至 Unity 项目中。

2）安装 VRTK 插件

在 Unity Hub 中新建一个 3D 项目。在 Unity 的资源商店（Asset Store）中搜索 VRTK，找到 VRTK 插件，如图 11-27 所示。单击"Import"按钮，将其添加至 Unity 项目中。

图 11-27　安装 VRTK 插件

2．实现 VR 第一人称视角

1）配置 HTC VIVE 头戴式显示器

删除 Main Camera。在场景中创建空物体，命名为 VRTK，用于管理头戴式显示器和控制手柄，并添加 VRTK_SDK Manager.cs 脚本。在 VRTK 下继续创建空物体，命名为 VRTK_Setup，将其作为 VRTK 的子物体，用于管理头戴式显示器的启动，并添加 VRTK_SDK Setup.cs 脚本。根据路径 SteamVR→Prefabs，找到 CameraRig 预制体，将其作为 VRTK_Setup 的子物体并拖动到场景物体列表中。在 VRTK 物体的 VRTK_SDK Manager.cs 脚本的 Inspector 视图中单击"Auto Populate"按钮，完成摄像机配置。当前场景中物体的层级如图 11-28 所示。

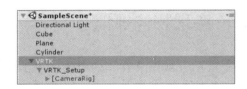

图 11-28　当前场景中物体的层级

2）配置控制手柄

在场景中创建空物体，命名为 VRTK_Scripts，用于管理控制手柄。在 VRTK_Scripts 物体下创建空物体 LeftController，用于管理左手柄。为 LeftController 物体添加 VRTK_Controller Events.cs 脚本、VRTK_Point.cs 脚本和 VRTK_Straight Pointer Renderer.cs 脚本，分别用于配置控制手柄、射线功能、射线显示。

在 LeftController 物体的 VRTK_Point.cs 脚本的 Inspector 视图中，找到"Pointer Activation Settings"栏中的 Pointer Render，将 VRTK_Straight Pointer Renderer.cs 脚本拖动到"Pointer Render"中。将 LeftController 物体拖动到 VRTK 物体的 VRTK_SDK Manager 脚本的 Script Aliases→Left Controller 中，完成左手柄射线的配置。

复制（快捷键为 Ctrl+D）LeftController 物体，将其命名为 RightController，用于管理右手柄。将 RightController 物体拖动到 VRTK 物体的 VRTK_SDK Manager.cs 脚本的 Script Aliases→RightController 中，完成右手柄射线的配置。配置完成后如图 11-29 所示。

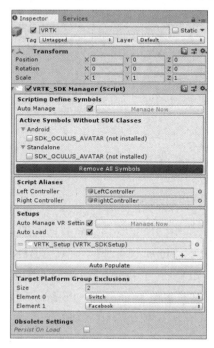

图 11-29　配置 VRTK

在 Unity 编辑器中运行场景，按下控制手柄圆盘，检查射线显示功能是否正常。若显示不成功，则找到 VRTK_Setup 物体的 VRTK_SDK Setup.cs 脚本，取消勾选"Auto Populate"复选框。

3．搭建实验环境

在 Unity 场景中先新建一个平面（Plane）作为地面，再新建一个立方体（Cube）抓取物体，调整立方体的位置和大小。

4．设置手柄

在 LeftController 或 RightController 物体中先添加 VRTK_Interact Touch.cs 脚本，用于进行控制手柄和物体的触碰检测；再添加 VRTK_Interact Garb.cs 脚本，用于实现控制手柄的拾取功能，如图 11-30 所示。在"Grab Settings"选区中可以进行抓取设置，如 Grab Button 可以改变抓取的交互键。

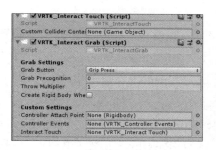

图 11-30　设置控制手柄

5．设置物体

在立方体上添加 Rigidbody.cs 脚本和 VRTK_Interactable Object.cs 脚本。在勾选"Is Grabbable"复选框后，立方体才能被抓取，如图 11-31 所示。

图 11-31　设置物体

Grab Settings 属性能够对物体抓取进行设置。例如，Is Grabbable 用于控制物体是否能够被抓取；Hold Button To Grab 是抓取的按键操作，勾选表示需要一直保持物体被抓取状态；Stay Grabbed On Teleport 表示角色传送时物体不会掉落；Valid Drop 用于设置物体的有效掉落区域。

在 Unity 编辑器中运行场景，握住控制手柄按钮，检查利用控制手柄抓取物体的功能能否正常使用。

11.4.3 使用 XR Interaction Toolkit 实现 UI 触控交互

本项目使用 Unity 2021.3.23+XR Interaction Toolkit 开发。

1. 安装配置 XR Interaction Toolkit 开发环境

1）设置 OpenXR

在 Unity Hub 中新建一个 3D 项目。在完成加载后，选择"Edit"菜单中的"Project Settings"命令，在窗口中找到 XR Plugin Management（XR 插件管理）并进行安装，完成后重启 Unity 编辑器，勾选"OpenXR"复选框。

选择"XR Plug-in Management"→"OpenXR"选项，在"Interaction Profiles"菜单栏中添加"HTC Vive Controller Profile"，如图 11-32 所示。Render Mode（渲染模式）可以根据开发需求更改。在使用 Single Pass Instanced（单通道实例化）模式渲染的情况下，将由 GPU 执行单个渲染通道，将每个绘制调用替换为实例化绘制调用；而 Multi Pass 会将场景渲染两次，分别显示在两只眼睛中。这种渲染模式的性能略差，但是具有高兼容性。

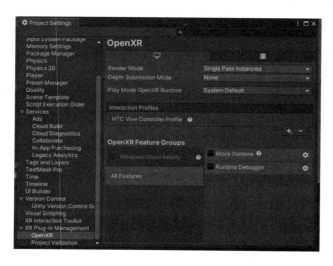

图 11-32　设置 OpenXR

2）**安装** XR Interaction Toolkit

在 Unity 编辑器中，选择"Window"菜单中的"Package Manager"命令。在"Package Manager"窗口中选择"Unity Registry"选项，搜索 XR Interaction Toolkit，单击"Install"按钮。接着导入 Samples 中的 Starter Assets，这个包提供了一些预设（Preset）和 Input System 中和 XR 有关的一些常用输入动作。完成后如图 11-33 所示。

图 11-33　安装 XR Interaction Toolkit

3）**添加预设**

预设用于为多个组件、资源或项目设置相同的属性，并将其保存和应用。使用预设可以在多个组件和资源之间重用属性设置。根据路径 Assets→Samples→XR Interaction Toolkit→2.3.2→Starter Assets，为文件夹中的 prest 文件添加预设。添加预设的方法很简单：选择一个 PREST 文件，以 XRI Default Continuous Move 为例，在 Inspector 视图中选择"Add to ActionBasedContinuousMoveProvider default"选项，如图 11-34 所示。

图 11-34　添加预设

Starter Assets 文件夹中有 9 个文件需要添加预设，分别是 XRI Default XR UI Input Module、XRI Default Snap Turn、XRI Default Right Grab Move、XRI Default Right Controller、XRI Default Left Grab Move、XRI Default Left Controller、XRI Default Gaze Controller、XRI Default Continuous Turn 和 XRI Default Continuous Move。如果项目没有用到眼部追

踪，则可以先不为 XRI Default Gaze Controller 添加预设。

4）设置预设管理器的过滤机制

选择"Edit"菜单中的"Project Settings"→"Prest Manager"（预设管理器）命令，在"Prest Manager"（预设管理器）窗口中找到 ActionBasedController，在 XRI Default Right/Left Controller 的过滤器（Filter）中分别填写 Right 和 Left。设置过滤机制主要是为了根据 GameObject 的名字判断用左手的预设还是右手的预设。如果名字里含有"Left"，则根据 XRI Default Left Controller 的预设进行设置；如果含有"Right"，则根据 XRI Default Right Controller 的预设进行设置。

2. 实现手部射线控制

在完成 XR Interaction Toolkit 的基本配置后，回到 Unity 编辑器中，删除 Main Camera。右击 Hierarchy 视图，在"XR"中找到"XR Origin（VR）"，创建 XR Orgin 和 XR Interaction Manager。XR Origin 下的 Camera Offset 有 3 个子物体，分别是 Main Camera（主相机）、LeftHand Controller（左控制手柄）和 RightHand Controller（右控制手柄）。LeftHand Controller 的属性设置界面如图 11-35 所示。

图 11-35　LeftHand Controller 的属性设置界面

在场景中创建空物体，命名为 XR Interaction Manager，添加 XR Interaction Manager.cs

脚本和 Input Action Manager.cs 脚本。在 Input Action Manager.cs 脚本的属性设置界面中找到 Action Assets，单击"＋"按钮，添加 XRI Default Input Actions。在场景中添加一个平面（Plane）便于观察。图 11-36 所示为配置完成后的效果。

图 11-36　XR Interaction Toolkit 配置完成后的效果

在 Unity 编辑器中运行场景，检查 Unity 场景中控制手柄的位置是否有红色的射线。

3．创建并设置 UI 界面

在场景中创建 Canvas 物体，由于 VR 是三维环境，因此需要将 Canvas 的 Render Mode 改为 World Space，如图 11-37 所示。调整 Canvas 的大小和位置，在 Canvas 上添加 UI，以 Button、Toggle 和 Slider 为例。

图 11-37　设置 Canvas 的渲染模式

删除 Canvas 的 Graphic Raycaster 组件，添加 Tracked Device Graphic Raycaster.cs 脚本。在添加这个脚本后，UI 就能被射线响应了。

4．添加控制脚本

选择"EventSystem"物体，移除 Standalone Input Module.cs 脚本，添加 XR UI Input Module.cs 脚本，用于管理来自 VR 或 PC 与 UI 相关的输入。分别在 LeftHand Controller 和 RightHandController 下创建 UI Ray Interactor 空物体。在 UI Ray Interactor 物体上添加

XR Ray Interactor.cs 脚本，并设置 Line Type 为 Straight Line，继续添加 Line Renderer.cs、XR Interactor Line Visual.cs 脚本和 Sorting Group 组件。对左、右手均添加上述组件，如图 11-38 所示。

图 11-38　设置 UI Ray Interactor

在配置完成后，在 Unity 编辑器中运行场景，检查 Unity 场景中控制手柄射线能否与场景中的 UI 交互。

本章小结

本章以 HTC VIVE 为例介绍了 VR 的基本知识和开发案例，包括 VR 应用案例和开发辅助工具。VR 项目的开发涉及与硬件交互、编程、模型创建、动画设计、用户交互等多个方面的工作。HTC VIVE 结合 Unity 是当前 VR 开发常用的系统组合。搭建 VR 开发环境不仅需要了解如何使用 HTC VIVE 系统的配套硬件，还需要学习如何使用 Unity 及相关 SDK 提高开发效率，不同的 SDK 的开发侧重点不同。通过学习本章，读者需要掌握正确连接 HTC VIVE 至计算机、在虚拟环境中实现角色移动、物体抓取、UI 交互的方法。

第 **12** 章

AR 应用的开发基础

第 1、2 章介绍了 VR 和 AR 的区别：VR 通过图形绘制技术构建一个完全虚拟的场景，而 AR 通过在真实场景中叠加虚拟物体，即使用技术将数字信息叠加到实时摄像机画面上，从而创建增强现实版本的场景。简单地说，AR 能够使数字内容看起来像物理世界的一部分，而 VR 能够将用户带入一个完全数字化的世界。本章将介绍 AR 系统的基本结构和核心技术，以及 AR 应用的开发工具 Vuforia。

12.1 AR 系统的结构与核心技术

AR 是一种将真实世界与虚拟信息进行整合的技术，也是一门在 VR 的基础上发展起来的交叉学科，涉及计算机图形图像处理、人机界面交互设计、移动计算等诸多技术和领域。本节将介绍 AR 系统的基本结构，并在此基础上论述 AR 系统的核心技术。

12.1.1 AR 系统的基本结构

AR 系统通常由场景采集系统、跟踪注册系统、虚拟场景发生器、虚实合成系统、显示系统和人机交互界面等构成，如图 12-1 所示。

AR 系统通过处理真实场景中的图像建立实景空间，使用跟踪注册技术确定摄像机的姿态和虚拟图像的空间定位，通过配准将虚拟图像与实景图像合成虚实融合的 AR 环境，并将该环境输入到显示系统中呈现给用户，使用户通过交互设备与 AR 环境互动。其中，让虚实准确结合的注册步骤非常关键，和最后的显示输出端一起决定了用户对 AR 环境的最终感知效果。AR 系统的工作流程如下。

- 场景采集系统采集真实场景，并传送给虚实合成系统。

- 跟踪注册系统实时跟踪头部方向和位置信息，并将信息传给虚拟场景发生器。
- 虚拟场景发生器根据这些数据确定虚拟对象在真实场景中应呈现的大小、方向和位置。
- 将虚拟图像及实景图像中的位置信息传送给虚实合成系统。
- 经过虚实合成系统合成带有增强信息的虚实融合场景，显示在显示系统上。

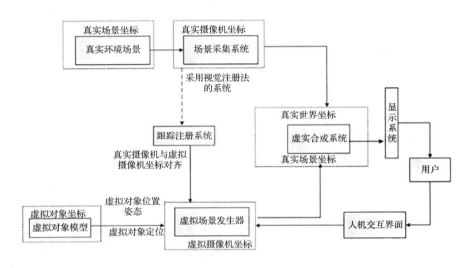

图 12-1 AR 系统的基本结构[64]

12.1.2 AR 系统的显示技术

AR 系统能够融合计算机视觉、显示技术、多传感器等技术对真实场景进行扩展和增强。显示技术是将计算机产生的虚拟信息提供给用户的重要技术。在设计 AR 系统的显示装置时需要满足 Eitoku 提出的 4 个准则[65]，即虚拟信息与现实世界共存，支持协同工作，不给用户增加特殊仪器的负担，支持显示自然的三维图像。

AR 系统中的显示技术集中体现在 3 种设备上：透视式头戴显示器、手持式显示器及基于投影的空间显示器。表 12-1 所示为 3 种显示设备的区别。

表 12-1 AR 显示设备的区别[66]

显示设备	成像距离	缺点
头戴式显示器	成像在离观察者眼睛 4～10 厘米处，观察者头部需要戴上显示设备	分辨率低、视域受限
手持式显示器	成像在离观察者一个手臂远的位置	处理器性能低、存储容量小、视域范围小、摄像头精度低

显示设备	成像距离	缺点
空间显示器	将显示设备与人体分离，并在离人体较远处成像	不可移动性，合成影像精度低

1. 透视式头戴显示器

头戴式显示器被广泛应用于 VR 系统中。AR 技术的研究者们也采用了该设备的显示技术，这就是在 AR 中被广泛应用的透视式头戴显示器。透视式头戴显示器通过光学或视频技术，使用户看到将虚拟物体与真实场景融合后的场景，根据具体实现原理又划分为两类：视频透视式头戴显示器（Video See Through HMD）和光学透视式头戴显示器（Optical See Through HMD）。

在基于视频透视显示技术的 AR 系统中，用户通过摄像机来获取实景图像，在计算机中完成虚实图像的合成并输出，如图 12-2 所示。但整个过程不可避免地存在一定的系统延迟，这是动态 AR 应用中虚实注册错误的一个主要原因。由于用户的视觉完全在计算机的控制下，因此这种系统延迟可以通过计算机内部虚实两个通道的协调配合来进行补偿。

在基于光学透视显示技术的 AR 系统中（如图 12-3 所示），用户借助光学融合器部分透明、部分折射的原理完成虚实场景的融合。半透明可以直接透过融合区看到真实世界，半反射可以反射头戴式显示器中场景生成器生成的虚拟图像，如图 12-3 所示。真实场景视频图像的传送是实时的，不受计算机控制，因此不能用控制视频显示速率的办法来补偿系统延迟。

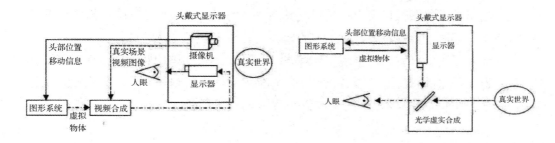

图 12-2　视频透视式 AR 系统的实现方案　　　图 12-3　光学透视式 AR 系统的实现方案

视频透视显示技术会向计算机中输入两个通道：计算机产生的虚拟信息通道和来自摄像机的真实场景通道。光学透视显示技术会将实景图像经过一定的减光处理后直接送入人眼，虚拟信息通道经投影反射后再进入人眼，两者以光学的方法进行合成。视频透视显示技术和光学透视显示技术的区别如图 12-4 所示。

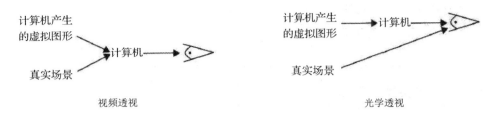

图 12-4　视频透视显示技术和光学透视显示技术的区别

另外，在基于视频透视显示技术的 AR 系统中，用户可以利用计算机分析输入的视频图像，从实景图像的信息中抽取跟踪信息（基准点或图像特征），从而辅助动态 AR 应用中的虚实注册。在基于光学透视显示技术的 AR 系统中，可以用来辅助虚实注册的只有头戴式显示器上的位置传感器。

2．手持式显示器

手持设备的 AR 应用不需要额外的设备和应用程序，对用户体验没有侵扰，具有易于携带和高度自由移动等优点，广泛为社会所接受。例如，用户可以使用手机端 AR 导航，利用手机内置罗盘确定镜头所指的方向，在手机上即可查看场景中的细节信息。

常用的手持式显示器包括智能手机、Pda 等。手持显示器易于携带，避免了佩戴头戴式设备的不适感。

3．基于投影的空间显示器

空间显示器会将由计算机生成的虚拟信息直接投影到真实场景上进行增强。基于投影的显示技术能够将图像信息直接投射到真实物体的表面，通常是在固定物体的表面。该技术使用户摆脱了佩戴设备，对用户的体验只有最低限度的侵扰。

空间显示器更适合室内增强现实环境，生成图像的焦点不随用户视角的改变而改变。空间显示器与固定的跟踪定位设备相配合，将虚拟物体投影到真实世界中的相应位置。例如，有些公司将空间显示器用于新车型的开发与技术创新的培训。

12.1.3　AR 系统的跟踪注册技术

跟踪是指，AR 系统在真实场景中根据目标位置的变化来实时获取传感器的位姿（pose），按照用户的当前视角重新建立空间坐标系，并将虚拟场景渲染到真实场景中的准确位置。为了实现虚拟信息和真实场景的无缝结合，必须将虚拟信息显示在现实世界的正确位置上，这个定位的过程被称为注册。

AR 系统的跟踪注册技术实质上是跟踪和注册技术的结合。AR 系统应该具有高精度、高分辨率、低延迟、大跟踪范围、鲁棒性好等特性。目前被广泛应用的跟踪注册技术可以分为 3 类：基于计算机视觉的跟踪注册技术、基于硬件传感器的跟踪注册技术、混合跟踪注册技术。

1. 基于计算机视觉的跟踪注册技术

基于计算机视觉的跟踪注册技术可以分为：基于标志物的跟踪注册技术和无标志物的跟踪注册技术，后者包括基于自然特征的无标志物的跟踪注册技术、基于模型的跟踪注册技术、即时定位和地图构建技术[67]。

1）基于标志物的跟踪注册技术

基于标志物的跟踪注册技术是指预先在真实场景中放置标志物，利用摄像机对预定义标志物进行识别并获得标志物的顶点信息，根据图形的仿射不变性，重建预定义标志物坐标到当前场景标志物坐标的位姿变化矩阵，来完成虚拟信息的跟踪注册。目前基于标志物的跟踪注册系统有 ARToolKit、ARTag 等。ARToolKit 适用于小规模的应用，ARTag 在处理较大规模应用时处理速度更快。

基于标志物的跟踪注册技术复杂度较低，具有较好的精确性，但易受遮挡的影响。

2）基于自然特征的无标志物的跟踪注册技术

基于自然特征的无标志物的跟踪注册技术是指在没有标志物的情况下，对目标物体的点、线、纹理等外形或几何特征进行描述与提取，在应用过程中利用图像处理算法进行特征提取与匹配，从而建立投影面与三维空间之间的对应关系，并在此基础上完成注册过程。采用该技术的经典算法有 Ferns 算法、SURF 算法、SIFT 算法。

基于自然特征的无标志物的跟踪注册技术的应用效果最自然、灵活，同时具有较高精度，是相关领域的主要研究方向。但该技术的计算量大，复杂度高，如何保证算法的实时性与鲁棒性一直是研究的热点与难点。

3）基于模型的跟踪注册技术

基于模型的跟踪注册技术使用跟踪注册目标对应的虚拟模型信息作为先验知识来进行跟踪注册，解决了基于自然特征的无标志物的跟踪注册技术在缺少纹理甚至无纹理环境中注册失败的问题。

4）即时定位和地图构建技术

即时定位和地图构建技术（Simultaneous Localization and Mapping，SLAM）的核心是建图、定位，涉及 4 个方面：环境描述、获得环境信息、表示环境信息并根据环境信息更新地图、定位。由于 SLAM 不需要预存场景、跟踪范围大、成本低，并且精度能依靠算法不断提升，因此目前被广泛采用。

2. 基于硬件传感器的跟踪注册技术

基于硬件传感器的跟踪注册技术是指记录真实场景中用户的方向和位置，在保持虚拟空间和真实空间连续性的基础上，实现虚拟图像和实景图像的精确配准融合。常用的传感器技术主要有惯性跟踪、光学跟踪、超声波跟踪、机械跟踪、电磁式跟踪等。这些跟踪设备的特点可以参阅第 1 章中介绍的常见的跟踪设备。

虽然基于硬件传感器的跟踪注册技术的计算量最小，并且不需要进行图像处理、特征提取与匹配等复杂的计算；但是该技术的精度有限并且受环境影响较大，表现为注册误差会随时间增长而积累，鲁棒性容易受到遮挡、距离、环境条件的影响，因此主要适用于大尺寸、敞开环境下的三维跟踪注册。

3. 混合跟踪注册技术

混合跟踪注册是指在同一个 AR 系统中采用两种及两种以上的跟踪注册技术，以实现优势互补。基于硬件传感器的跟踪注册技术需要较为昂贵的硬件设备，易受外部环境变化的影响，但是实时性好、鲁棒性好。基于计算机视觉的跟踪注册技术精度高，但实时性较差。把这两种技术相结合，可以综合各自的优点，生成一个鲁棒性好、实时性好、精度高且受外界干扰较小的混合跟踪注册技术。

表 12-2 所示为上述跟踪注册技术的区别。

表 12-2　跟踪注册技术的区别

跟踪注册技术	原理	优点	缺点
基于硬件传感器的跟踪注册技术	根据信号发射源和感知器获取的数据求出物体的相对空间位置和方向	系统延迟小	设备昂贵、对外部传感器的校准比较难，且受设备和移动空间的限制
基于计算机视觉的跟踪注册技术	根据一幅或几幅实景图像反求用户的运动轨迹，从而确定虚拟信息"对齐"的位置和方向	无须特殊硬件设备，配准精度高	计算复杂度高，系统延迟大；大多采用非线性迭代，误差难以控制
混合跟踪注册技术	根据硬件设备定位用户头部的位姿，同时借助视觉方法对配准结果进行误差补偿	算法鲁棒性好、定位精度高	系统成本高，系统安装不方便

12.2　Vuforia

Vuforia 的 SDK 支持很多平台，包括 iOS、Android、UWP 等，能够适配市面上大部分的移动终端。接下来介绍 Unity 开发环境中 Vuforia 插件的安装方法。

12.2.1 AR 应用的开发插件

AR 应用的开发软件有很多，如 Unity、Flash、C++等。此外，AR 应用的开发还需要借助专门的 SDK（软件开发包），常用的有 ARToolKit、Vuforia、Opencv 等。

Unity 开发中常用的 AR 插件如表 12-3 所示，这些插件可以使开发者在 Unity 中很方便地进行 AR 应用的开发。

表 12-3 常用的 AR 插件

名称	说明
Vuforia	市面上应用最广泛的插件之一，用于移动平台下的 AR 应用开发
EasyAR	是国内首个投入应用的免费 AR 引擎
ARCore	谷歌公司推出的搭建 AR 应用的软件平台
ARToolkit	更适合底层开发，难度较大，使用人数较少

上述 4 个插件各有优缺点。Vuforia 插件在移动平台有非常好的兼容性，支持 Android 和 iOS 应用的开发。ARCore 可以在多种流行的开发平台中使用，它本身封装了一套本地 API，通过它可以实现一些最基础的 AR 效果（如手势监听、灯光识别等）。EasyAR 是国内 AR 技术相对比较完善的一款 SDK，SLAM 效果领先，可以与 Vuforia 相抗衡。

12.2.2 Vuforia 平台组件[68]

1．Vuforia 引擎

Vuforia 引擎是一个客户端类库，可以静态集成到相关的应用中，支持 iOS 和 Android 平台。开发者可能需要用到 Android Studio、Xcode 或者 Unity 来构建自己的应用。

2．工具集

Vuforia 提供了一些工具来创建对象、管理对象数据和确保应用正确授权。

Vuforia Object Scanner（目前 Android 可用）可以扫描 3D 模型并将其转换为 Vuforia 引擎兼容的格式。

Target Manager 是一个开发者控制台的 Web 应用，允许开发者创建数据库来存储用户在设备或云服务上使用的 target 数据。

为智能眼镜构建应用的开发者可以使用 Calibration Assistant 助手来生成适合用户面部的独一无二的配置文件，Vuforia 可以使用这些配置文件将虚拟内容渲染在正确的位置上。

所有的应用都需要授权 Key，License Manager 用来创建开发者的授权码和相应的服务付费计划。

3．云识别服务

当需要识别大量图像或者数据库需要频繁更新时，Vuforia 为开发者提供了云识别服务（Cloud Recognition Service）。Vuforia 的 web service API 允许开发者有效地管理云端大量的图像和数据库，并通过直接将它们集成到 CMS（内容管理系统）中来自动化工作流程。

4．对智能眼镜的支持

Vuforia 支持主流的智能眼镜设备，以下是两种支持的设备。

视频透视设备：Samsung Gear VR、Google Cardboard。

光学透视设备：Epson BT-200、ODG R-6 and R-7。

12.2.3　Vuforia 开发环境的搭建

Vuforia SDK 封装了底层用来图像识别的计算机视觉模块，无须开启摄像头或读取图像。Vuforia 为开发者提供了一系列参数，开发者只需按照需求配置这些参数，即可基于底层的识别算法开发出自己想要的 AR 应用。

1．安装 Vuforia

为了方便开发，Unity 2017.3.0 及以后的版本都支持内嵌开发 Vuforia 所需的 SDK，开发者只需在安装 Unity 时勾选"Vuforia Augmented Reality Support"复选框即可。若在安装 Unity 时忘记勾选该复选框，则需要重新安装 Unity，进入"Choose Components"窗口，勾选"Vuforia Augmented Reality Support"复选框，如图 12-5 所示，单击"Next"按钮。

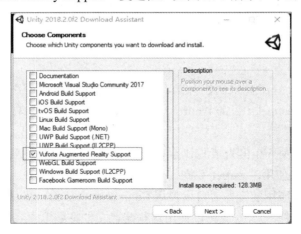

图 12-5　安装 Vuforia 插件

2．创建 Vuforia 游戏对象

在完成 Vuforia 的安装后，选择"GameObject"菜单中的"Vuforia"命令，创建 Vuforia 游戏对象，如图 12-6 所示。

图 12-6　创建 Vuforia 游戏对象

在图 12-6 中可以看到 Vuforia 的参数和功能。其中，AR Camera 可以说是 Vuforia 的灵魂，包含大部分 AR 表现的参数设置。

3．激活 Vuforia

在使用 Vuforia 前，必须先在项目中激活 Vuforia。激活的方法是：选择"File"菜单中的"Build Settings"命令，在弹出的"Build Settings"对话框中单击"Player Settings"按钮，Inspector 视图中会显示 PlayerSettings 的参数。在"XR Settings"选区中勾选"Vuforia Augmented Reality"复选框，如图 12-7 所示。

图 12-7　激活 Vuforia

12.3　Vuforia 的核心功能[69]

Vuforia 官方文档从图像追踪、物体追踪、环境追踪、设备追踪、云识别等角度进行了论述。

（1）图像追踪中的图像包括单图、多图、类圆柱体图像等。

（2）物体追踪中的对象包括模型和物体。

- 模型：使用预先存在的三维模型，按形状识别对象。将 AR 内容放在各种物品上，如工业设备、车辆、玩具和家用电器。
- 物体：使用 Vuforia 对象扫描仪扫描一个物体来创建识别对象，适合玩具及其他具有丰富表面细节的产品。

（3）环境追踪的环境包括区域和平面。

- 区域是指增强用 Vuforia Area Target Creator 或商用 3D 扫描仪扫描的真实环境。在各种各样的商业场所、公共场所和娱乐场所中创建精确、持久的内容。
- 平面：将内容放置在环境（如桌子和地板）中的水平表面上。

（4）设备追踪包括追踪 Vuforia 目标，即使对象或内容已不在摄影机中。Vuforia Engine 通过 Device Pose Observer 提供稳健而准确的跟踪。

（5）云识别服务能够识别大量图像（上千幅图像），并使用新图像更新数据库。

下面介绍 Vuforia 的核心功能。

12.3.1　图像识别

Vuforia SDK 可以对图像进行识别和追踪，当摄像机识别到图像时，图像上方会出现一些设定的 3D 物体，可以用于海报和可视化包装。虚拟按钮、用户自定义图像及多目标识别等技术都以图像识别技术为基础。

处理目标图像有两个阶段，即先设计目标图像，然后上传到 Vuforia 目标管理器中进行处理和评估。评估结果有 5 个星级，表示为不同的星数。图 12-8 所示为五星级图像，图 12-9 所示为一星级图像[70]。

图 12-8　五星级图像

图 12-9　一星级图像

星级越高，图像的识别率越高。高星级图像需要具有以下特性。

- 丰富的细节（如街景人群、拼贴画和项目的混合物或者运动场景）。
- 良好的对比（有明亮和黑暗的区域、光线充足、没有沉闷的亮度和颜色）。
- 没有重复的元素（如草地、现代房屋上相同的窗户及其他规则的网格和图案）。

为了获得较高的星级，在选择目标图像时应注意以下几点。

- 图像必须是 8 位或者 24 位的 JPG 图像或者只有 RGB 通道的 PNG 图像，最大支持文件为 2MB。
- 图像最好是无光泽、较硬材质的，因为较硬的材质不会有弯曲和褶皱的地方，可以使摄像机在识别时更好地聚焦。
- 图像要包含丰富的细节，具有较高的对比度，并且没有重复的元素，如街道、人群、运动场景，重复度较高图像的评价星级往往会比较低。
- 被上传到官方网站的整幅图像的 8%宽度被称为功能排斥缓冲区，该区域不会被识别。
- 轮廓分明、有棱有角的图像的星级越高，其追踪效果和识别效果也就越好。

在识别图像时，环境是十分重要的因素，目标图像应该在漫反射灯光照射的适当明亮的环境中，表面被均匀照射，这样图像的信息才会被更有效地收集，更加有利于 Vuforia SDK 的检测和追踪。

12.3.2　多目标识别

除了图像识别和圆柱体识别，还可以使用立方体作为识别的目标。立方体由多个面组成，因此用图像识别技术无法识别，这就需要使用多目标识别技术。

将要识别的立方体的 6 个面及长、宽、高等数据上传。6 个面可以同时识别，这是因为立方体的结构形态已经定义好。当立方体的任意一个面被识别时，整个立方体目标也会被识别。虽然立方体的 6 个面被作为不同的数据上传，但这 6 个面是不可分割的，即系统识别的目标是整个立方体。要识别的立方体目标其实是由数张 ImageTarget 组成的。这些 ImageTarget 间的联系由 Vuforia 目标管理器或者 XML 数据配置文件负责管理，并存储在 XML 文件中。

目标识别体的选择十分重要，影响目标识别体易识别性的因素有两个，即立方体的长度和几何一致性。

- 建议立方体的长度至少为宽度的一半，因为当检测和追踪目标时，如果物体旋转，则系统必须找到一定数量的目标对象，即各个面的图像。
- 几何一致性是指目标对象之间的空间关系不发生改变。

多目标识别是 AR 系统中最基础的识别技术之一。与图像识别相比，多目标识别可以扫描具体的物体；但它的缺点是不如图像识别快捷，因此通常多用于产品包装的营销活动、游戏和可视化产品展示等。

12.3.3　云识别

云识别是在图像识别方面的一项企业级解决方案，它使开发者能够在线对目标图像进行管理。应用在识别和追踪物体的时候会与云数据库中的内容进行比较，如果匹配则返回相应的信息。使用该服务需要良好的网络环境。

云识别非常适合需要识别很多目标，并且这些目标需要频繁改动的应用。有了云识别，相关的目标识别信息会被存储在云服务器上，这样就不需要在应用中添加过多的内容了，并且容易进行更新和管理。

开发者可以在 Target Manager 中添加使用 RGB 或灰度通道的 JPG 和 PNG 格式的目标图像，大小不超过 2MB。在添加图像后，官方会将图像的特征信息存储在数据库中，供开发者下载、使用。

12.3.4　水平面识别

Vuforia 7.0 提供了水平面识别技术。水平面识别技术可以识别屏幕里的平面，进行 3D 模型的放置，轻松地在日常环境中将数字内容放置在水平表面上。官方案例中展示了地面的识别与半空的识别。

虽然 Vuforia 的水平面识别技术相对于 ARKit 和 ARCore 稍有逊色，但相对于两者，Vuforia 兼容的设备目前是最多的。水平面识别是创建能与现实世界进行交互的游戏和可视化应用的理想解决方案。

12.4　Vuforia 官方案例

本节着重讲解 Vuforia 的官方案例和 AR Camera 的参数，每个案例都会涉及 AR Camera 的使用。

12.4.1　下载官方案例

下载 Vuforia 官方案例的步骤如下。

（1）在 Vuforia 官方网站中，选择"Downloads"→"Samples"菜单命令，会显示官方案例的列表，如图 12-10 所示。

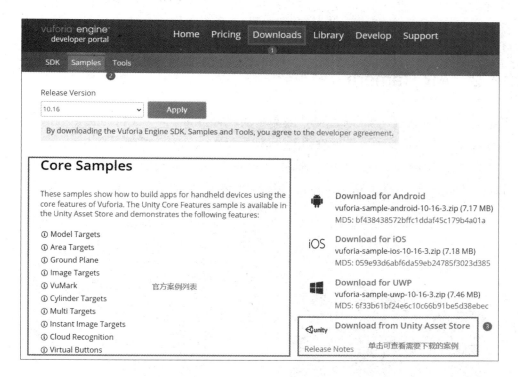

图 12-10　Vuforia 官方案例列表

（2）单击"Download from Unity Asset Store"链接，查看需要下载的官方案例。Vuforia 官方给出的案例包含许多重复内容，不需要全部下载，只需下载一部分即可。在这里我们下载 Vuforia Core Samples。

（3）打开 Unity 编辑器，在 Asset Store 的搜索栏中输入 Vuforia Core Samples，搜索到该案例后进行下载，如图 12-11 所示。

图 12-11　Vuforia Core Samples 的资源包

（4）在下载完成后，单击"Import"按钮，将资源包导入 Unity。按照从 Unity 中导出 APK 的步骤，将官方案例导出到移动设备上即可运行（相关步骤可以参考 Unity 官方文档）。

12.4.2　AR Camera

在 Unity 中，选择"GameObject"菜单中的"Vuforia"→"AR Camera"命令，创建 AR Camera 并将原场景中的摄像机删除。单击"AR Camera"按钮，在 Inspector 视图中勾选"Vuforia Behaviour(Script)"复选框，单击"Open Vuforia configuration"按钮，如图 12-12 所示。打开"VuforiaConfiguration"对话框，如图 12-13 所示。

图 12-12　AR Camera 的参数

图 12-13　"VuforiaConfiguration"对话框

在图 12-13 中，可以为该应用添加许可密钥，也可以修改摄像机的模式、可识别图像的最大数量等参数，具体参数如表 12-4 所示。这个许可密钥是应用的标志，建议一个许可密钥只用于一个应用，否则在设备上运行时可能会报错。

表 12-4　"VuforiaConfiguration"对话框中的参数

参数	说明
Camera Device Mode （设备的模式）	MODE_OPTIMIZE_QUALITY：质量优先，优化质量； MODE_OPTIMIZE_SPEED：速度优先，优化速度； MODE_DEFAULT：默认模式，在以上两种模式间达到平衡，在没有特殊需求时使用
Max Simultaneous Tracked Images	最大追踪识别图像数量为 1 时，无论有多少需要识别的图像，只能一幅一幅地识别，并且在识别一幅后，其他的就不能识别
Max Simultaneous Tracked Objects	同上，只不过识别的是物体
Camera Direction （摄像头的方向）	CAMERA_DEFAULT：默认摄像头，调用系统默认的摄像头； CAMERA_BACK：后置摄像头，会调用计算机的前置摄像头； CAMERA_FRONT：前置摄像头，会调用计算机的后置摄像头，而计算机没有后置摄像头，所以当调用时 GAME 视图会黑屏；该模式在手机上可以正常使用
Digital Eyewear （设备类型）	Handheld：手持设备； Digital Eyewear：微软眼镜； Phone + Viewer：MR
Databases（数据库）	先把需要识别的图像上传到数据库中，再下载并导入到 Unity 中

12.5　使用 Vuforia 制作 AR 项目

新建一个 AR 项目，选择"GameObject"菜单中的"Vuforia"→"AR Camera"命令，创建 AR Camera 并将原场景中的摄像机删除。

单击"AR Camera"按钮，在 Inspector 视图中勾选"Vuforia Behaviour(Script)"复选框，单击"Open Vuforia configuration"按钮，打开"VuforiaConfiguration"对话框。单击"Add License"按钮，进入 Vuforia 官方网站，为该 AR 项目添加许可密钥。

12.5.1　添加许可密钥

每一个用 Vuforia 开发的 AR 应用，都有唯一的 License Key。在 Unity 中必须首先在 ARCamera 中输入这个唯一的 Key，才能使用 Vuforia 进行识别。在 Vuforia 开发者平台上，License Manager 是一个用来创建和管理 App License 的工具。

1．License 类型

进入 Vuforia 官方网站，登录账号（如果是第一次使用请注册一个账号）。选择
"Develop"→"License Manager"菜单命令，显示有 3 种类型，分别是基础的（免费）、
付费的、购买云附加组件，如图 12-14 所示。

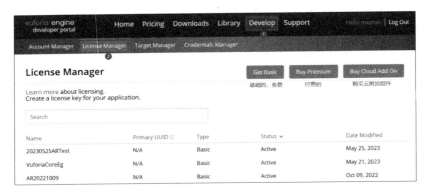

图 12-14　License 的类型

2．创建一个 License Key

以免费的 License 为例，获取一个应用的 License，步骤如下。

单击"Get Basic"按钮，打开"Add Target"窗口。在"License Name"文本框中输
入要开发的许可证的名称，一般为应用的名称，之后是可以更改的。勾选同意 Vuforia 条
款的复选框，单击"Comfirm"按钮提交，如图 12-15 所示，之后就能在"License Manager"
窗口中看见创建好的许可证了。若想更改许可证的名称，则单击"Edit Name"按钮。

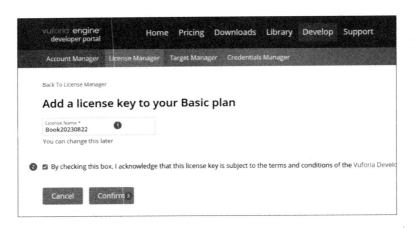

图 12-15　创建 License Key

3．将 License Key 添加到项目中

在创建好许可证后，将 License Key 添加到 Vuforia 项目中，只有这样才能使用 Vuforia 进行识别。在"License Manager"窗口中选择相应的 License Key，查看并复制 License Key 的详细内容，如图 12-16 所示。

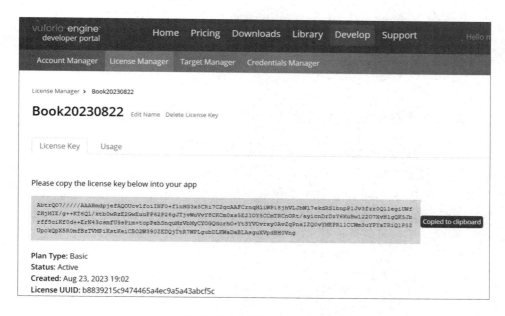

图 12-16　复制 License Key

返回 Unity 编辑器，在 Hierarchy 视图中选择 AR Camera 游戏对象，在 Inspector 视图中单击"Open Vuforia Engine configuration"按钮，将 License Key 粘贴到"App License Key"文本框中。

12.5.2　Target Manager

Vuforia 的 Target Manager 是一个创建和管理对象数据库（Database）的网页工具，在这里可以创建数据库，进入数据库并添加识别对象，将包含识别对象的数据库下载并导入到 Unity 中进行识别。数据库是一些识别对象的集合。

1．添加一个新的数据库

在"Target Manager"窗口中单击"Add Database"按钮，弹出"Add Target"对话框，输入 Database 的名称和相应类型。添加完成后就能在"Target Manager"窗口中看到刚添加的 Database 的相关信息了，如图 12-17 所示。

图 12-17　添加一个新的数据库

2．向数据库中添加识别对象

在创建好数据库后，就能在里面添加识别对象了。选择创建好的数据库，单击"Add Target"按钮，弹出"Add Target"对话框，如图 12-18 所示。对象类型（Type）是根据开发者的需求来决定的，由于之前选择的数据库类型为 Device，因此列出了 Device 类型数据库的可添加对象。

图 12-18　"Add Target"对话框

Divice 类型的数据库中有 4 种识别对象。

- Image：单幅图像的识别，这是最简单也是最常用的识别，就是对一幅图像进行识别。
- Multi：多对象识别，例如将识别图像粘贴在一个四方的纸盒上，通过其中某一幅图像就能确定整个盒子的形状。

- Cylinder：圆柱体识别，将图像粘贴在一个圆柱体上，可以对整个圆柱体进行识别。
- Object：3D 物体识别，识别对象不局限于图像，可以对一个真实的 3D 物体进行识别。

3．下载数据库中的识别对象

将 Target 上传到 Database 中，只要星级达到了三星以上，就可以下载并开发了。图 12-19 中的星级为 5 星。星级越高，图像的识别率越高。从理论上来说，图像越复杂，其识别率越高。

对于每个 Target，Vuforia 会根据不同的开发平台提供不同的 SDK，包括 Unity、Android Studio、Xcode 和 Visual Studio。勾选一个或者多个 Target，单击"Download Database"按钮就可以进行下载了。

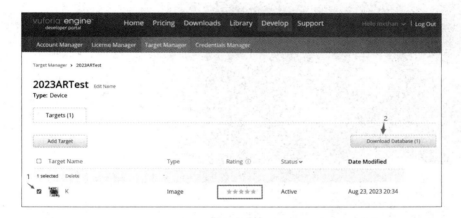

图 12-19　下载 Database 中的 Target

单击"Download Database"按钮，弹出"Download Database"对话框，选中"Unity Editor"单选按钮，如图 12-20 所示。

图 12-20　选择平台

在下载完 Target 后，将其导入当前的 Unity 项目。导入方法是：找到下载的文件，将其直接拖动到 Project 视图中。

12.5.3 创建一个 ImageTarget

选择"GameObject"菜单中的"Vuforia"→"Image"命令，创建一个 ImageTarget 游戏对象，设置其属性。

创建一个希望展示的物体并将其作为 ImageTarget 的子物体，调整好大小和位置。在这里我们创建一个 Cube 并将其拖动到 ImageTarget 的下方作为其子物体，如图 12-21 所示。对其 Transform 组件进行如下设置。

Cube(Cube)　Position：[0,0.18,0]　　Rotation：[45,45,45]　　Scale：[0.5,0.5,0.5]

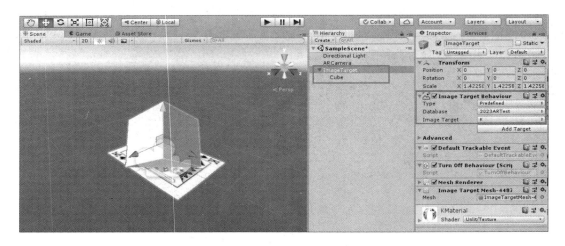

图 12-21　ImageTarget 及其子物体

在播放预览之前，必须先在项目中激活 Vuforia。激活的方法是：选择"File"菜单中的"Build Settings"命令，在弹出的"Build Settings"对话框中单击"Player Settings"按钮，Inspector 视图中会呈现 Player Settings 的参数，在"XR Settings"选区中勾选"Vuforia Augmented Reality"复选框（见图 12-7）。单击"播放"按钮，运行效果如图 12-22 所示。

图 12-22　AR 项目的运行效果

至此，一个完整的简易 AR 项目就制作完成了。

本章小结

本章介绍了 AR 系统的结构与核心技术，以及 Vuforia 的核心功能。通过学习本章，读者可以掌握 AR 系统的结构，了解 AR 系统的显示技术和跟踪注册技术，并能使用 Vuforia 开发 AR 项目。

习题

1．简述 AR 系统的结构。
2．简述 AR 系统的跟踪注册技术分类。
3．利用 Vuforia 开发 3D 物体识别项目。

简易第一人称控制器的实现

本部分内容将提供简易第一人称控制器实现的参考代码。

A.1 了解角色控制器与输入管理器

1. 角色控制器

角色控制器（Character Controller）主要用于控制第三人称或第一人称游戏角色。

控制角色移动的组件主要有：Transform 组件、Rigidbody 组件、Character Controller 组件。Transform 组件通过控制角色的位置实现移动，Rigidbody 组件通过控制角色的速度实现移动，Character Controller 组件通过控制角色和模拟碰撞实现移动。Transform 组件和 Rigidbody 组件不便于控制角色爬坡和爬梯，Character Controller 组件能够很方便地实现角色在各种复杂地形中的运动。综上所述，类人角色通常使用角色控制器实现。

添加角色控制器的方法是：选择游戏对象，选择"Component"菜单中的"Physics"→"Character Controll"命令。

2. 输入管理器

Unity 的输入系统支持多种输入设备，如键盘、鼠标、游戏手柄、触摸屏、VR 和 AR 控制器等。Unity 通过两个独立的系统提供输入支持：一个是输入管理器（Input Manager），它是 Unity 核心平台的一部分，在默认情况下可用；另一个是输入系统（Input System），它是一个包，必须先通过 Package Manager 进行安装才能使用。这里主要介绍 Input Manager。

由于输入基本上都是在脚本中处理的，因此有关输入处理的代码逻辑都是在 Update()方法中实现的。Unity 提供的 Input 类中有很多静态属性和静态方法，用于获取输入信息。例如，Input.GetKey(KeyCode.A)用来判断用户是否按下了 A 键。也就是说，

GetKey()方法是用来获取键盘输入的，其参数就是键盘的键值，并且这些键值都是 Unity 提供的常量值。

下文的案例使用 Input Manager 捕获用户的键盘与鼠标输入，使用 Character Controller 实现第一人称控制器的运动。

A.2　创建项目与搭建场景

1．创建新项目。在场景中新建 Plane 游戏对象，将其重命名为 Ground。

2．在场景中新建 Capsule 游戏对象，将其重命名为 FPS Controller，重置其 Transform 组件的参数，将其移动至 Ground 游戏对象的上方。保持 Main Camera 朝向 FPS Controller 的 Z 轴正方向（Unity 中的前方），将其设置为 FPS Controller 的子物体并移动至适当的位置上，如图 A-1 所示。

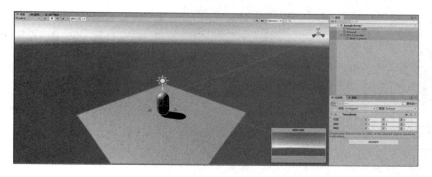

图 A-1　场景中的游戏对象

3．在默认情况下，胶囊体会自带 Capsule Collider 组件，取消它即可，删除 FPS Controller 的 Capsule Collider 组件，并添加 Character Controller 组件，如图 A-2 所示。

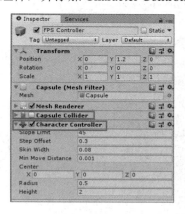

图 A-2　添加 Character Controller 组件

315

A.3 脚本实现 FPS Controller

1．在 Project 视图中创建 PlayerController.cs 脚本，并将其挂载至 FPS Controller 游戏对象上。

2．打开 PlayerController.cs 脚本，并添加以下代码。

PlayerController.cs 脚本代码

```
using System.Collections;
using System.Collections.Generic;
using UnityEngine;

public class PlayerController : MonoBehaviour
{
    private CharacterController characterController;
    private Camera mainCamera;

    // 移动速度
    private float moveSpeed = 3f;

    // 鼠标灵敏度
    private float senX = 300f;
    private float senY = 300f;

    // 旋转角度
    private float xRotation;
    private float yRotation;

    // 重力
    private float gravity = 20;
    // 跳跃速度
    private float jumpSpeed = 7;
    // 垂直方向速度
    private float verticalSpeed = -1f;

    // 水平方向移动
    private Vector3 moveDirection;
    // 垂直方向移动
    private Vector3 verticalMovement;

    void Start()
    {
        // 指针锁定在屏幕中央
```

```
        Cursor.lockState = CursorLockMode.Locked;
        // 指针不可见
        Cursor.visible = false;

        characterController = GetComponent<CharacterController>();
        mainCamera = GetComponentInChildren<Camera>();
    }

    void Update()
    {
        JumpHandler();
        MovementHandler();
        RotationHandler();
    }

    // 控制器移动
    void MovementHandler()
    {
        // 获取键盘水平方向（A、D）输入
        float horizontalInput = Input.GetAxisRaw("Horizontal");
        // 获取键盘垂直方向（W、S）输入
        float verticalInput = Input.GetAxisRaw("Vertical");

        // 水平方向上控制器的移动方向
        moveDirection = transform.forward * verticalInput +
transform.right * horizontalInput;

        // moveDirection * moveSpeed 为水平方向上的移动，verticalMovement
为垂直方向上的移动
        characterController.Move((moveDirection * moveSpeed +
verticalMovement) * Time.deltaTime);
    }

    // 视角转动
    void RotationHandler()
    {
        // 获取鼠标 X（水平）方向的输入，并转换为角度
        float angleX = Input.GetAxisRaw("Mouse X") * Time.deltaTime *
senX;
        // 获取鼠标 Y（垂直）方向的输入，并转换为角度
        float angleY = Input.GetAxisRaw("Mouse Y") * Time.deltaTime *
senY;

        // Unity 的坐标系是左手系
```

```
        // 左手握拳伸出拇指，拇指指向坐标轴正方向，四指方向是旋转的正方向
        // 向上的坐标轴为 Y 轴，所以鼠标左右移动是物体绕 Y 轴转动
        yRotation += angleX;

        // 向右的坐标轴为 X 轴，所以鼠标上下移动是物体绕 X 轴转动
        xRotation -= angleY;
        // 限制视角上下转动的角度，不允许无限制转动
        xRotation = Mathf.Clamp(xRotation, -70f, 50f);

        // 控制器执行在水平方向上的旋转
        transform.rotation = Quaternion.Euler(0, yRotation, 0);
        // 摄像机执行在垂直方向上的旋转
        mainCamera.transform.localRotation =
Quaternion.Euler(xRotation, 0, 0);
    }

    // 跳跃
    void JumpHandler()
    {
        // Character Controller 中的API，即 isGrounded，判断是否碰地
        if (characterController.isGrounded)
        {
            if (Input.GetKeyDown(KeyCode.Space))
                verticalSpeed = jumpSpeed;
            // 如果未跳跃，则给一个较小的向下的速度，便于 isGrounded 判断
            else
                verticalSpeed = -1f;
        }
        else
        {
            // 自由落体
            verticalSpeed -= gravity * Time.deltaTime;
        }

        // Y 轴表示垂直方向
        verticalMovement.y = verticalSpeed;
    }
}
```

3．保存在脚本文件中所做的修改，回到 Unity 编辑器中并单击"播放"按钮，按空格键实现跳跃，按 A、D 键实现水平方向移动，按 S、W 键实现垂直方向移动，也可以通过鼠标移动。

参考文献

[1] JERALD J. The VR Book: human-centered design for virtual reality [M]. The Association for Computing Machinery and Morgan &Claypool Publishers, 2016.

[2] FOLEY J D. Interfaces for advanced computing [J]. Scientific American. 1987, 257 (4):126-135.

[3] 聊一聊 VR 的发展史（VR 技术快速发展期：2007 年-至今）[EB/OL]. [2023-06-29]. https://www.163.com/dy/article/H58KH0VR0511805E.html.

[4] PEED E. LEE N. History of augmented reality [C]. // LEE N.(ed.) Encyclopedia of Computer Graphics and Games. 2018: 1-4.

[5] CAUDELL T P. MIZELL D W. Augmented reality: an application of heads-up display technology to manual manufacturing processes [C]. Proceedings of the Twenty-Fifth Hawaii International Conference on System Sciences, Kauai, HI, USA, 1992: 659-669.

[6] 史上最全虚拟现实 VR 工作站硬件配置方案[EB/OL]. https://www.pianshen.com/ article/3687253810/.

[7] 百度百科.分布式虚拟现实系统[EB/OL]. https://baike.baidu.com/item/%E5%88%86% E5%B8%83%E5%BC%8F%E8%99%9A%E6%8B%9F%E7%8E%B0%E5%AE%9E%E 7%B3%BB%E7%BB%9F/10620968?fr=ge_ala.

[8] BARATOFF G. BLANKSTEEN S. Tracking devices [EB/OL]. [2023-07-08]. http://www.hitl. washington.edu/projects/knowledge_base/virtual-worlds/EVE/I.D.1.b.TrackingDevices. html#:~:text=Inertial%20tracking%20devices%20represent%20a%20different%20mecha nical%20approach%2C,by%20some%20position%20tracking%20device.%20A%20gyro scope%20consists.

[9] Optical tracking explained [EB/OL].[2023-07-08]. https://www.ps-tech.com/optical-tracking-explained/.

[10] 惯性跟踪设备的应用研究[EB/OL]. https://www.docin.com/p-2124065651.html.

[11] 虚拟现实系统的输出设备[EB/OL]. https://blog.csdn.net/weixin_51327051/article/details/ 124602853.

[12] HILL J. What is the tactile system? [EB/OL]. https://harkla.co/blogs/special-needs/tactile-system.

[13] COSTELLO S. What are haptics and how do they work? [EB/OL]. https://www.lifewire.com/ what-are-haptics-5077068.

[14] The best haptic VR devices and innovations for 2022. [EB/OL]. https://www.xrtoday.com/virtual-reality/the-best-haptic-vr-devices-and-innovations-for-2022/.

[15] Your 3-minute guide to augmented reality (AR): how does it work? [EB/OL]. https://www.constructdigital.com/insights/how-does-augmented-reality-ar-work.

[16] 6 examples of virtual reality applications and how it works [EB/OL]. https://howtocreateapps.com/examples-virtual-reality-applications/.

[17] PERDUE T. Applications of augmented reality [EB/OL]. https://www.lifewire.com/applications-of-augmented-reality-2495561.

[18] What is digital twin? [EB/OL]. https://www.ibm.com/topics/what-is-a-digital-twin.

[19] The metaverse vs. virtual reality[EB/OL]. https://www.makeuseof.com/metaverse-vs-virtual-reality/.

[20] 计算机图形学一：坐标变换[EB/OL]. https://blog.csdn.net/qq_44386003/article/details/125867148.

[21] 计算机图形学二：视图变换[EB/OL]. https://zhuanlan.zhihu.com/p/144329075.

[22] 三维空间中的几何变换：平移旋转缩放[EB/OL]. https://blog.csdn.net/huangguangzhi88/article/details/95756112.

[23] 3D 物体渲染到 2D 屏幕的矩阵变换过程[EB/OL]. https://zhuanlan.zhihu.com/p/466508365.

[24] 计算机图形学二：视图变换[EB/OL]. https://zhuanlan.zhihu.com/p/144329075.

[25] Explaining basic 3D theory [EB/OL]. https://developer.mozilla.org/en-US/docs/Games/Techniques/3D_on_the_web/Basic_theory.

[26] 光栅化全面解析[EB/OL]. https://zhuanlan.zhihu.com/p/544088415?utm_id=0.

[27] 图形绘制过程（流水线）[EB/OL]. https://blog.csdn.net/weixin_45342551/article/details/104850067.

[28] 顶点着色器和片段着色器[EB/OL]. https://www.cnblogs.com/AaronBlogs/p/6964503.html.

[29] A primer: graphics, rendering, and visualization[EB/OL]. https://www.intel.com/content/dam/develop/public/us/en/documents/rendering-101-a-primer.pdf.

[30] 亓子森，刘伟. 虚拟现实建模技术[EB/OL]. https://mp.weixin.qq.com/s?__biz=MzA4ODcwOTExMQ==&mid=406913192&idx=7&sn=59957907639e60721b62130dff7e94af&chksm=0d93a2303ae42b26d14c020d8c6385e61c834712e8d39f30d179b6660d5ff8d80402b1087b98&scene=27.

[31] 计算机图形学（八）：三维对象的表示[EB/OL]. https://blog.csdn.net/qq_41112170/article/details/127043091.

[32] ROUSE M. Surface modeling [EB/OL]. https://www.techopedia.com/definition/13380/surface-modeling.

[33] 计算机图形学基础：纹理映射[EB/OL]．https://zhuanlan.zhihu.com/p/468238804．

[34] 计算机图形学：纹理及纹理映射[EB/OL]．https://blog.csdn.net/qq_46311811/article/details/122973280．

[35] 纹理映射[EB/OL]．https://zhuanlan.zhihu.com/p/364045620．

[36] 绘制技术[EB/OL]．https://www.ngui.cc/el/3440684.html?action=onClick．

[37] 百度文库．虚拟现实技术与计算机图形学[EB/OL]．https://wenku.baidu.com/view/1b5b7a5524284b73f242336c1eb91a37f11132cb.html?_wkts_=1690621432329&bdQuery=IBMR+%E8%AE%A1%E7%AE%97%E6%9C%BA%E5%9B%BE%E5%BD%A2%E5%AD%A6.

[38] 赵罡，刘亚醉，韩鹏飞等．虚拟现实与增强现实技术[M]．北京：清华大学出版社，2022．

[39] ACIS, Parasolid 两种 CAD 几何内核的优劣势对比[EB/OL]. https://blog.csdn.net/Juvien_Huang/article/details/112276388．

[40] 关于 Unity（详细版）[EB/OL]．https://developer.unity.cn/projects/5f02da69edbc2a001f442a7b.

[41] 电商物流智慧仓储虚拟仿真实验教学项目[EB/OL]. http://dsfz.huijimedia.com/.

[42] 同济大学虚拟仿真实验教学平台[EB/OL]. https://xnfz.tongji.edu.cn/tongji/shenbaoCourse/xnxs.

[43] 清华大学张松海老师的《虚拟现实技术》课程作品展示[EB/OL]. http://cg.cs.tsinghua.edu.cn/course/vr/portfolio.html．

[44] Unity 使用手册[EB/OL]. https://docs.unity3d.com/cn/2022.2/Manual/terrain-UsingTerrains.html.

[45] Terrain Composer 2 插件下载地址：https://assetstore.unity.com/packages/tools/terrain/terrain-composer-2-65563．

[46] World Composer 插件下载地址：https://assetstore.unity.com/packages/tools/terrain/world-composer-13238．

[47] 邵伟．虚拟现实原理与开发：基于 Unity 的 VR 技术实现[M]．北京：电子工业出版社，2023.65．

[48] Unity 手册[EB/OL]. https://docs.unity3d.com/cn/2018.2/Manual/Materials.html.

[49] 详解 Unity 中的粒子系统[EB/OL]．https://blog.csdn.net/weixin_43147385/article/details/126931216．

[50] Unity3D Unlit 渲染管线全流程详解[EB/OL]．https://zhuanlan.zhihu.com/p/631785822．

[51] 邵伟. 虚拟现实原理与开发：基于 Unity 的 VR 技术实现[M]. 北京：电子工业出版社，2023.

[52] Unity 光照[EB/OL]. https://zhuanlan.zhihu.com/p/72158521.

[53] Shader 学习笔记（三）：Shader 中的光照[EB/OL]. https://blog.csdn.net/needmorecode/article/details/82193441.

[55] Unity 基础篇：协程的概括[EB/OL]. https://blog.csdn.net/qq_15020543/article/details/82701551.

[56] Beat Saber[EB/OL].https://store.steampowered.com/app/620980/Beat_Saber/.

[57] VRChat[EB/OL].https://store.steampowered.com/app/438100/VRChat/.

[58] David Attenborough's First Life[EB/OL].https://alchemyimmersive.com/productions/david-attenboroughs-first-life-2/.

[59] The Body VR: Journey Inside a Cell[EB/OL]. https://store.steampowered.com/app/451980/The_Body_VR_Journey_Inside_a_Cell/.

[60] Tilt Brush by Google[EB/OL]. https://www.tiltbrush.com/.

[61] IrisVR Prospect[EB/OL]. https://irisvr.com/prospect/.

[62] 关于 VIVE 定位器[EB/OL].https://www.vive.com/cn/support/vive/category_howto/about-the-base-stations.html.

[63] 关于串流盒[EB/OL].https://www.vive.com/cn/support/vive/category_howto/about-the-link-box.html.

[64] 第 12 章　增强现实技术[EB/OL]. https://blog.csdn.net/weixin_51327051/article/details/126531177.

[65] ［深度］AR 关键技术及其在航天航空领域中的应用[EB/OL]. https://www.sohu.com/a/272351568_313170?qq-pf-to=pcqq.c2c.

[66] 增强现实的系统结构与关键技术研究[EB/OL]. https://www.wenmi.com/article/pys8ac03paal.html.

[67] AR 中三维注册[EB/OL]. https://blog.csdn.net/qq_40544338/article/details/119869369.

[68] UnityAR——AR 插件 Vuforia 入门[EB/OL]. http://www.taodudu.cc/news/show-4902369.html?action=onClick.

[69] 吴亚峰，于复兴. VR 与 AR 开发高级教程：基于 Unity[M]. 2 版. 北京：人民邮电出版社，2020.

[70] Vuforia 学习实践笔记[EB/OL]. http://www.gimoo.net/t/1602/56b1a572701ce.html.